煤炭高等教育“十四五”规划教材

机械设计基础

主　编　张子英
副主编　张盼盼　白晨媛　周慧珍

中国矿业大学出版社
·徐州·

内容提要

本书是为满足能源行业机械设计基础的教学需求而编写的。

本书共分为 6 章，第 1 章为绪论；第 2 章为常用平面机构，包括机构学一般知识、平面连杆机构、凸轮机构、间歇运动机构；第 3 章为齿轮机构及轮系，包括齿轮的一般知识、渐开线直齿圆柱齿轮机构、斜齿圆柱齿轮机构、圆锥齿轮机构、蜗轮蜗杆机构和轮系；第 4 章为连接件设计，包括螺纹连接、键连接、花键连接和销连接；第 5 章为传动件设计，包括带传动、链传动、齿轮传动和蜗杆传动；第 6 章为轴系设计，包括轴承设计、轴的设计以及联轴器、离合器和制动器的设计。

本书可作为高等学校工科机械类专业本专科生学习机械设计基础的教材或者参考资料，也可供其他有关专业的教师和工程技术人员参考。

图书在版编目(CIP)数据

机械设计基础/张子英主编. —徐州：中国矿业大学出版社，2023.8

ISBN 978-7-5646-5931-8

Ⅰ. ①机… Ⅱ. ①张… Ⅲ. ①机械设计—高等学校—教材 Ⅳ. ①TH122

中国国家版本馆 CIP 数据核字(2023)第 157455 号

书　　名　机械设计基础
主　　编　张子英
责任编辑　赵朋举
出版发行　中国矿业大学出版社有限责任公司
　　　　　　(江苏省徐州市解放南路　邮编 221008)
营销热线　(0516)83885370　83884103
出版服务　(0516)83995789　83884920
网　　址　http://www.cumtp.com　**E-mail**:cumtpvip@cumtp.com
印　　刷　江苏淮阴新华印务有限公司
开　　本　787 mm×1092 mm　1/16　**印张** 15.25　**字数** 390 千字
版次印次　2023 年 8 月第 1 版　2023 年 8 月第 1 次印刷
定　　价　48.00 元

前　言

本书是煤炭高等教育“十四五”规划教材，根据国家普通高等学校本科专业类教学质量国家标准和教育部机械设计基础课程教学基本要求，结合煤炭行业应用背景和编者多年教学经验编写而成。

“机械设计基础”是近机械类和非机械类专业学生的一门重要专业基础课程。该课程理论与实践相结合，综合性强，一般在理论课结束后集中进行，通过解决工程实际问题，对理论教学所学的内容进行综合训练。本书在编写过程中坚持结合煤炭行业背景，以工程应用为主，对教学内容和体系进行了归纳整理。

本书弱化了机械原理与机械设计的界限，从机械设计的理念出发，介绍了机械设计总论、常用机构、齿轮机构及轮系、连接件设计、传动件设计和轴系设计，使学生在学习内容时可以充分掌握机械设计的一般过程和设计思想。

本书由山西能源学院张子英、张盼盼、白晨媛、周慧珍、郜敏、吴凤彪、王彦辉、张梦奇和张正伟共同编写。其中，张子英参与了第1、6章的编写，张盼盼参与了第2章的编写，白晨媛参与了第3、6章的编写，周慧珍参与了第2、5章的编写，郜敏参与了第2、4章的编写，吴凤彪参与了第2章的编写，王颜辉、张梦奇参与了第4章的编写，张正伟参与了第2、6章的编写。

由于编者水平有限，书中不妥之处在所难免，敬请广大师生批评指正并提出宝贵意见。

编　者

2023年7月

目 录

1 绪 论

1.1 本课程研究的对象和内容

机械工业肩负着为国家经济各部门提供技术装备的重要任务，也是衡量一个国家现代化建设水平的重要行业之一。随着人工智能技术的快速发展，未来通过人工智能控制机器将成为时代发展的趋势，必将推动工业技术划时代发展。

机械是机器和机构的总称。从广义角度讲，凡是能完成一定机械运动的装置都是机械，如飞机、汽车、机床、电动机、机器人及各种家用机械等。

机器是执行机械运动的装置，用来变换或传递能量、物料与信息。机器一般可以分为原动机（发动机）和工作机两类。将非机械能变换为机械能的机器称为原动机，如内燃机、电动机等。利用机械能变换或传递能量、物料、信息的机器称为工作机。例如，用来运输和传送物料的起重机、汽车，用来改变物料外形、尺寸的金属切削机床，以及用来变换或传递信息的录音机、计算机等。

图 1-1 所示为单缸四冲程内燃机结构。它主要由气缸 1、活塞 2、进气阀 3、排气阀 4、连杆 5、曲轴 6、凸轮 7、推杆 8、齿轮 9 和齿轮 10 等组成。燃气推动活塞 2 在气缸 1 中做往复直线运动，通过连杆 5 使曲轴 6 做连续转动。凸轮和推杆用来启闭进气阀和排气阀。为了保证曲轴每转两周，进、排气阀各启闭一次，曲轴与凸轮轴之间安装了一对齿数比为 1∶2 的齿轮。这样，当燃气推动活塞运动时，各构件协调地动作，进、排气阀有规律地启闭，加上气化、点火等装置的配合，就可把燃气的热能转换为曲轴回转的机械能。

一部机器由一个或若干个机构组成。机构是若干个构件以可动连接方式连接起来以传递运动和力的构件系统。机器中常用的机构有连杆机构、凸轮机构、齿轮机构、间歇运动机构等。例如，如图 1-1 所示的内燃机中就包含了曲柄滑块机构、齿轮机构和凸轮机构。

机构与机器的区别：机构只是一个构件系统，而机器除构件系统之外，还包含电气、液压等其他装置；机构只用于传递运动和力，机器除传递运动和力之外，还具有变换或传递能量、物料、信息的功能。但是，在研究构件的运动和受力情况时，机器与机构之间并无区别。

组成机构的各个相对运动部分称为构件。构件是组成机构的运动单元体，零件是组成构件的制造单元体，构件可由一个或多个零件组成。如图 1-2 所示的内燃机曲轴，它是单一的整体构件，而如图 1-3 所示的连杆，它主要由连杆 1，连杆盖 2，轴瓦 3、4、5，螺栓 6，螺母 7，以及开口销 8 等零件组成。这些零件之间没有相对运动，构成了一个运动单元，成为一个构件。因此，构件与零件的区别为构件是运动单元，零件是制造单元。

零件按其用途不同，可分为通用零件和专用零件。各种机械中都经常使用的零件称为通用机械零件，如齿轮、轴、螺钉、键等。只在某些机械中使用的零件，如曲轴、连杆、汽轮机

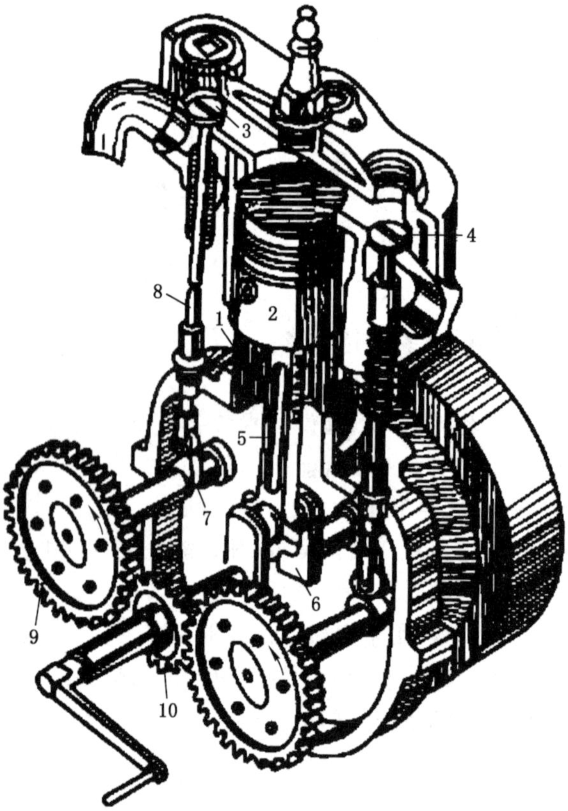

1—气缸；2—活塞；3—进气阀；4—排气阀；5—连杆；
6—曲轴；7—凸轮；8—推杆；9，10—齿轮。

图 1-1 单缸四冲程内燃机结构示意图

的叶片、洗衣机的波轮等，称为专用机械零件。

机械设计基础以机械为研究对象，主要研究机械中常用机构和通用零部件的工作原理、运动特性、结构特点及设计方法。其主要内容包括以下几个方面：

（1）机构组成结构和运动分析的基本知识

此方面内容主要包括机构的组成结构，机构具有确定运动的条件，以及机构运动简图的绘制方法等。

（2）常用机构的分析与设计

此方面内容主要包括机械中常用的连杆机构，凸轮机构，间歇运动机构，齿轮机构和轮系的结构特点、运动特征、动力性能及基本的设计方法。

（3）各种通用机械零件的基础理论和设计方法

此方面内容主要包括通用机械零件的类型、组成、工作原理、失效形式、设计准则、设计方法和参数选择等。其中，通用机械零件分为连接零件（如螺栓、键等）、传动零件（如带、链、齿轮、蜗杆等）、轴系零件（如滚动轴承、滑动轴承、轴、联轴器、离合器和制动器等）。

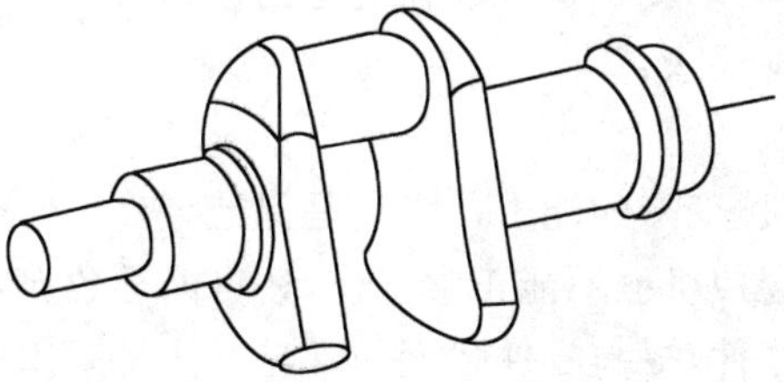

图 1-2 内燃机曲轴

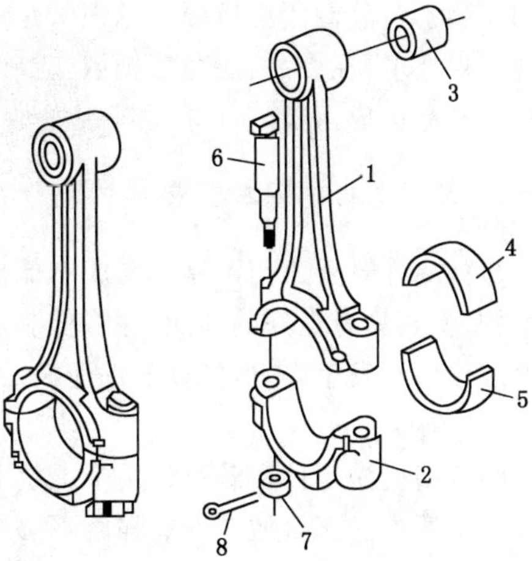

1—连杆;2—连杆盖;3,4,5—轴瓦;6—螺栓;
7—螺母;8—开口销。

图 1-3 连杆

1.2 机械设计的基本要求和一般程序

1.2.1 机械设计的基本要求

机械设计的基本要求是在设计过程中以保证机械装置的可靠性、经济性和安全性为核心,并提高其标准化程度,便于操作。此外,还应在设计过程中注意使用环境等因素的影响。

首先,机械设计的基本要求是保证机械装置的可靠性。可靠性是机械装置正常工作的关键,也是机械设计的首要考虑因素。机械设计需要保证机械装置在设计寿命内能够稳定运行,不发生故障或失效。可靠性设计包括确定装置的工作条件、选择合适的材料和零部件、进行可靠性分析和优化设计等。

其次,机械设计的基本要求是保证机械装置的经济性。经济性是机械设计必须考虑的因素之一。机械装置的经济性主要包括两个方面:一是降低制造成本;二是提高装置的使用效率和生产效率。机械设计工程师需要在满足功能和性能要求的基础上,根据成本效益分析,选择合适的材料、加工工艺和制造方法,降低装置的制造成本。同时,需要优化设计,减小能量消耗和损失,提高装置的使用效率和生产效率,降低运营成本。

最后,机械设计的基本要求是保证机械装置的安全性。安全性是机械设计的首要原则和最高标准。机械装置的安全性设计是为了防止意外事故和人员伤害。机械设计需要充分考虑装置的结构强度和刚度,材料的可靠性和抗腐蚀性,零部件的可靠性和运动安全性,以及安全控制和保护系统的设计。此外,对于一些特殊工况和危险环境,还需要进行风险评估和安全设计,确保装置可以在不发生事故的前提下正常运行。

机械装置的可靠性、经济性和安全性是相互关联的,在机械设计过程中需要综合考虑。此外,在机械设计过程中,还应注意机械产品造型要匀称、大方,结构应便于日常维护,色彩协调、美观，危险源用醒目颜色标识清楚；在控制噪声、避免废气和废液对环境影响等方面应符合环保要求；在食品、医药等领域，应确保机器洁净度符合要求，不能因设备磨合、漏油等事故对产品造成污染。

1.2.2 机械零件的基本要求

机械零件既要工作可靠又要成本低。设计机械零件时应正确选择材料、合理设计零件的结构，使其具有良好的性能，并降低制造成本。为了使机械零件在规定的使用条件下能可靠地工作而不发生失效，机械零件应满足如下基本要求：

（1）强度

强度指机械零件在载荷作用下抵抗断裂或塑性变形的能力。强度是保证零件工作能力的最基本要求。当机械零件的强度不够时，不仅会使机械不能正常工作，还可能导致严重事故，所以应保证零件具有足够的强度。对于轴类零件，提高零件强度的常见方法是采用性能更好的合金钢；对于壳体类零件，则可以采用增大壁厚的措施来提高零件强度。

（2）刚度

刚度指在一定载荷作用下零件抵抗变形的能力。刚度的反义词是柔度，其大小等于刚度的倒数。当零件的刚度不足时，将影响机械的正常工作。例如，若机床的主轴和螺杆的弹性变形过大就会影响加工精度。因此对于这类零件应保证其具有足够的刚度。箱体类零件通常可以设计为框架结构，或增加必要的筋肋结构，以保证有足够的刚度。

（3）耐磨性

耐磨性指在载荷作用下相对运动的两零件接触界面的抗磨损能力。当接触界面上磨损过度时，不仅会降低零件的强度和机械的精度及效率，还会影响机械的正常工作。因此，必须增强零件接触的耐磨性。通常采用淬火、渗氮、渗碳的方式来提高零部件表面硬度，从而提高其耐磨性。此外，还可以在存在相对运动的零件关节处增加轴套等方式来减小磨损。

（4）耐热性

温度对机械零件正常工作的影响是多方面的。高温会改变材料的力学性能，同时会出现缓慢塑性变形且连续增大的蠕变现象，使零件产生过大的热变形和附加热应力，降低零件材料的抗氧化能力等。这些都会降低高温条件下零件的承载能力，降低运转精度，甚至发生失效。为了保证零件在高温下能正常工作，应选择合适的材料并进行必要的热变形计算和高温条件下的强度计算，还可以采取适当的降温措施。

1.2.3 机械设计人员应具备的素质

机械设计是一项综合性很强的工作。机械设计人员为了能很好地适应这一工作，必须具备下列基本素质：

（1）深厚的理论基础和广博的专业知识

机械设计涉及数学、力学、摩擦学、制造工程、工程图学、工艺学、系统工程、工业美学、设计方法学等学科，因此，机械设计人员只有理论扎实、知识广博，才能充分考虑、理解并正确处理机械设计中的各种问题，从而进行创造性的设计工作，在工作中获得最佳的设计成果。

（2）丰富的实践经验

有人认为，设计工作就是绘图和编写说明书，这是对设计工作的片面理解。正确的设计应把市场分析、设计制造、销售服务等视为一个整体,统一考虑,综合平衡。只有这样,才能在设计工作中取得良好的效果。为此,要求设计者应具有丰富的工作和社会实践经验,这对设计人员来说,是一个终身不断积累和学习的过程。

(3) 高度的责任感和严谨的工作作风

设计人员应对其承担的设计的合理性和设计后果负责。因此,设计时,必须高度负责、一丝不苟地工作,做到所承担的设计工作原理正确、方案可行;所设计的产品制造、安装、使用、维修均方便;在思想上,把提高机械产品质量、降低产品成本、合理利用资源和保护环境放在设计工作的重要位置。

(4) 创造性的思维能力

设计必须是创造,设计过程就是进行创造性思维的过程,这种创造可能表现为全部创新,也可能是对某一局部进行改进或创新。这就要求设计人员平时应养成勤于观察和思考的习惯,要善于联想,不断进行创造性思维和方法的锻炼,逐步提高设计水平。

(5) 虚心学习和不断进取的精神

设计人员应养成善于学习、积累资料以及终身学习的习惯;要精益求精、攻坚克难,不断开发新的产品,开创新的局面。

1.2.4 机械设计的一般程序

常规机械设计的一般程序可细化为以下几个步骤:

(1) 需求分析和问题定义

在机械设计之前,需要对设计任务进行需求分析和问题定义,并制定相应的任务书。这包括理解用户需求,明确设计目标和功能要求,以及确定设计的性能指标和约束条件等。

(2) 概念设计

概念设计是机械设计的第一步,目的是生成不同的设计方案。概念设计需要运用创造性思维和工程知识,通过手绘或计算机辅助设计软件等工具,提出多种可能的设计概念。

(3) 评估和选择

在概念设计的基础上,工程师按照任务书提出多种设计解决方案,并需要对每种设计方案进行评估和选择。评估的指标可以包括功能是否实现和设计方案的可行性、可靠性、经济性、安全性等。最后通过定性和定量的方法对不同的设计方案进行分析比较,选择一个最佳的设计方案。

(4) 细化设计

选定最佳设计方案后应进行细化设计。它包括对设计进行详细的图纸绘制、参数计算和分析。设计师需要确保设计的可制造性,选取合适的材料、零件和加工工艺,进行强度、刚度、运动学和动力学计算等。

(5) 仿真和测试

在细化设计的过程中,可以利用计算机辅助设计软件进行各种仿真和测试。例如,可利用计算机辅助设计软件进行结构强度分析、动力学模拟、运动路径优化等。通过仿真和测试,设计师可以验证设计方案的可行性和装置工作状态。

(6) 制造和装配

在设计完成后,需要进行制造和装配。根据图纸和规范进行机械零件的加工、批量生产和装配。制造和装配过程中应注意质量控制和工艺要求，确保装配的正确性和可靠性。

(7) 测试和验证

在制造和装配完成后通常需要进行测试和验证。通过对装置进行实际测试可以验证设计方案的性能和功能是否符合预期。如果发现问题或存在改进的空间，则可以优化设计或做出相应的调整。

(8) 完善和改进

测试和验证可以对设计进行完善和改进。根据测试结果和用户反馈的意见可以进行改进和优化，以满足更高的性能要求和用户需求。

(9) 产品定型

产品定型主要包括编制设计文档和发布产品。设计文档包括设计说明书、图纸、材料清单、工艺规范等。通过发布产品，可以将设计方案转化为实际产品，投入市场供用户使用。

1.3 机械零件的标准化、系列化与通用化

在机械零件设计中，机械零件的标准化工作非常重要。标准化工作包括 3 个方面的内容，即标准化、系列化和通用化(以下简称“三化”)。

1.3.1 “三化”的含义

(1) 标准化

标准化是一项重要的技术经济政策和法规，它根据零件的尺寸、结构要素、材料性能、检验方法、设计方法、制图要求等来制定大家共同遵守的标准，以保证工程语言的统一。因此，对设计图样的标准化是设计工作中的一个重要环节。

具有标准参数的零部件称为标准零部件，如机械中常用的螺栓、螺母、键、销和滚动轴承等。

(2) 系列化

系列化指对于同一种产品，为了满足不同的使用条件，在同一基本结构或基本尺寸条件下规定若干个辅助尺寸不同的产品，从而形成系列产品。例如，对于同一结构、同一内径的滚动轴承，可规定不同外径和宽度的产品，这称为滚动轴承的系列化。

(3) 通用化

通用化指系列内部或跨系列的产品之间尽量采用同一种结构和尺寸的零件，以比较少的规格品种来满足生产需求。

1.3.2 标准化的意义

标准化的重要意义如下：

① 能以较为先进的方法在专门化的工厂中对那些用途广泛的机械零件进行大量、集中的制造，从而提高机械零件的质量，降低成本。

② 能统一材料和机械零件的性能指标，使其能够进行比较分析，从而提高零部件性能的可靠性。

③ 采用标准结构和标准零部件可以简化设计工作，缩短设计周期，有利于设计者把主

要精力放在关键零部件的设计上，从而提高设计质量。

④ 提高互换性，使机器的维修工作更加简单。

标准化由于具有明显的优越性，所以应在机械设计中大力推广。一个国家的标准化程度代表其工业制造的先进程度。

我国现行标准分为国家标准、行业标准、地方标准、团体标准和企业标准等。其中，国家标准又分为强制性标准(GB)和推荐性标准(GB/T)两种。为提高在国际市场中的竞争力，我国鼓励采用国际标准化组织(ISO)的标准。近年来我国发布的国家标准，许多都采用了相应的ISO标准。因此，设计人员必须熟悉现行的有关标准，会利用机械设计手册或机械工程手册等查阅有关标准和资料。

2 常用平面机构

2.1 平面机构的结构与运动分析

【教学要求】

● 知识目标

(1) 掌握机构的组成。

(2) 掌握平面机构运动简图的绘制。

(3) 掌握平面机构自由度的计算。

(4) 掌握平面机构的运动分析。

● 能力目标

(1) 能够绘制平面机构运动简图。

(2) 能够计算平面机构自由度。

● 素质目标

培养严谨的科学态度。

● 学习重点与难点

(1) 学习重点:掌握机构的组成、平面机构运动简图的绘制、平面机构自由度的计算。

(2) 学习难点:平面机构的运动分析。

【行业案例】

平面四杆机构中的铰链四杆机构、曲柄滑块机构和导杆机构等是矿山机械中常见的机构。颚式破碎机、搅拌机、挖土机等在设计、使用、维护过程中必涉及力的分析,进而也就涉及运动分析。

2.1.1 机构的组成

如图 2-1 所示,一个做平面运动的自由构件具有 3 个独立运动,在 xOy 坐标系中,构件 S 可随其上任一点 A 沿 x 轴、y 轴方向独立移动和绕 A 点独立转动。构件相对于参考系所具有的独立运动的数目称为自由度。所以一个做平面运动的自由构件具有 3 个自由度。

机构是由许多构件组成的。机构中每个构件都以一定方式与某些构件相互连接,这种连接不是固定连接,而是能产生一定相对运动的连接。两个构件直接接触并能保持一定相对运动的连接称为运动副。构件组成运动副后,其独立运动受到约束,自由度随之减少。

两个构件组成的运动副,通常用点接触、线接触和面接触 3 种形式连接起来。按照接触情况不同,通常把运动副分为低副和高副两类。

(1) 低副

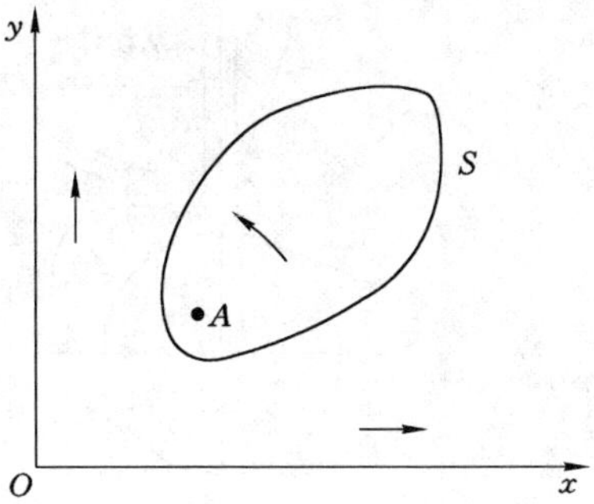

图 2-1　平面运动构件的自由度

两构件之间通过面接触组成的运动副称为低副。按被连接两构件之间相对运动形式的不同,平面机构中的低副有转动副和移动副两种。

① 转动副。若组成运动副的两构件之间只能在平面内产生相对转动,这种运动副称为转动副,或称铰链,如图 2-2 所示。

② 移动副。若组成运动副的两构件之间只能沿某一轴线产生相对移动,这种运动副称为移动副,如图 2-3 所示。

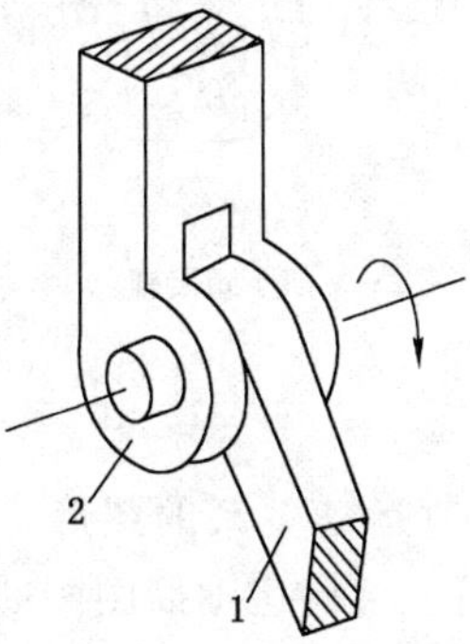

1,2—构件。

图 2-2　转动副

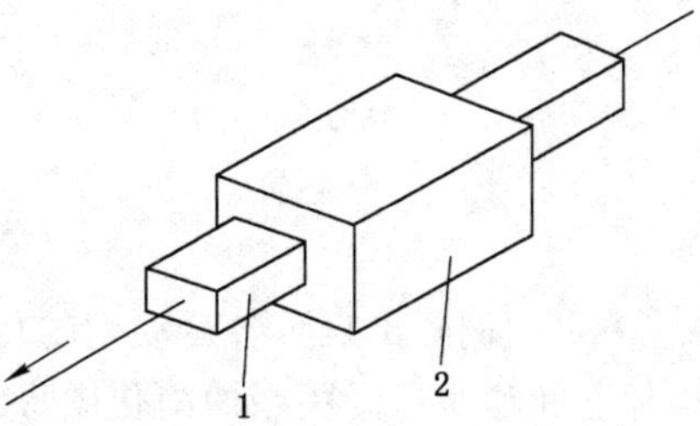

1,2—构件。

图 2-3　移动副

(2) 高副

两构件之间通过点或线接触组成的运动副称为高副。图 2-4 所示为高副及其表示方法。图 2-4(a)中的车轮与钢轨、图 2-4(b)中的凸轮与从动件、图 2-4(c)中的两个齿轮在接触处 A 组成高副。组成平面高副两构件之间的相对运动是沿接触处公切线 t—t 方向的相对移动和在平面内的相对转动。

除上述平面运动副之外,机械中还经常见到如图 2-5 所示的球面副和螺旋副。这些运动副两构件间的相对运动是空间运动,故属于空间运动副。空间运动副不在本章讨论的范围内。

2.1.2　平面机构运动简图

实际构件的外形和结构都很复杂,在研究机构运动时,为了使问题简化,通常不考虑与运动无关的构件外形和运动副具体构造,只用简单线条和符号来表示机构中的构件和运动

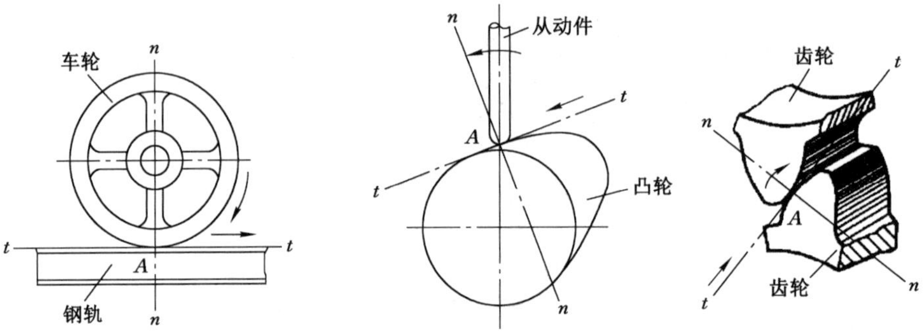

图 2-4 平面高副实例

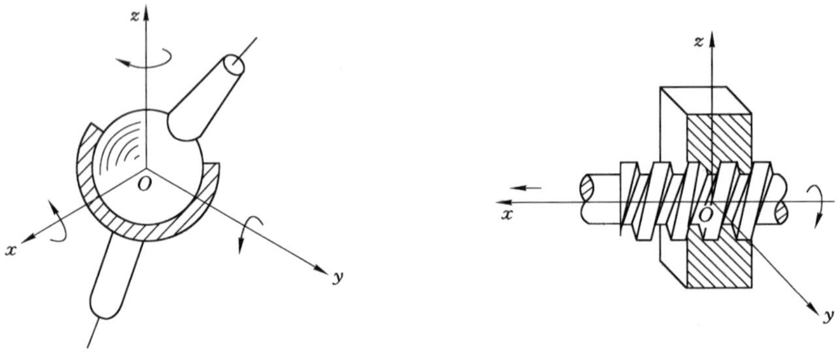

图 2-5 球面副和螺旋副

副，并按一定比例画出表示各运动副的相对位置及它们相对运动关系的图形。这种表示机构各构件之间相对运动关系的简化图形称为机构运动简图。机构运动简图中的运动副表示方法如下所述。

图 2-6(a)、(b)、(c)是两个构件组成的转动副表示方法。图中用圆圈表示转动副，圆圈的圆心代表相对转动轴线。若组成转动副的两个构件都是活动件，则用图 2-6(a)表示。若其中一个构件为机架，则要在代表机架的构件上加阴影线，如图 2-6(b)、(c)所示。

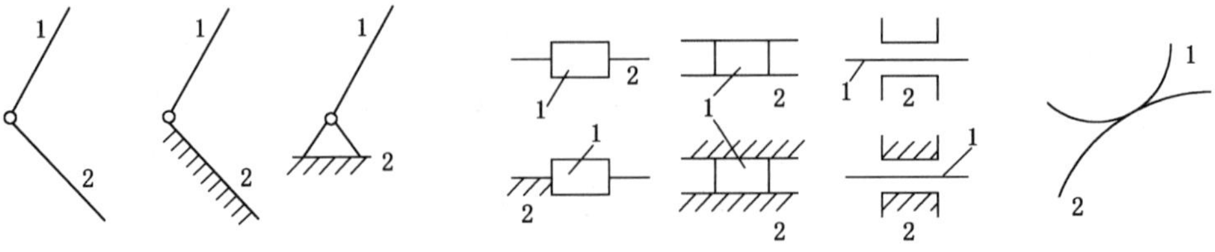

1，2—构件。

图 2-6 平面运动副的表示方法

两个构件组成的移动副的表示方法如图 2-6(d)、(e)、(f)所示。图中画阴影线的构件表示机架。移动副的导路必须与相对移动方向一致。两个构件组成高副时，在机构运动简图中应当画出两个构件接触处的曲线轮廓，如图 2-6(g)所示。

图 2-7 所示为构件的表示方法。图 2-7(a)表示参与组成两个转动副的构件。图 2-7(b)表示参与组成一个转动副和一个移动副的构件。一般情况下，参与组成 3 个转动副的构件可用三角形表示。为了表明三角形是一个刚性整体，常在三角形内画上剖面线或在三角形 3 个角加上焊接标记，如图 2-7(c)所示。如果 3 个转动副中心在一条直线上，则用图 2-7(d)表示。超过 3 个运动副的构件的表示方法可以此类推。对于机械中常用的构件和零件，也可采取惯用画法。例如，用粗实线或点画线画出一对节圆表示互相啮合的齿轮；用完整的轮廓曲线表示凸轮等。其他常用部件的表示方法可参阅《机械制图 机构运动简图用图形符号》(GB/T 4460—2013)。

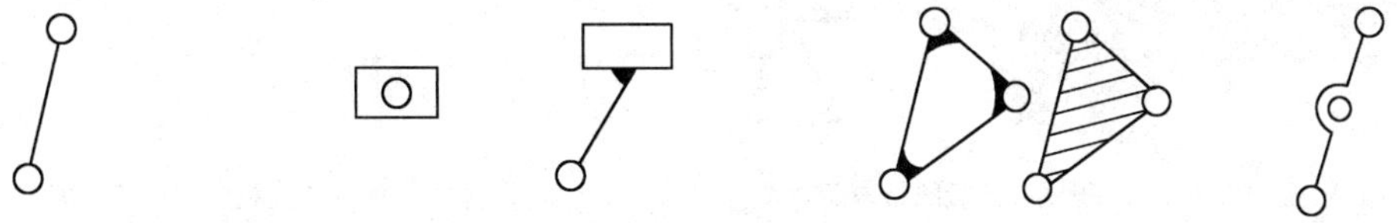

图 2-7　构件的表示方式

根据机构中各构件的运动性质将构件分为如下 3 类：

(1) 固定构件(机架)

固定构件(机架)为用来支撑活动构件(运动构件)的构件。例如，单缸四冲程内燃机中的气缸就是固定构件，它用以支撑活塞、曲轴等。研究机构中活动构件的运动时，常以固定构件作为参考坐标系。

(2) 原动件(主动件)

原动件(主动件)为运动规律已知的活动构件。它是机构中输入运动或动力的构件，故又称为输入构件。例如，单缸四冲程内燃机中的活塞就是原动件。

(3) 从动件

从动件为机构中随原动件运动而运动的其余活动构件。其中，输出预期运动的从动件称为输出构件，其他从动件则起传递运动的作用。例如，单缸四冲程内燃机的连杆和曲轴都是从动件。该机构的功用是将直线运动变换为定轴转动，因此，曲轴是输出构件，连杆是传递运动的从动件。

下面举例说明机构运动简图的绘制方法。

例 2-1　绘制图 2-8(a)所示颚式破碎机的机构运动简图。

解　① 分析机构组成和运动情况，确定构件数目。颚式破碎机的主体机构由机架 1、偏心轴(又称曲轴)2、动颚 3、肘板 4 组成。带轮与偏心轴固连成一个整体，它是运动和动力输入构件，即原动件，其余构件都是从动件。当带轮和偏心轴 2 绕轴线 A 转动时，驱使输出构件动颚 3 做平面复杂运动，从而将矿石轧碎。

② 确定运动副的类型和数目。在确定构件数目之后，再根据各构件间的相对运动确定运动副的种类和数目。偏心轴 2 与机架 1 绕轴线 A 相对转动，故构件 1、2 组成以 A 为中心

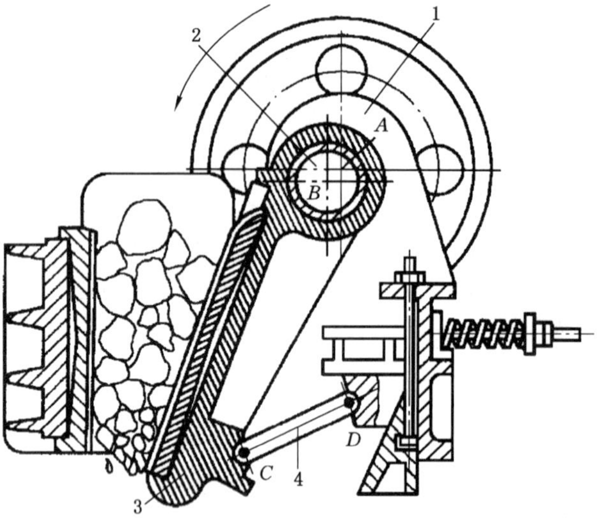

(a) 颚式破碎机的结构示意图

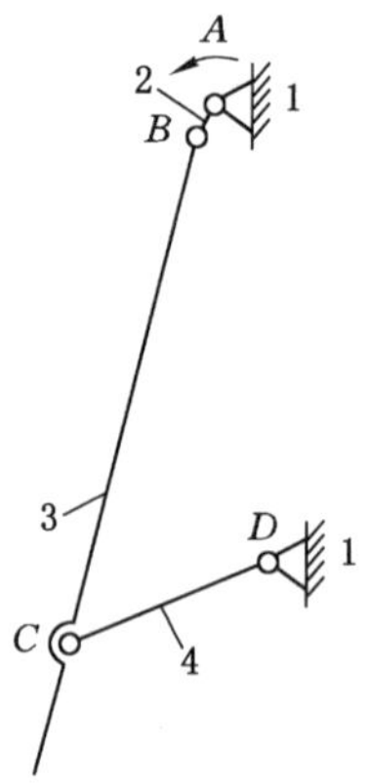

(b) 颚式破碎机的机构运动简图

1—机架;2—偏心轴;3—动颚;4—肘板。

图 2-8　颚式破碎机及其机构运动简图

的转动副;动颚 3 与偏心轴 2 绕轴线 B 相对转动,故构件 2、3 组成以 B 为中心的转动副;肘板 4 与动颚 3 绕轴线 C 相对转动,故构件 3、4 组成以 C 为中心的转动副;肘板 4 与机架 1 绕轴线 D 相对转动,故构件 4、1 组成以 D 为中心的转动副。

③ 绘制平面机构运动简图。选择平行于构件运动的平面作为视图平面,测量线段 AB、BC、CD、DA 的尺寸,然后选定适当比例尺,定出 A、B、C、D 的相对位置,用构件和运动副的规定符号绘出机构运动简图,如图 2-8(b)所示。最后,将图中的机架画上阴影线,并在原动件 2 上标注箭头。

需要指出的是,虽然动颚 3 与偏心轴 2 是用一个半径大于 AB 的轴颈连接的,但是运动副的规定符号仅与相对运动的性质有关,而与运动副的结构尺寸无关,所以在机构运动简图中仍用小圆圈表示。

例 2-2　绘制图 2-9(a)所示活塞泵的机构运动简图。

解　① 分析机构组成和运动情况,确定构件数目。活塞泵主要由曲柄 1、连杆 2、齿扇 3、齿条活塞 4 和机架 5 组成。曲柄 1 是原动件,构件 2、3、4 是从动件。当原动件 1 回转时,活塞在气缸中做往复运动。

② 确定运动副的类型和数目。各构件之间的连接如下:构件 1 和 5,构件 2 和 1,构件 3 和 2,构件 3 和 5 之间为相对转动,分别构成 A、B、C、D 转动副。构件 3 的轮齿与构件 4 的齿条构成平面高副 E。构件 4 与构件 5 之间为相对移动,构成移动副 F。

③ 绘制机构运动简图。选择平行于构件运动的平面作为视图平面,测量线段 AB、BC、CD、DE、EF、FA 的尺寸,然后选取适当比例,定出 A、B、C、D、E、F 的相对位置,用构件和运动副的规定符号画出机构运动简图,如图 2-9(b)所示。最后,将图中的机架画上阴影线,并在原动件 1 上标出指示运动方向的箭头。

需要说明的是,绘制机构运动简图时,原动件的位置选择不同,所绘机构运动简图的图

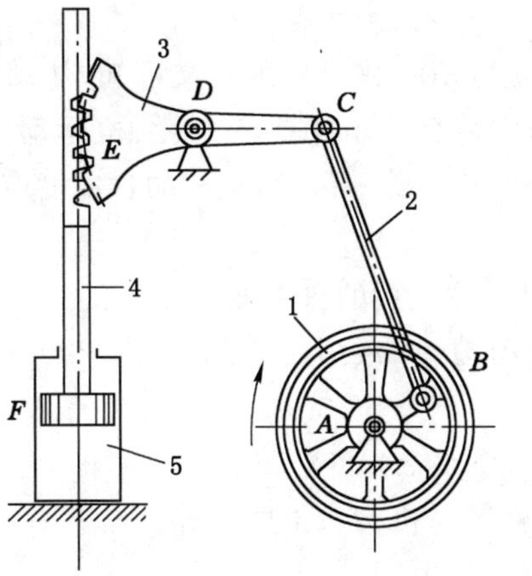

(a) 活塞泵的结构示意图

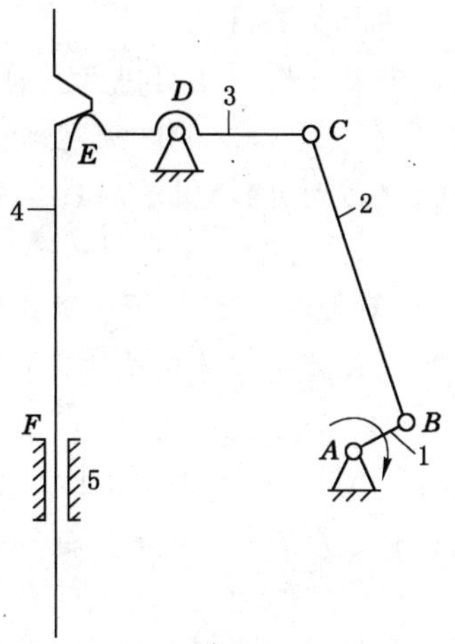

(b) 活塞泵的机构运动简图

1—曲柄；2—连杆；3—齿扇；4—齿条活塞；5—机架。

图 2-9　活塞泵及其机构运动简图

形也不同。当原动件位置选择不当时，构件互相重叠交叉，使图形不易辨认。为了清楚地表达各构件的相互关系，绘图时应当选择一个恰当的原动件位置。

2.1.3　平面机构自由度的计算

机构的各构件之间应具有确定的相对运动。显然，不能产生相对运动或做无规则乱动的一堆构件难以用来传递运动。为了使组合起来的构件能产生相对运动并具有运动确定性，有必要探讨机构自由度和机构具有确定运动的条件。

(1) 平面机构自由度的计算

每个做平面运动的自由构件均具有 3 个自由度，因此，平面机构的每个活动构件，在未用运动副连接之前，都有 3 个自由度，即沿 x 轴和 y 轴的移动以及在 xOy 平面内的转动。当两构件组成运动副之后，它们的相对运动受到约束，自由度随之减少。不同种类的运动副引入的约束不同，所保留的自由度也不同。例如，转动副约束了 2 个方向的移动，保留了 1 个转动自由度；而移动副约束了沿一个轴方向的移动和在平面内的转动，保留了沿另一个轴方向移动的自由度；平面高副则只约束沿接触处公法线 n—n 方向移动的自由度，保留了绕接触处转动和沿接触处公切线 t—t 方向移动的 2 个自由度。也可以说，在平面机构中，每个低副引入了 2 个约束，使构件失去 2 个自由度；每个高副引入了 1 个约束，使构件失去 1 个自由度。

设某平面机构共有 K 个构件，除去固定构件，活动构件数目 $n = K - 1$。在未用运动副连接之前，这些活动构件的自由度为 $3n$。当用运动副将构件连接组成机构之后，机构中各构件具有的自由度随之减少。若机构中低副数目为 P_L，高副数目为 P_H，则运动副引入的约束总数为 $2P_L + P_H$。活动构件的自由度总数减去运动副引入的约束总数就是机构自由度，以 F 表示，即

$$F = 3n - 2P_L - P_H \tag{2-1}$$

这就是计算平面机构自由度的公式。由式(2-1)可知，机构自由度取决于活动构件的件

数和运动副的性质及数目。

机构的自由度即机构相对机架具有的独立运动的数目。由上文可知，从动件是不能做独立运动的，只有原动件才能做独立运动。通常每个原动件具有一个独立运动（如电动机转子具有一个独立转动，内燃机活塞具有一个独立移动等），因此，机构的自由度应与原动件数目相等。

例 2-3 计算如图 2-8(b)所示颚式破碎机主体机构的自由度。

解 在颚式破碎机主体机构中，有 3 个活动构件，$n=3$；4 个转动副，$P_L=4$；没有高副，$P_H=0$。该机构的自由度 F 为：

$$F = 3n - 2P_L - P_H = 3\times3 - 2\times4 - 0 = 1$$

该机构具有一个原动件（偏心轴 2），原动件数与机构自由度相等。

例 2-4 计算如图 2-9(b)所示活塞泵机构的自由度。

解 活塞泵具有 4 个活动构件，$n = 4$；5 个低副（4 个转动副和 1 个移动副），$P_L = 5$；一个高副，$P_H = 1$。该机构自由度为：

$$F = 3n - 2P_L - P_H = 3\times4 - 2\times5 - 1 = 1$$

该机构的自由度与原动件（曲柄 1）数相等。

机构原动件的独立运动是由外界给定的。如果给出的原动件数不等于机构自由度，将会发生下列问题。

图 2-10(a)所示为原动件数小于机构自由度的例子（图中原动件数等于 1，机构自由度 $F=3\times4-2\times5=2$）。当只给定原动件 1 的位置角 φ_1 时，从动件 2、3、4 的位置不能确定，不具有确定的相对运动。只有给出 2 个原动件，使构件 1、4 都处于给定位置，才能使从动件获得确定运动。

图 2-10(b)所示为原动件数大于机构自由度的例子（图中原动件数等于 2，机构自由度 $F = 3\times3 - 2\times4 = 1$）。如果原动件 1 和原动件 3 的给定运动都要同时满足，机构中最弱的构件必将损坏，例如将杆 2 拉断，杆 1 或杆 3 折断。

图 2-10(c)所示为机构自由度为 0 的构件组合（$F=3\times4-2\times6=0$），它是一个桁架。它的各构件之间不可能产生相对运动。

综上所述，机构具有确定运动的条件是：机构自由度 $F>0$，且 F 等于原动件数。

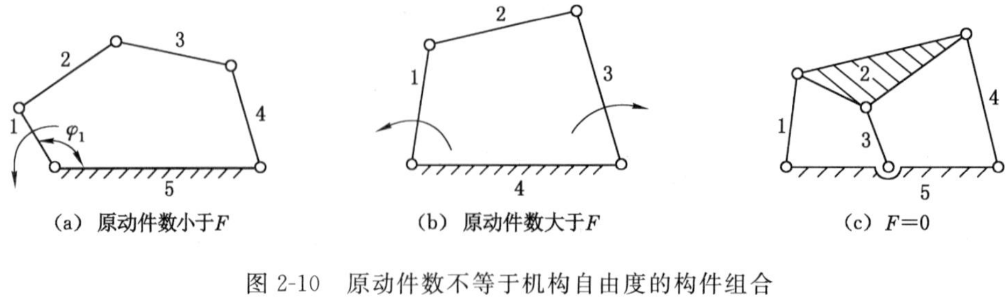

图 2-10 原动件数不等于机构自由度的构件组合

(2) 计算平面机构自由度时应注意的事项

应用式(2-1)计算平面机构的自由度时，对下列情况必须加以注意：

① 复合铰链

由两个以上的构件在同一轴线上连接而组成的多个转动副称为复合铰链。图 2-11(a)

所示是 3 个构件组成的复合铰链，图 2-11(b)是它的俯视图。由图可以看出，这 3 个构件共组成 2 个转动副。以此类推，K 个构件组成的复合铰链具有($K-1$)个转动副。在计算机构自由度时应注意识别复合铰链，以免把转动副的个数算错。

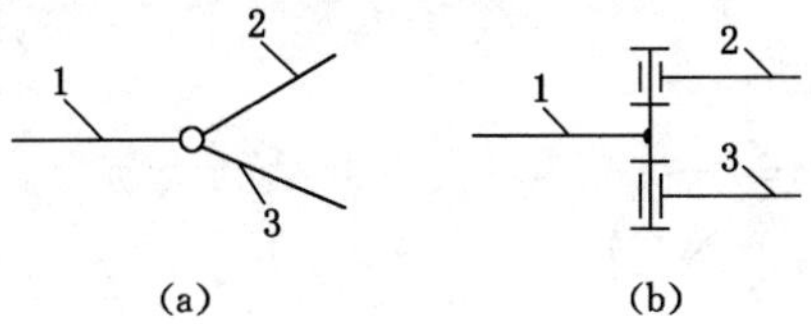

1,2,3—构件。

图 2-11　复合铰链

例 2-5　计算如图 2-12 所示圆盘锯主体机构的自由度。

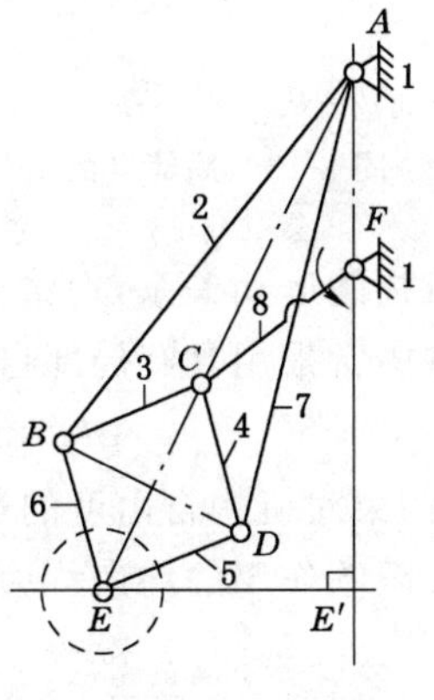

1—机架；2,3,4,5,6,7,8—活动构件。

图 2-12　圆盘锯机构

解　该机构有 7 个活动构件，$n=7$；A、B、C、D 4 处都是由 3 个构件组成的复合铰链，各有 2 个转动副，E、F 处各有 1 个转动副，故 $P_L=10$。该机构的自由度为：

$$F=3\times7-2\times10=1$$

F 与机构原动件数相等。当原动件 8 转动时，圆盘中心 E 将确定沿 EE' 移动。

② 局部自由度

机构中常出现的与输出构件运动无关的自由度，称为局部自由度(或称多余自由度)，在计算机构自由度时应将局部自由度除去。

例 2-6　计算如图 2-13(a)所示滚子从动件凸轮机构的自由度。

解　如图 2-13(a)所示，当原动件凸轮 1 转动时，通过滚子 3 驱使从动件 2 以一定运动规律在机架 4 中往复移动。从动件 2 是输出构件。不难看出，在这个机构中，无论滚子 3 绕其轴线 C 是否转动或转动快慢，都不影响输出构件 2 的运动。因此，滚子绕其中心的转动是一个局部自由度。为了在计算机构自由度时排除这个局部自由度，可设想将滚子与从动件焊成一体(转动副 C 也随之消失)，于是图 2-13(a)就转化为如图 2-13(b)所示的形式。在该图中，$n=2$，$P_L=2$，$P_H=1$。由式(2-1)可得：

$$F=3\times2-2\times2-1=1$$

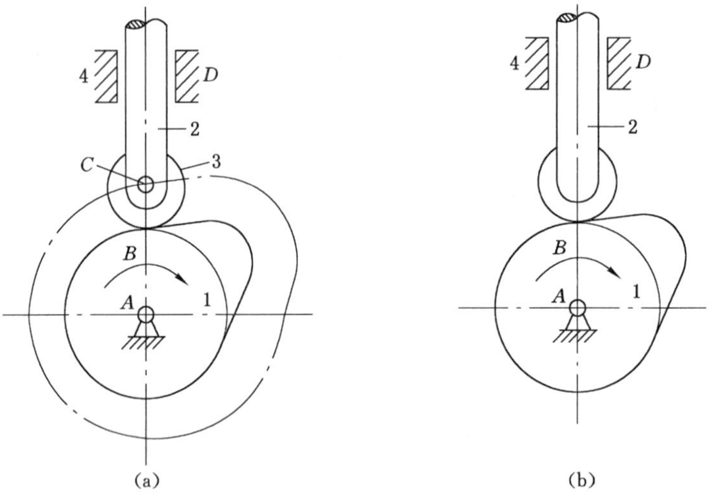

1—凸轮；2—从动件；3—滚子；4—机架。

图 2-13 局部自由度

局部自由度虽然不影响整个机构的运动关系，但滚子可使高副接触处的滑动摩擦变成滚动摩擦，减少磨损。因此，在机械中常采用具有局部自由度的结构，如滚动轴承、滚轮等。

③ 虚约束

在运动副引入的约束中，有些约束对机构自由度的影响是重复的，对机构运动不起任何限制作用。这种重复而对机构不起限制作用的约束称为虚约束或消极约束。在计算机构自由度时，虚约束应当除去不计。

虚约束是构件间几何尺寸满足某些特殊条件的产物。平面机构中的虚约束常出现在下列场合：

a. 两构件之间组成多个导路平行的移动副时，只有一个移动副起作用，其余都是虚约束。例如，单缸四冲程内燃机中顶杆与缸体之间组成两个导路平行的移动副，其中之一为虚约束。

b. 两个构件之间组成多个轴线重合的转动副时，只有一个转动副起作用，其余都是虚约束。例如，两个轴承支撑一根轴只能看作一个转动副。

c. 机构中传递运动不起独立作用的对称部分。例如，在如图 2-14 所示的轮系中，中心轮 1 通过两个对称布置的小齿轮 2 和 $2'$ 驱动大齿轮 3，其中有一个小齿轮对传递运动不起独立作用，但第二个小齿轮的加入，使机构增加了一个虚约束（加入一个构件增加三个自由度，组成一个转动副和两个高副，共引入四个约束）。

还有一些类型的虚约束需要通过复杂的数学证明才能判别，这里就不一一列举了。虚约束虽对机构运动不起约束作用，但可以提高构件的刚度或使构件受力均衡，所以在实际机械中虚约束并不少见。虚约束要求较高的制造精度，如果加工误差太大，不能满足某些特殊几何条件时，虚约束就会变成实际约束，阻碍构件运动。

例 2-7 计算如图 2-15(a)所示大筛机构的自由度。

解 机构中的滚子有一个局部自由度；顶杆与机架在 E 和 E' 组成两个导路平行的移动副，其中之一为虚约束；C 处是复合铰链。今将滚子与顶杆焊成一体，去掉移动副 E'，并在 C

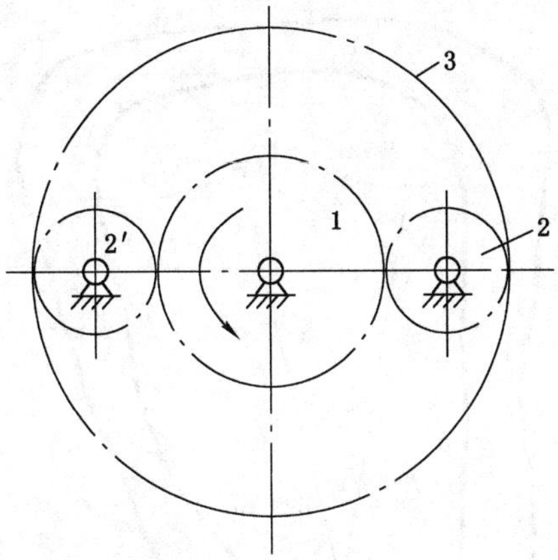

1—中心轮；2,2′—小齿轮；3—大齿轮。

图 2-14 对称机构的虚约束

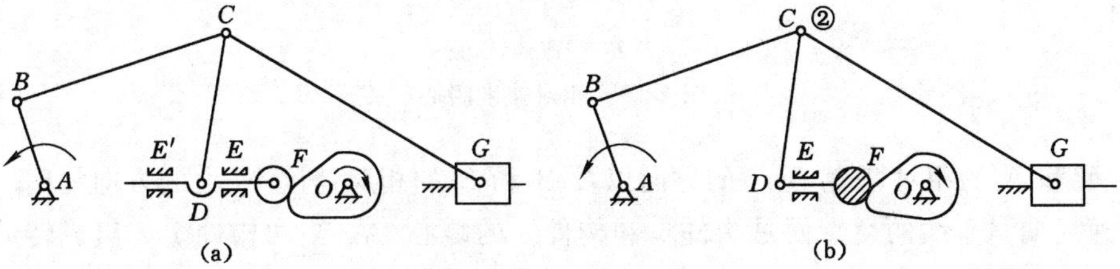

图 2-15 大筛机构

处注明转动副的个数，如图 2-15(b)所示。由该图可得：$n=7$，$P_L=9$（包括 7 个转动副和 2 个移动副），$P_H=1$，则由式(2-1)可得：

$$F=3n-2P_L-P_H=3\times7-2\times9-1=2$$

该机构自由度等于 2，具有 2 个原动件。

2.1.4 平面机构的运动分析

(1) 速度瞬心及其求法

如图 2-16 所示，任一刚体 2 相对刚体 1 做平面运动时，在任一瞬时，其相对运动可看作绕某一重合点的转动，该重合点称为速度瞬心或瞬时回转中心，简称瞬心。因此，瞬心是两个刚体上绝对速度相同的重合点（也称同速点）。如果这两个刚体都是运动的，则其瞬心称为相对瞬心；如果这两个刚体有一个是静止的，则其瞬心称为绝对瞬心。因静止构件的绝对速度为零，所以绝对瞬心是运动刚体上瞬时绝对速度等于零的点。

发生相对运动的任意两个构件间都有一个瞬心。假如机构由 K 个构件组成，则其瞬心数 N 为：

$$N=\frac{K(K-1)}{2} \tag{2-2}$$

当两个刚体的相对运动已知时，其瞬心位置可根据瞬心定义求出。在图 2-16 中，已知

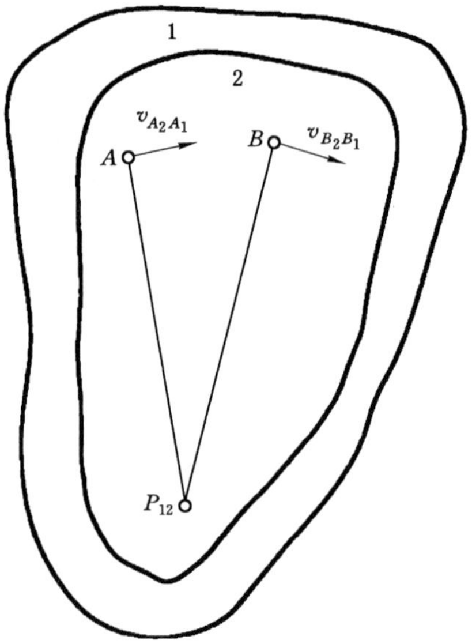

1,2—刚体。

图 2-16 相对速度瞬心

重合点 A_2 和 A_1 的相对速度 $v_{A_2A_1}$ 的方向以及 B_2 和 B_1 的相对速度 $v_{B_2B_1}$ 的方向如图所示，则这两个速度向量垂线的交点便是构件 1 和构件 2 的瞬心 P_{12}；当两构件 1、2 组成转动副时，转动副的中心便是它们的瞬心，如图 2-17(a)所示；当两构件 1、2 组成移动副时，由于所有重合点的相对速度方向都平行于移动方向，所以其瞬心位于导路垂线的无穷远处，如图 2-17(b)所示；当两构件 1、2 组成纯滚动高副时，接触点相对速度为零，所以接触点就是其瞬心，如图 2-17(c)所示；当两构件 1、2 组成滑动兼滚动的高副时，由于接触点的相对速度方向为沿切线方向，因此其瞬心应位于过接触点的公法线上，具体位置还要根据其他条件才能确定，如图 2-17(d)所示。

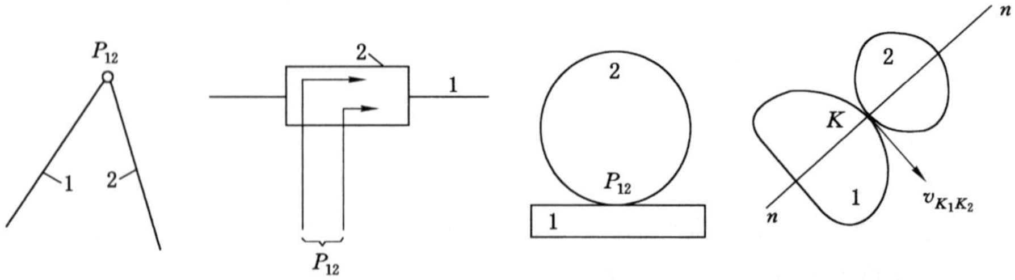

1,2—构件。

图 2-17 瞬心位置的确定

对于不直接接触的各个构件，其瞬心可用三心定理寻求，即做相对平面运动的 3 个构件共有 3 个瞬心，且这 3 个瞬心位于同一直线上。

例 2-8 求如图 2-18 所示的铰链四杆机构的瞬心。

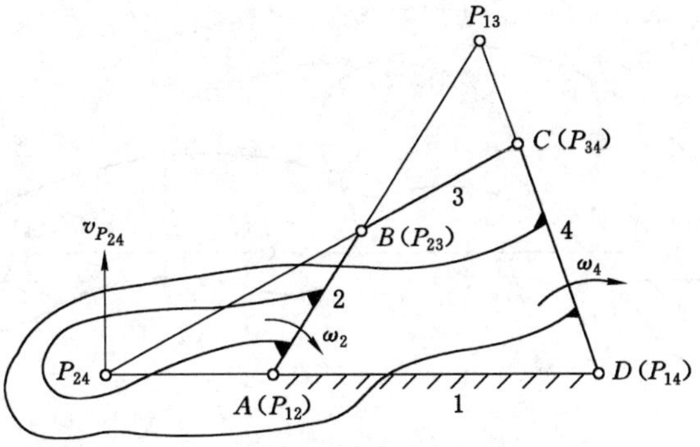

1—机架;2,3,4—构件。

图 2-18 铰链四杆机构的瞬心

解 机构瞬心数 $N=\frac{1}{2}\times4\times(4-1)=6$。转动副中心 A、B、C、D 的瞬心分别为 P_{12}、P_{23}、P_{34}、P_{14}。由三心定理可知,P_{13}、P_{12}、P_{23} 三个瞬心位于同一直线上;P_{13}、P_{14}、P_{34} 也应位于同一直线上;因此,$P_{12}P_{23}$ 和 $P_{14}P_{34}$ 两直线的交点就是瞬心 P_{13}。同理,直线 $P_{14}P_{12}$ 和直线 $P_{34}P_{23}$ 的交点就是瞬心 P_{24}。

因构件 1 是机架,所以 P_{12}、P_{13}、P_{14} 是绝对瞬心,而 P_{23}、P_{34}、P_{24} 是相对瞬心。

(2) 瞬心在速度分析上的应用

① 铰链四杆机构

在图 2-18 中,P_{24} 是构件 4 和构件 2 的同速点,因此,通过 P_{24} 可以求出构件 4 和构件 2 的角速比。构件 4 绕绝对瞬心 P_{14} 转动,构件 4 上 P_{24} 的绝对速度为:

$$v_{P_{24}}=\omega_4 l_{P_{24}P_{14}} \tag{2-3}$$

构件 2 绕绝对瞬心 P_{12} 转动,构件 2 上 P_{24} 的绝对速度为:

$$v_{P_{24}}=\omega_2 l_{P_{24}P_{12}} \tag{2-4}$$

故得:

$$\omega_2 l_{P_{24}P_{12}}=\omega_4 l_{P_{24}P_{14}} \tag{2-5}$$

或

$$\frac{\omega_2}{\omega_4}=\frac{l_{P_{24}P_{14}}}{l_{P_{24}P_{12}}}=\frac{P_{24}P_{14}}{P_{24}P_{12}} \tag{2-6}$$

式(2-6)表明两构件的角速比与其绝对瞬心至相对瞬心的距离之比成反比。若 P_{24} 在 P_{14} 和 P_{12} 的同一侧,则 ω_2 和 ω_4 方向相同;若 P_{24} 在 P_{12} 和 P_{14} 之间,则 ω_2 和 ω_4 方向相反。应用类似方法可求出其他任意两构件角速比的大小和角速度的方向。

② 齿轮或摆动从动件凸轮机构

如图 2-19 所示,回转中心 A 和 B 分别是绝对瞬心 P_{13} 和 P_{23}。相对瞬心 P_{12} 应在过接触点的公法线上,又应位于 P_{13} 和 P_{23} 的连线上,因此,该两直线的交点就是 P_{12}。P_{12} 是构件 1 和 2 的同速点,即

$$v_{P_{12}}=\omega_1 l_{P_{12}P_{13}}=\omega_2 l_{P_{12}P_{23}} \tag{2-7}$$

这种机构只有一个相对瞬心。式(2-7)可转化为:

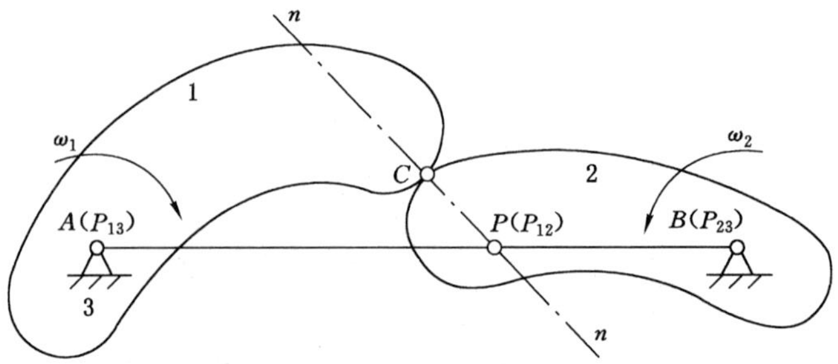

1,2—构件;3—机架。

图 2-19　齿轮机构的瞬心

$$\frac{\omega_1}{\omega_2}=\frac{l_{P_{12}P_{23}}}{l_{P_{12}P_{13}}}=\frac{P_{12}P_{23}}{P_{12}P_{13}}=\frac{BP}{AP} \tag{2-8}$$

上式在高副机构运动分析中得到广泛应用。

③ 直动从动件凸轮机构

如图 2-20 所示，P_{13} 位于凸轮的回转中心，P_{23} 在垂直于从动件导路的无穷远处。过 P_{13} 作导路的垂线代表 P_{13} 和 P_{23} 之间的连线，它与法线 $n—n$ 的交点就是 P_{12}。P_{12} 是构件 1 和 2 的同速点。由构件 1 可得 $v_{P_{12}}=\omega_1 l_{P_{13}P_{12}}$；构件 2 为平动构件，各点速度相同，即 $v_{P_{12}}=v_2$。故得：

$$\omega_1 l_{P_{13}P_{12}}=v_2 \tag{2-9}$$

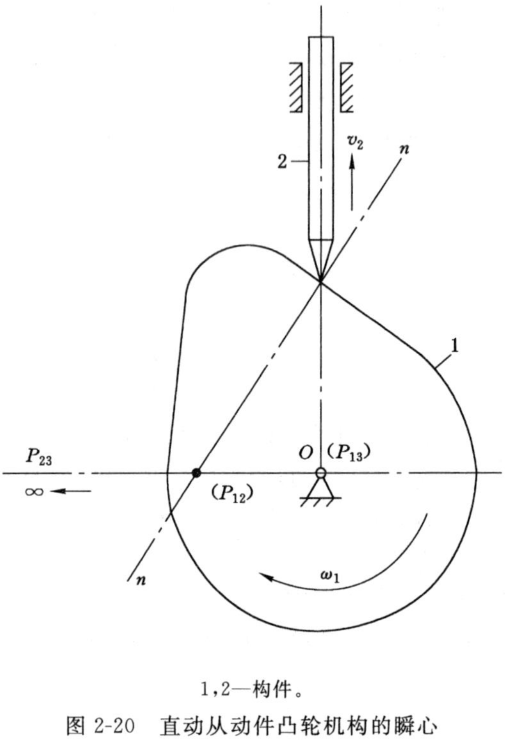

1,2—构件。

图 2-20　直动从动件凸轮机构的瞬心

或者

$$l_{P_{13}P_{12}} = \frac{v_2}{\omega_1} \tag{2-10}$$

用瞬心法求简单机构的速度是很方便的，不足之处是：当构件较多时，瞬心数目太多，求解费时，且作图时常有某些瞬心落在图纸之外。

习　　题

2.1-1　绘出图 2-21 所示机构的运动简图。

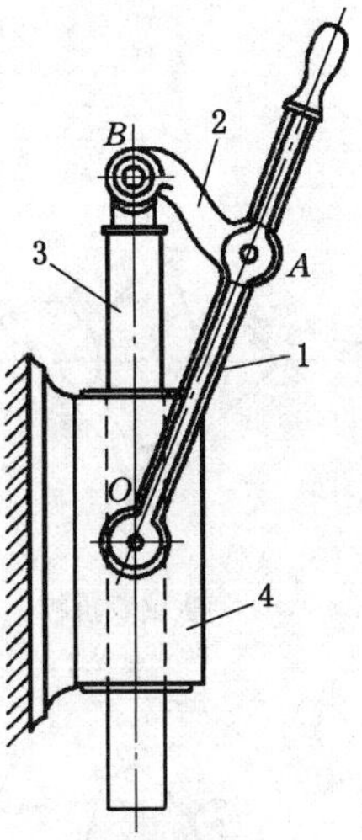

(a) 唧筒机构

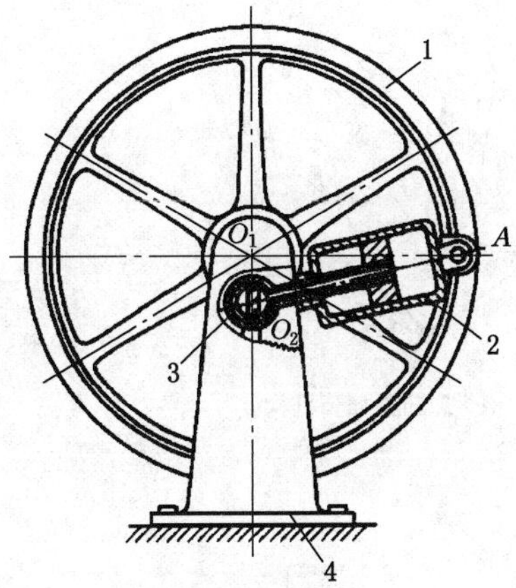

(b) 回转柱塞泵

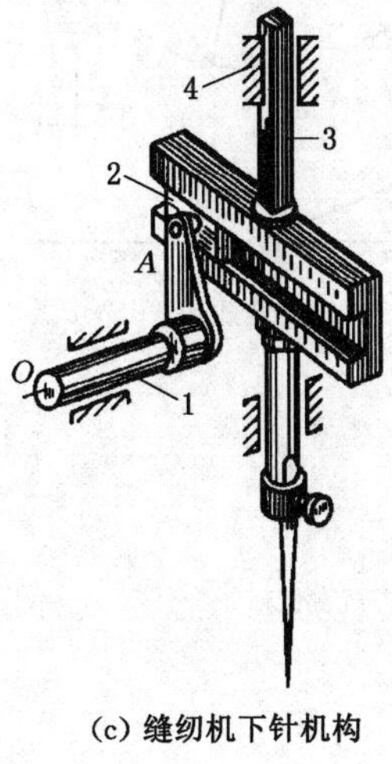

(c) 缝纫机下针机构

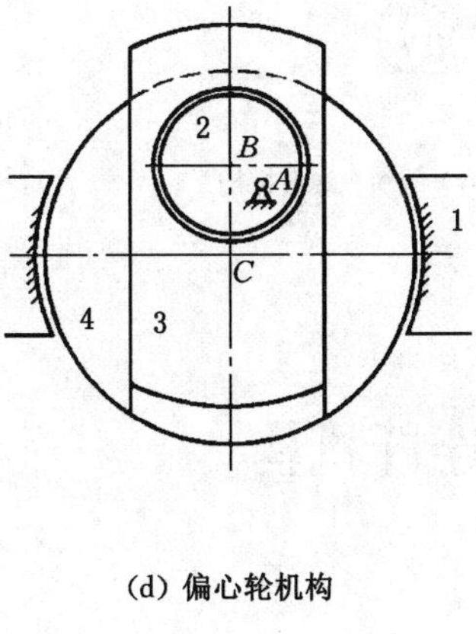

(d) 偏心轮机构

1，2，3，4—构件。

图 2-21　题 2.1-1 图

2.1-2　指出图 2-22 所示机构运动简图中的复合铰链、局部自由度和虚约束，并计算各机构的自由度。

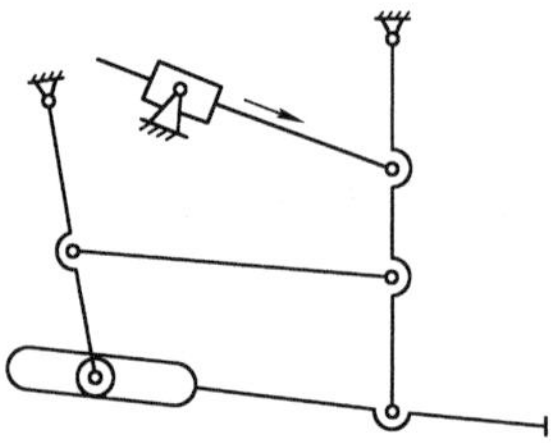

(a) 平炉渣口堵塞机构

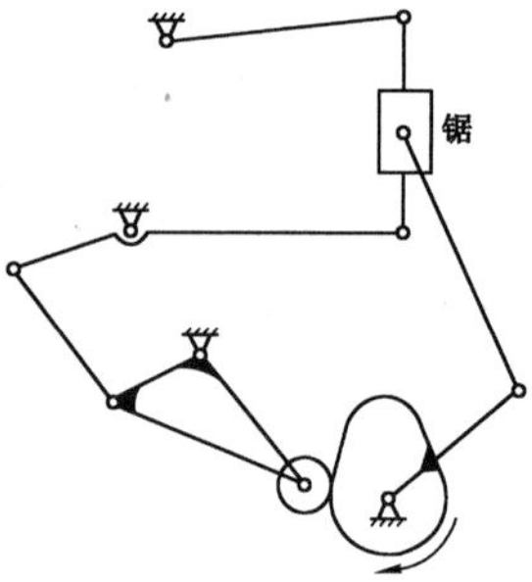

(b) 锯木机构

图 2-22　题 2.1-2 图

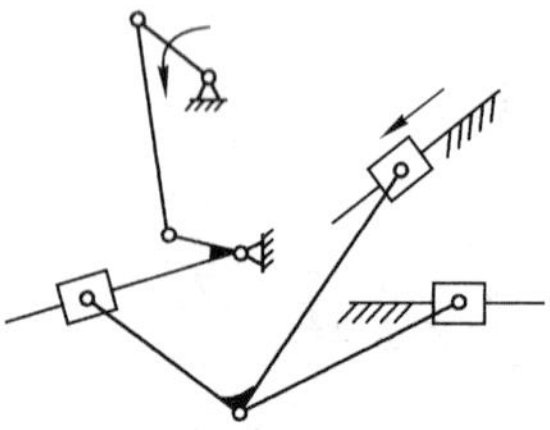

(c) 加药泵加药机构

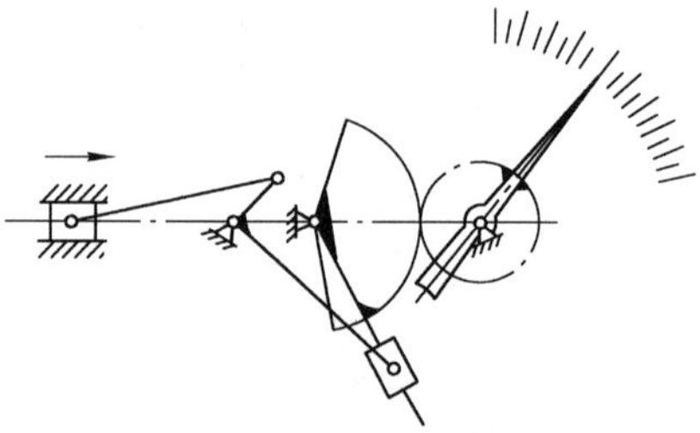

(d) 测量仪表机构

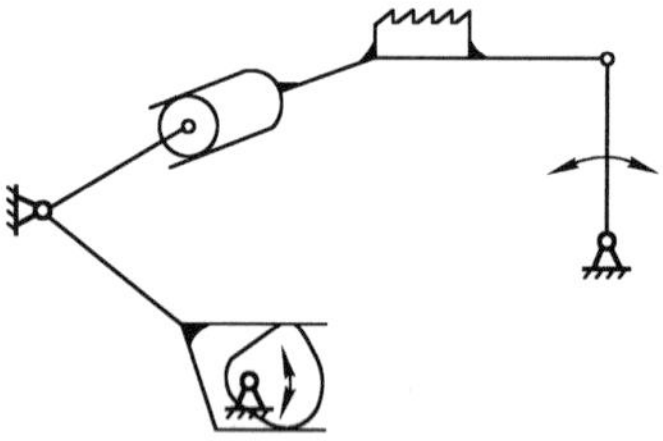

(e) 缝纫机送布机构

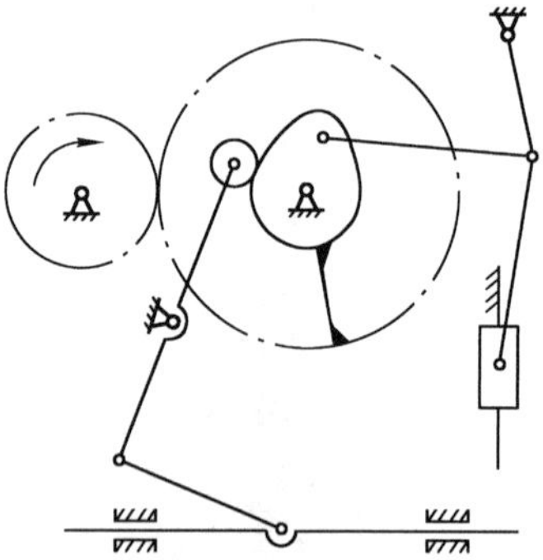

(f) 冲压机构

图 2-22 （续）

2.2　平面连杆机构

【教学要求】

● 知识目标

(1) 掌握平面四杆机构的基本形式及其演化。

(2) 掌握平面四杆机构存在曲柄的条件。

(3) 掌握平面四杆机构特征参数分析。

(4) 掌握平面四杆机构的运动设计。

● 能力目标

(1) 掌握铰链四杆机构的基本形式。

(2) 熟悉铰链四杆机构的判别方法及演变形式。

(3) 掌握铰链四杆机构的急回特性、传动角、压力角和死点位置等概念。

(4) 掌握铰链四杆机构的设计方法。

● 素质目标

培养学生发现问题、分析问题、解决问题的能力。

● 学习重点与难点

(1) 学习重点:各类平面连杆机构的应用场合和平面连杆机构的运动特征。

(2) 学习难点:简单平面连杆机构的图解法设计。

【行业案例】

在我国,煤层赋存条件较为复杂,出现了诸如放顶煤采煤法、分层开采法及薄煤层开采法等采煤方法。这些开采方法对支架提出了不同的要求。

掩护式和支撑式液压支架多用前、后连杆把掩护梁或连杆梁与底座连接,加上顶梁和立柱等构成一个平面连杆机构,如图 2-23 所示。液压支架连杆机构各构件的设计要求有:① 支架有较大的调高范围,并有利于增大支撑力和提高支撑效率;② 平面连杆机构的瞬心应尽量靠近顶梁平面,以减少支撑力的波动;③ 掩护梁上堆积的矸石不宜过多,以免把支架压死,造成移架困难;④ 侧向力应指向采空区,以增强支架的稳定性,减小底座前缘对底板的比压;⑤ 支架质量要小。因此,正确设计液压支架连杆机构各构件的尺寸具有重要的意义。本章主要内容便是分析和研究平面连杆机构。通过学习本章内容,可对我们日常生活和工业生产实践中应用的各种机构有更加深入的认识,也有助于使用好和维护好这些机构。

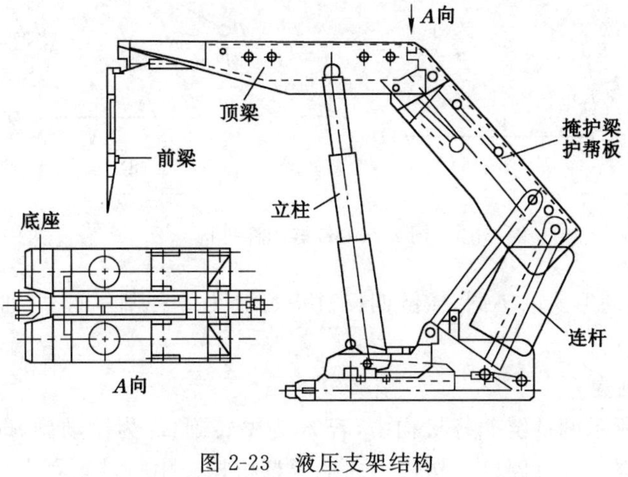

图 2-23 液压支架结构

2.2.1 平面四杆机构的类型与应用

平面连杆机构是由若干构件用低副(转动副、移动副)连接组成的平面机构,又称平面低副机构。

平面连杆机构以低副(圆柱面或平面)作为连接,承载能力强,耐磨损,制造简便,易于获得较高的制造精度。因此,平面连杆机构获得了广泛应用。平面连杆机构的缺点是:不易实现精确复杂的运动,且设计较为复杂;当构件和运动副较多时,效率较低。

最简单的平面连杆机构由 4 个构件组成,故称为平面四杆机构。它的应用十分广泛,是组成多杆机构的基础。因此,本章着重介绍平面四杆机构的基本类型、特征及其常用的设计方法。

平面四杆机构种类繁多,按照所含转动副(移动副)数目的不同,可分为全转动副的铰链四杆机构、含一个移动副的四杆机构和含两个移动副的四杆机构。

(1) 全转动副的铰链四杆机构

全部用转动副相连的平面四杆机构称为平面铰链四杆机构,简称铰链四杆机构。如图 2-24(a) 所示,机构的固定构件 4 称为机架,与机架用转动副相连接的构件 1 和 3 称为连架杆,不与机架直接连接的构件 2 称为连杆。若组成转动副的两构件 1、3 能做整周相对转动,则称该转动副为整转副,否则称为摆动副。与机架组成整转副的连架杆称为曲柄,与机架组成摆动副的连架杆称为摇杆。

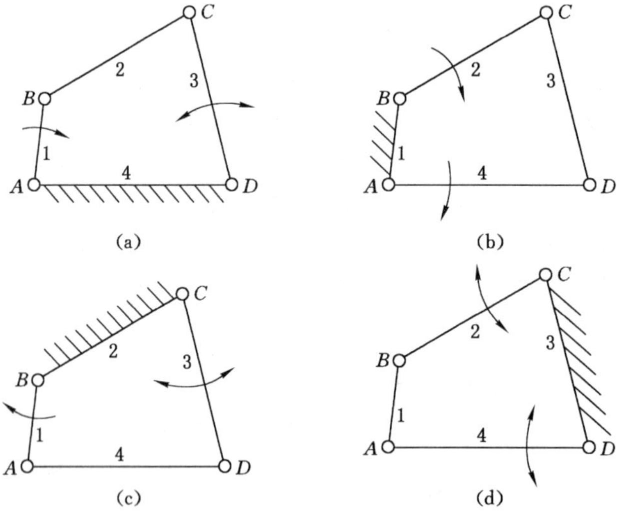

图 2-24　铰链四杆机构

根据连架杆运动形式的不同,铰链四杆机构可分为 3 种基本形式:曲柄摇杆机构、双曲柄机构和双摇杆机构。

① 曲柄摇杆机构

在图 2-24(a)所示的铰链四杆机构中,若 A 为整转副,D 为摆动副,即连架杆 1 为曲柄,连架杆 3 为摇杆,则此铰链四杆机构称为曲柄摇杆机构。由整转副存在的条件可知,B 必为整转副,C 必为摆动副。通常曲柄为原动件,并做匀速转动,而摇杆为从动件,做变速往复摆动。

图 2-25 所示为雷达天线俯仰角调整机构。该机构即曲柄摇杆机构,图中曲柄缓慢匀速转动,通过连架杆使摇杆在一定角度范围内摆动,从而调整雷达天线俯仰角的大小。

② 双曲柄机构

在图 2-24(b)所示的铰链四杆机构中,若 A、B 为整转副,因 1 为机架,两连架杆 2、4 均

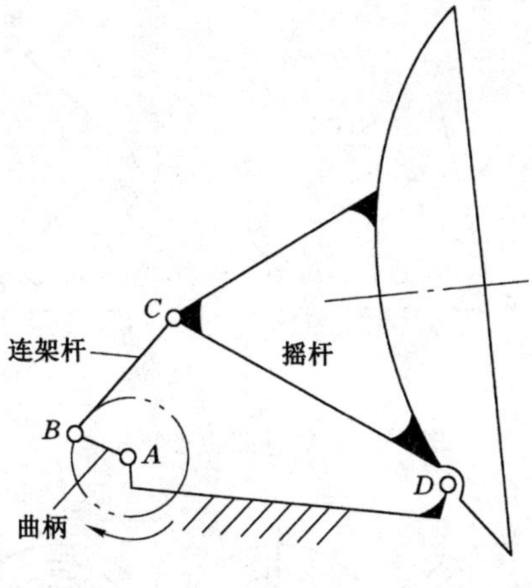

图 2-25 雷达天线俯仰角调整机构

为曲柄，则此铰链四杆机构称为双曲柄机构。由整转副存在的条件可知，C、D 可以是整转副或摆动副。

图 2-26(a)为旋转式水泵结构示意图。它由相位依次相差 90°的 4 个双曲柄机构组成。图 2-26(b)是其中一个双曲柄机构的运动简图。当原动曲柄 1 等角速顺时针转动时，连杆 2 带动从动曲柄 3 做周期性变速转动，因此相邻两从动曲柄(隔板)间的夹角也周期性地发生变化。当原动曲柄转到右边时，相邻两隔板间的夹角及容积增大，形成真空，于是从进水口吸水；当原动曲柄转到左边时，相邻两隔板间的夹角及容积变小，压力升高，从出水口排水，从而起到泵水的作用。

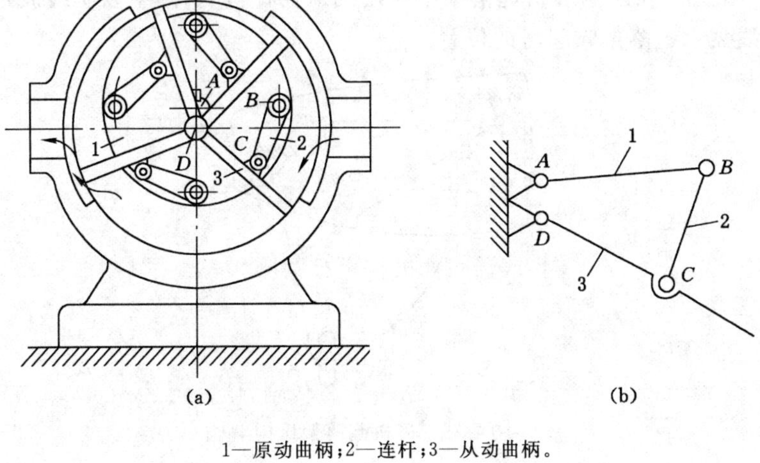

1—原动曲柄；2—连杆；3—从动曲柄。

图 2-26 旋转式水泵结构示意图

在双曲柄机构中，如果两曲柄的长度相等，连杆与机架的长度也相等，则该机构称为平行双曲柄机构，或称平行四边形机构，如图 2-27 所示。这种机构在机器中应用很广泛。图 2-28 所示的机车车轮联动机构就是平行双曲柄机构，它能使被联动的各车轮具有与主动轮完全相同的运动。

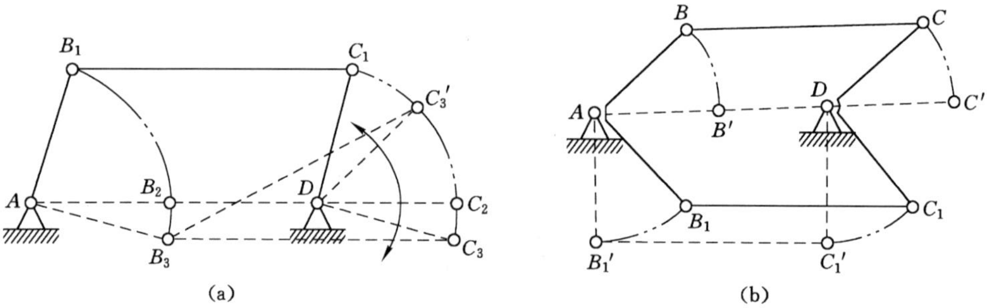

图 2-27　平行四边形机构

图 2-28　机车驱动轮联动机构

③ 双摇杆机构

在图 2-24(d)所示的铰链四杆机构中,若 C、D 为摆动副,因 3 为机架,两连架杆 2、4 均为摇杆,则此铰链四杆机构称为双摇杆机构。由整转副存在的条件可知,C、D 可以是整转副或摆动副。

若铰链四杆机构的两个连架杆均是摇杆,则此四杆机构称为双摇杆机构。这种机构应用也很广泛。图 2-29 所示为飞机起落架中所用的双摇杆机构,图中以实线表示起落架放下时的位置,虚线表示起落架收起时的位置。

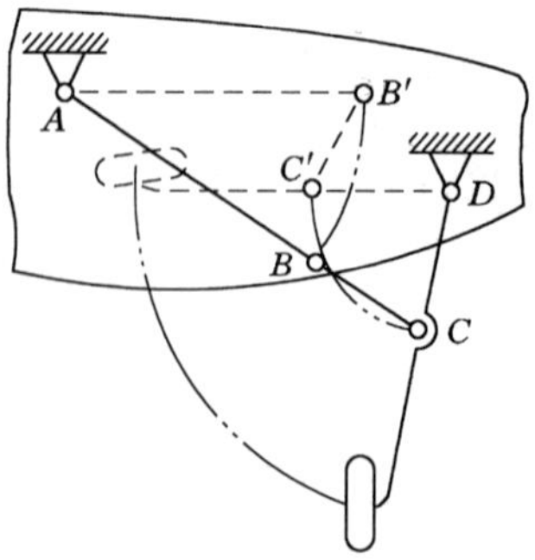

图 2-29　飞机起落架机构

在双摇杆机构中,若两摇杆长度相等,则该机构称为等腰梯形机构。在汽车及拖拉机中,常用这种机构操纵前轮的转向,如图 2-30 所示。

(2) 含一个移动副的四杆机构

① 曲柄滑块机构

在图 2-31 所示的曲柄滑块机构中,构件 1 为曲柄,滑块 3 相对机架 4 做往复移动,若 C

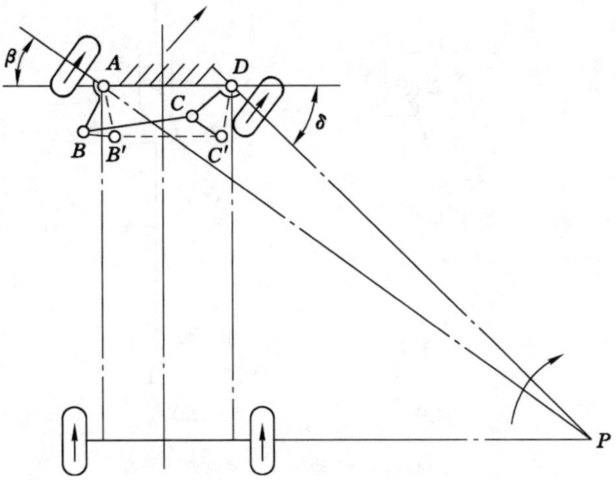

图 2-30　汽车前轮转向机构

点的运动轨迹通过曲柄转动中心 A，则称为对心曲柄滑块机构，如图 2-31(a)所示；若 C 点的运动轨迹 $m—m$ 的延长线与回转中心 A 之间存在偏心距 e，则称为偏置曲柄滑块机构，如图 2-31(b)所示。

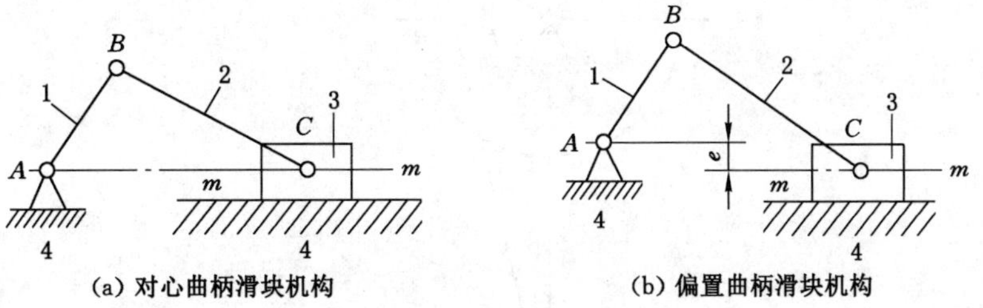

1,2—曲柄；3—滑块；4—机架。

图 2-31　曲柄滑块机构

曲柄滑块机构广泛应用在活塞式内燃机、空气压缩机、冲床等机械中。

② 导杆机构

导杆机构可看成改变曲柄滑块机构中的固定构件而演化来的。如图 2-32(a)所示的曲柄滑块机构，若取杆 1 为固定构件，其长度为 l_1，即得如图 2-32(b)所示的导杆机构。杆 4 称为导杆，滑块 3 相对导杆滑动并一起绕 A 点转动，通常取杆 2 为原动件，其长度为 l_2。当 $l_1 < l_2$ 时，两连架杆 2 和 4 均可相对机架 1 整周回转，此导杆机构称为曲柄转动导杆机构或转动导杆机构，如图 2-32(b)所示；当 $l_1 > l_2$ 时，如图 2-33 所示，连架杆 4 只能往复摆动，此导杆机构称为曲柄摆动导杆机构或摆动导杆机构。导杆机构常用于牛头刨床、插床和回转式液压泵等机械中。

③ 摇块机构和定块机构

在图 2-32(a)所示的曲柄滑块机构中，若取杆 2 为固定构件，则可得如图 2-32(c)所示的摆动滑块机构(或称摇块机构)。这种机构广泛应用于摆缸式内燃机和液压驱动装置。例如，在如图 2-34 所示的卡车车厢自动翻转卸料机构中，当液压缸 3 中的压力油推动活塞杆 4

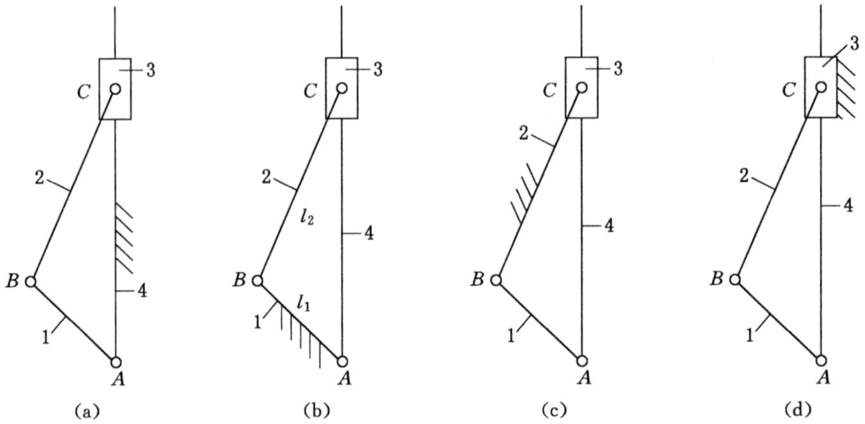

1—固定构件;2—原动件;3—滑块;4—导杆。

图 2-32　曲柄滑块机构的演化

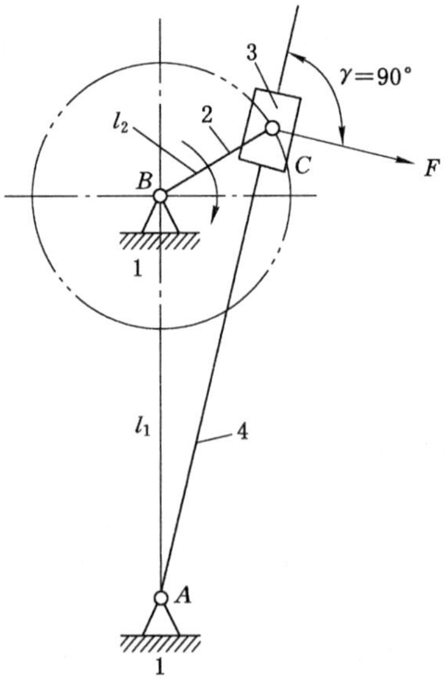

1—机架;2,4—连架杆;3—滑块。

图 2-33　摆动导杆机构

运动时,车厢 1 便绕回转副中心 B 倾斜,当达到一定角度时,物料即可自动卸下。

在如图 2-32(a)所示的曲柄滑块机构中,若取杆 3 为固定构件,则可得到如图 2-32(d)所示的固定滑块机构(或称定块机构)。这种机构常用于抽水唧筒(图 2-35)和抽油泵中。

(3) 含两个移动副的四杆机构

含有两个移动副的四杆机构常称为双滑块机构。按照两个移动副所处位置的不同,其可分为 4 种形式:① 两个移动副不相邻的四杆机构,如图 2-36 所示。该机构从动件的位移与原动件转角 φ 的正切成正比,故称为正切机构。② 两个移动副相邻,且其中一个移动副与机架相关联的四杆机构,如图 2-37 所示。该机构从动件的位移与原动件转角 φ 的正弦成正比,故称为正弦机构。③ 两个移动副相邻,且均不与机架相关联的四杆机构,如

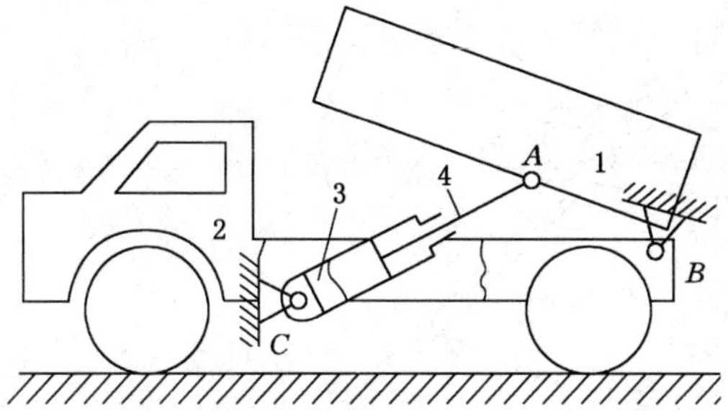

1—车厢；2—车头；3—液压缸；4—活塞杆。

图 2-34 自卸货车

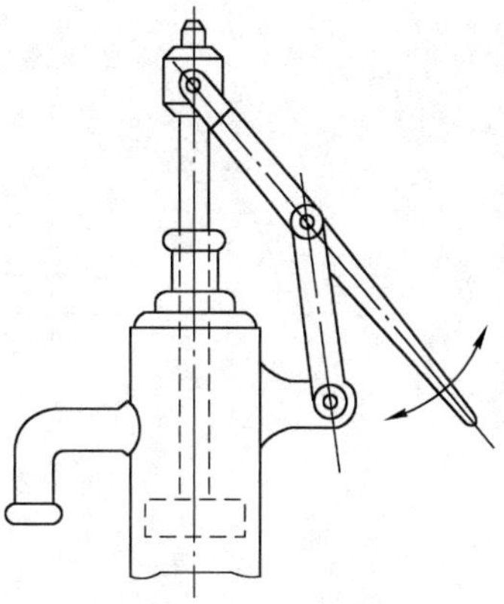

图 2-35 抽水唧筒

图 2-38(a)所示，其主动件 1 与从动件 3 具有相等的角速度，如图 2-38(b)所示的滑块联轴器就是这种机构的应用实例，它可用来连接中心线平行但不重合的两根轴。④ 两个移动副都与机架相关联的四杆机构。如图 2-39 所示的椭圆仪就用到这种机构，当滑块 1 和 3 沿机架的十字槽滑动时，连杆 2 上的各点便描绘出长、短轴不同的椭圆。

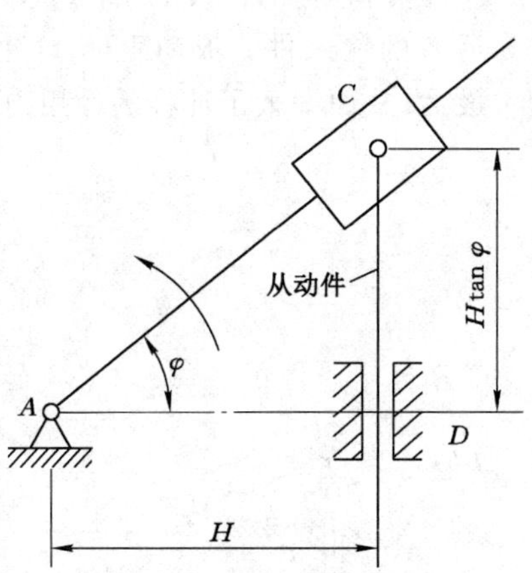

图 2-36 正切机构

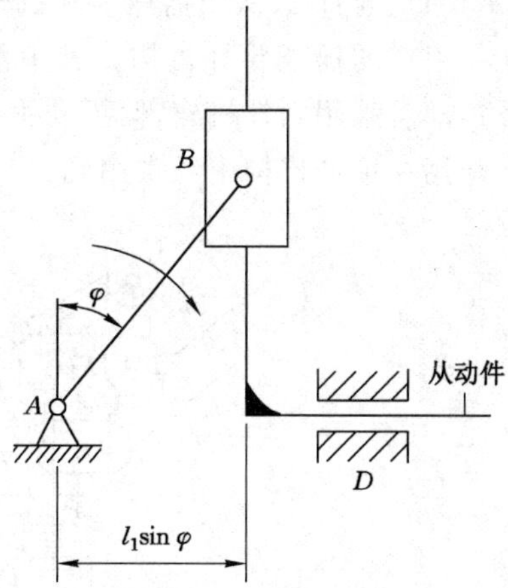

图 2-37 正弦机构

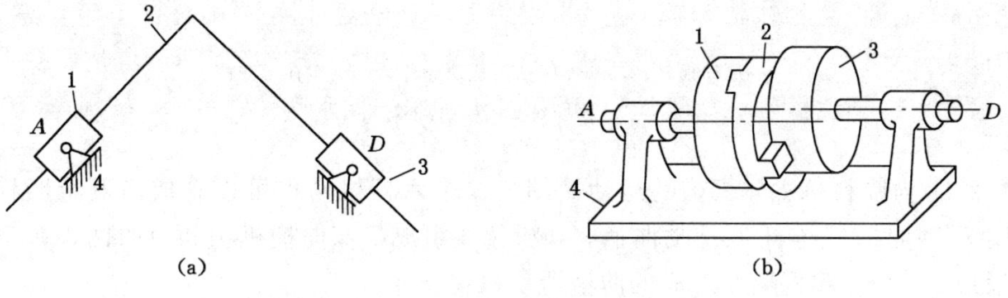

1—主动件；2—连杆；3—从动件；4—机架。

图 2-38 滑块联轴器

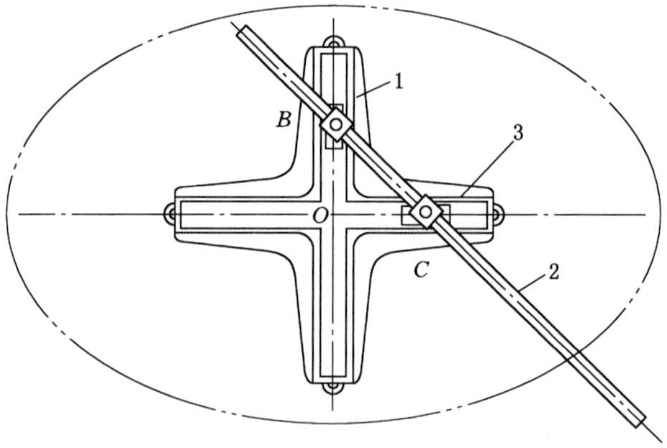

1,3—滑块;2—连杆。

图 2-39 椭圆仪

除上述四杆机构外,生产中还用到许多其他多杆机构。其中,有些多杆机构可看成由若干个四杆机构组合扩展形成的。

图 2-40 所示的手动冲床是一个六杆机构。它可以看成由两个四杆机构组成,即由原动摇杆(手柄)1、连杆 2、从动摇杆 3 和机架 4 组成的双摇杆机构和由摇杆 3、小连杆 5、冲杆 6 和机架 4 组成的摇杆导杆机构。其中前者的输出件为后者的输入件。扳动手柄 1,冲杆 6 就上下运动。采用六杆机构,使扳动手柄的力获得两次放大,从而增大了冲杆的作用力。这种增力作用在连杆机构中经常用到。

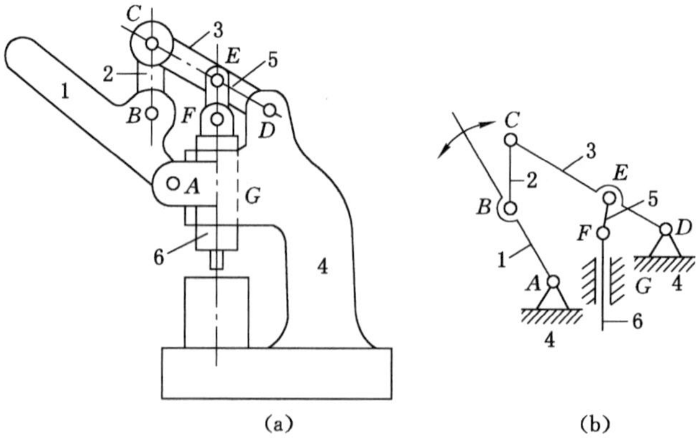

1—原动摇杆;2,5—连杆;3—从动摇杆;4—机架;6—冲杆。

图 2-40 手动冲床

图 2-41 为筛料机主体机构的运动简图。这个六杆机构也可以看成由两个四杆机构组成,即由原动曲柄 1、连杆 2、从动曲柄 3 和机架 6 组成的双曲柄机构和由曲柄 3(原动件)、连杆 4、滑块 5(筛子)和机架 6 组成的曲柄滑块机构。

需要指出的是,多杆机构并不都是由若干四杆机构组成的。

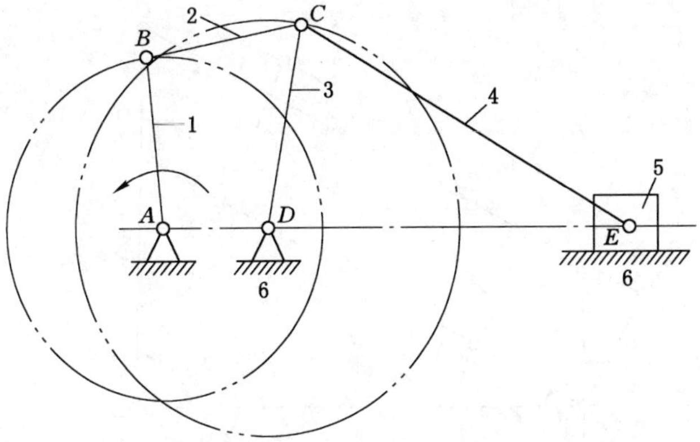

1—原动曲柄；2，4—连杆；3—曲柄；5—滑块；6—机架。

图 2-41 筛料机主体机构运动简图

2.2.2 平面四杆机构的基本特性

平面四杆机构的基本特性包括运动特性和传力特性两个方面，这些特性不仅反映了机构的运动和变换性能，而且也是四杆机构类型选择和运动设计的主要依据。

(1) 铰链四杆机构具有整转副的条件

铰链四杆机构是否具有整转副，取决于各杆的相对长度。下面通过曲柄摇杆机构来分析铰链四杆机构具有整转副的条件。在图 2-42 所示的曲柄摇杆机构中，杆 1 为曲柄，杆 2 为连杆，杆 3 为摇杆，杆 4 为机架，它们的长度分别用 l_1、l_2、l_3、l_4 表示。因杆 1 为曲柄，故杆 1 与杆 4 夹角的变化范围为 0°～360°；当摇杆处于左、右极限位置时，曲柄与连杆两次共线，故杆 1 与杆 2 的夹角 β 的变化范围也是 0°～360°；杆 3 为摇杆，它与相邻两杆的夹角 ψ、γ 的变化范围较小。显然，A、B 为整转副，C、D 不是整转副。为了实现曲柄 1 整周回转，AB 杆必须顺利通过与连杆共线的两个位置 AB' 和 AB''。

当杆 1 处于 AB' 位置时，形成 $\triangle AC'D$。根据三角形任意两边之和必大于(极限情况下等于)第三边的定理可得：

$$\begin{cases} l_4 \leqslant (l_2 - l_1) + l_3 \\ l_3 \leqslant (l_2 - l_1) + l_4 \end{cases} \tag{2-11}$$

当杆 1 处于 AB'' 位置时，形成 $\triangle AC''D$，可得以下关系式：

$$l_1 + l_2 \leqslant l_3 + l_4 \tag{2-12}$$

联立式(2-11)、式(2-12)可得：

$$l_1 \leqslant l_2, l_1 \leqslant l_3, l_1 \leqslant l_4 \tag{2-13}$$

它表明杆 1 为最短杆，在杆 2、杆 3、杆 4 中有一个杆为最长杆。

综上所述，铰链四杆机构有整转副的条件是最短杆与最长杆长度之和小于或等于其余两杆长度之和；整转副是由最短杆及与其相邻的杆组成的。

曲柄是连架杆，因此只有整转副处于机架上才能形成曲柄。具有整转副的铰链四杆机构是否存在曲柄，还应根据选择哪一个杆为机架来判断。

① 取最短杆为机架时，机架上有两个整转副，故得双曲柄机构。

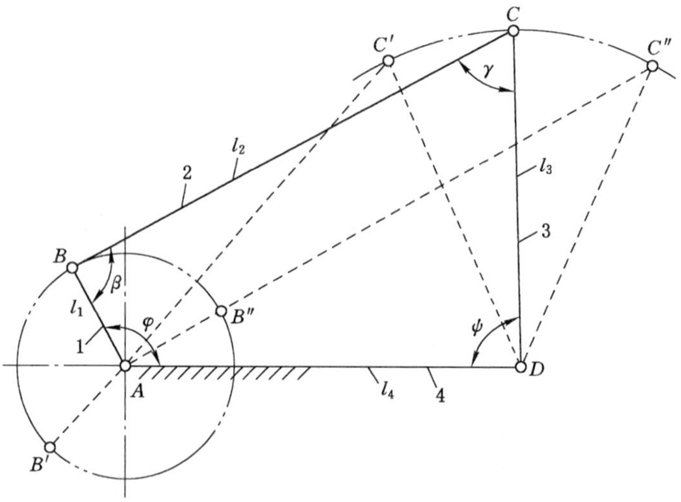

1—曲柄；2—连杆；3—摇杆；4—机架。

图 2-42　铰链四杆机构具有整转副的条件

② 取最短杆的邻边为机架时，机架上只有一个整转副，故得曲柄摇杆机构。

③ 取最短杆的对边为机架时，机架上没有整转副，故得双摇杆机构。这种具有整转副而没有曲柄的铰链四杆机构常用作电风扇的摇头机构，如图 2-43 所示。其中电动机安装在摇杆 4 上，在连杆 1 上安装一个回转轴线与转动副 A 轴线重合的蜗轮，蜗轮与电动机轴上的蜗杆相啮合。当电动机转动时，通过蜗杆和蜗轮使连杆 1 和摇杆 4 做整周相对转动，从而使摇杆 2 和摇杆 4 做往复摆动，达到使电风扇摇头的目的。

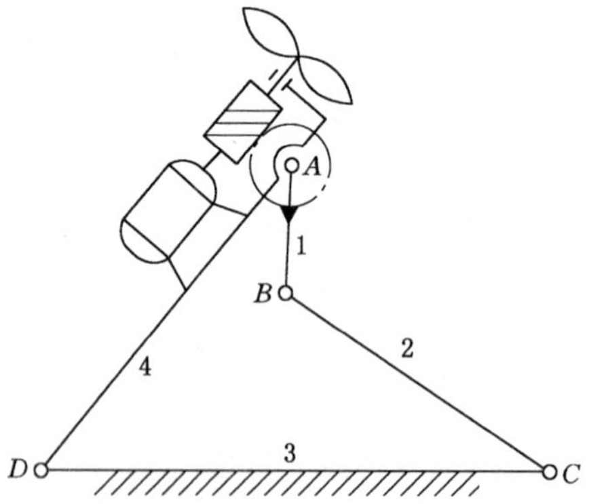

1—连杆；2，4—摇杆；3—机架。

图 2-43　电风扇摇头机构

如果铰链四杆机构中的最短杆与最长杆长度之和大于其余两杆长度之和，则该机构中不存在整转副，无论取哪个构件作为机架都只能得到双摇杆机构。

(2) 急回特性

在如图 2-44 所示的曲柄摇杆机构中，原动曲柄 AB 在转动一周的过程中有两次与连杆 BC 共线。在这两个位置，铰链中心 A 与 C 之间的距离 AC_1 和 AC_2 分别是最小和最大的，因而从动摇杆 CD 的位置 C_1D 和 C_2D 分别为其左、右极限位置。摇杆在两极限位置间的夹角

ψ 称为摇杆的摆角。

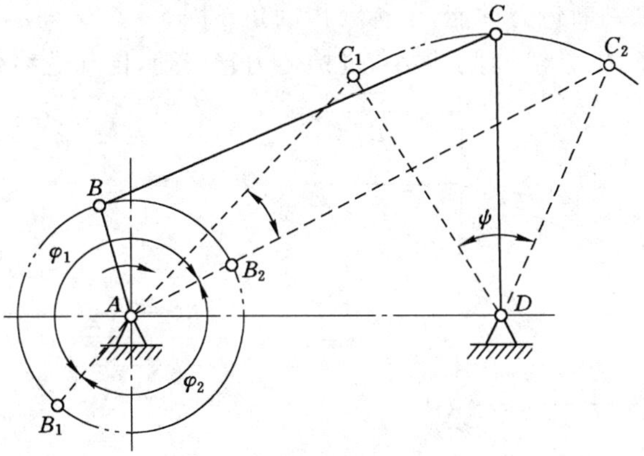

图 2-44 曲柄摇杆机构的急回特性

当曲柄由位置 AB_1 顺时针转到位置 AB_2 时，曲柄转角 $\varphi_1=180°+\theta$，其中 $\theta=\angle C_1AC_2$，这时摇杆由左极限位置 C_1D 摆到右极限位置 C_2D，摇杆摆角为 ψ；而当曲柄顺时针再转过角度 $\varphi_2=180°-\theta$ 时，摇杆由位置 C_2D 摆回到位置 C_1D，其摆角仍然是 ψ。虽然摇杆来回摆动的摆角相同，但对应的曲柄转角不同（$\varphi_1>\varphi_2$）；当曲柄匀速转动时，对应的时间也不同（$t_1>t_2$），故摇杆往复摆动的平均速度不同。令摇杆自 C_1D 摆至 C_2D 为工作行程，这时摇杆 CD 的平均角速度是 $\omega_1=\psi/t_1$；摇杆自 C_2D 摆回至 C_1D 是其空回行程，这时摇杆的平均角速度是 $\omega_2=\psi/t_2$，显然 $\omega_1<\omega_2$，即原动件曲柄做等速转动时，做往复摆动的从动摇杆在空回行程中的平均速度大于工作行程的平均速度，这一特性称为连杆机构的急回特性。牛头刨床、往复式输送机等机械就是利用这种急回特性来缩短非生产时间，提高工作率的。

急回特性可用行程速度变化系数（也称行程速比系数）K 表示，即

$$K=\frac{\omega_2}{\omega_1}=\frac{\psi/t_2}{\psi/t_1}=\frac{t_1}{t_2}=\frac{\varphi_1}{\varphi_2}=\frac{180°+\theta}{180°-\theta} \tag{2-14}$$

或

$$\theta=180°\times\frac{K-1}{K+1} \tag{2-15}$$

上式表明，θ 与 K 之间存在一一对应关系，因此机构的急回特性也可用 θ 角来表征。由于 $\theta=\angle C_1AC_2$，它与从动件极限位置对应的曲柄位置有关，故称 θ 为极位夹角。显然，θ 越大，K 越大。

具有急回特性的四杆机构除曲柄摇杆机构外，还有偏置曲柄滑块机构和摆动导杆机构等。

(3) 压力角和传动角

在生产中，不仅要求连杆机构能实现预定的运动规律，而且希望其运转轻便，效率较高。如图 2-45(a)所示的曲柄摇杆机构，若不计各杆质量和运动副中的摩擦力，则连杆 BC 为二力杆，它作用于从动摇杆 3 上的力 F 是沿 BC 方向的。作用在从动件上的驱动力 F 与该力作用点绝对速度 v_C 之间所夹的锐角 α 称为压力角。由图可知，力 F 在 v_C 方向的有效分力 $F'=F\cos\alpha$，这说明压力角越小，有效分力就越大。也就是说，压力角可作为评价机构传力

性能的指标。在连杆机构设计中，为了度量方便，习惯用压力角 α 的余角 γ（连杆和从动摇杆之间所夹的锐角）来判断传力性能，γ 称为传动角。因 $\gamma = 90° - \alpha$，所以 α 越小，γ 越大，机构传力性能越好；反之，α 越大，γ 越小，机构传力越费劲，传动效率越低。

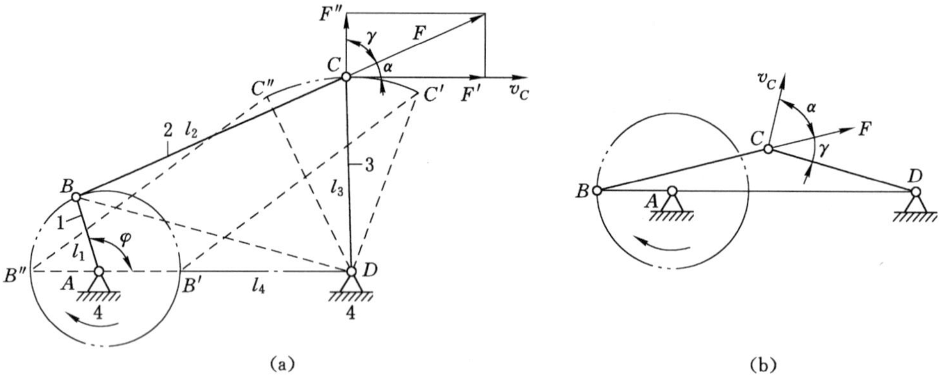

1—曲柄；2—连杆；3—从动摇杆；4—机架。

图 2-45　连杆机构的压力角和传动角

机构运转时，传动角是变化的。为了保证机构正常工作，必须规定最小传动角 γ_{min} 的范围。对于一般机械，通常取 $\gamma_{min} \geqslant 40°$；对于颚式破碎机、冲床等大功率机械，最小传动角应当取大一些，可取 $\gamma_{min} \geqslant 50°$。

（4）死点位置

如图 2-46 所示的曲柄摇杆机构，如以摇杆 3 为原动件，曲柄 1 为从动件，则当摇杆摆到极限位置 C_1D 和 C_2D 时，连杆 2 与曲柄 1 共线，从动件的传动角 $\gamma=0°$，即 $\alpha=90°$。若不计各杆的质量，则这时连杆加给曲柄的力将经过铰链中心 A，此力对点 A 不产生力矩，因此不能使曲柄转动。机构的这种传动角为 0°的位置称为死点位置。死点位置会使机构的从动件出现卡死或运动不确定现象。为了消除死点位置的不良影响，可以对从动曲柄施加外力，或利用飞轮及构件自身的惯性作用，使机构顺利通过死点位置。

图 2-47 所示为缝纫机的踏板机构。踏板 1（原动件）往复摆动，通过连杆 2 驱使曲柄 3（从动件）做整周转动，再经过带传动使机头主轴转动。在实际使用中，缝纫机有时会出现踏不动或倒车现象，这就是机构处于死点位置引起的。在正常运转时，借助安装在机头主轴上的飞轮（上带轮）的惯性作用，可以使缝纫机踏板机构的曲柄顺利通过死点位置。

死点位置虽然对传动不利，但可用于某些夹紧装置。如图 2-48 所示的夹紧机构，当工件 5 被夹紧时，铰链中心 B、C、D 共线，工件加在曲柄 1 上的反作用力 F_n 无论多大，也不能使摇杆 3 转动。这就保证在去掉外力 F 之后，该机构仍能可靠地夹紧工件。当需要取出工件时，只需向上扳动手柄即能松开夹具。

2.2.3　平面四杆机构的设计

平面四杆机构的设计主要是根据给定的条件来确定机构的形式和各构件的尺寸。在实际生产中，对平面连杆机构提出的工作要求虽然多种多样，但是一般可以归纳为两类：一是根据给定的运动规律设计平面四杆机构；二是根据给定的运动轨迹要求设计平面四杆机构。

平面四杆机构的设计方法有图解法、解析法和实验法。下面介绍图解法的具体应用。

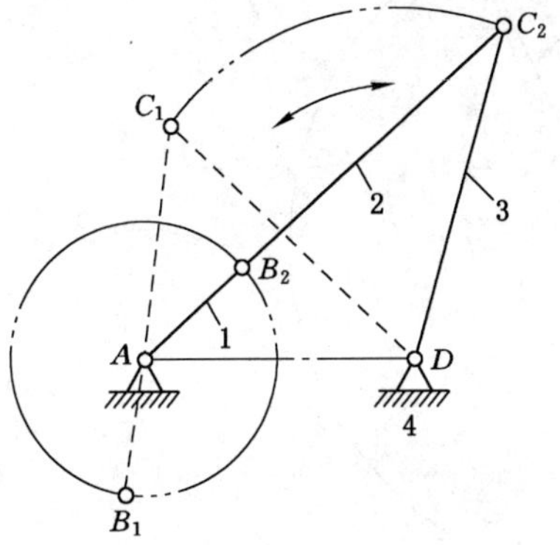

1—曲柄；2—连杆；3—摇杆；4—机架。

图 2-46　曲柄摇杆机构的死点位置

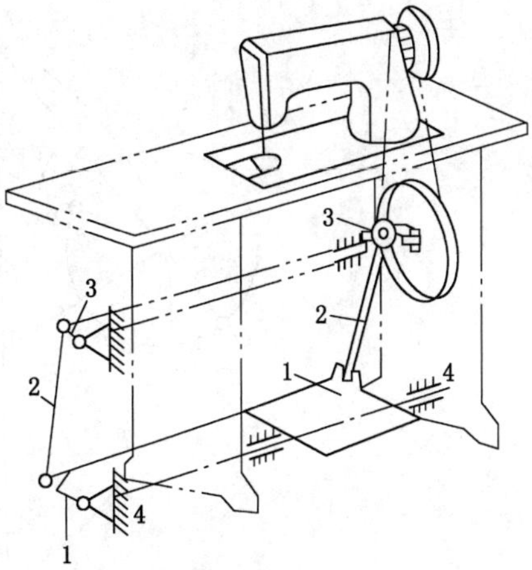

1—踏板；2—连杆；3—曲柄；4—机架。

图 2-47　缝纫机踏板机构

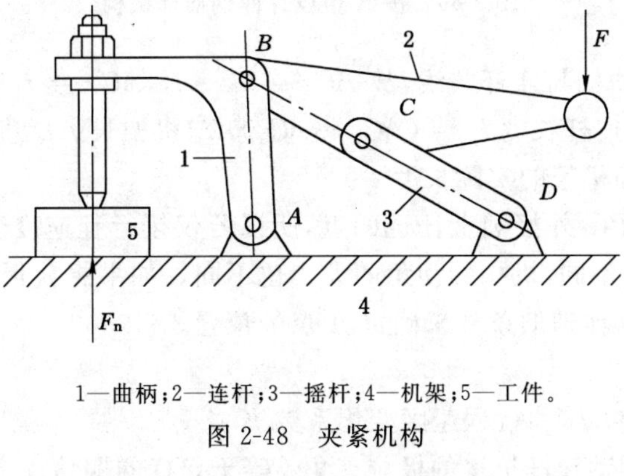

1—曲柄；2—连杆；3—摇杆；4—机架；5—工件。

图 2-48　夹紧机构

(1) 按照给定的行程速度变化系数设计平面四杆机构

在设计具有急回特性的平面四杆机构时，通常按实际需要先给定行程速度变化系数 K 的数值，然后根据机构在极限位置的几何关系，结合有关辅助条件来确定机构运动简图的尺寸参数。

① 曲柄摇杆机构

已知条件：摇杆长度 l_3、摆角 ψ 和行程速度变化系数 K。

设计的实质是确定铰链中心 A 点的位置，定出其他三个杆的尺寸 l_1、l_2、l_4。具体设计步骤如下：

a. 由给定的行程速度变化系数 K，按式(2-15)求出极位夹角 θ。

b. 如图 2-49 所示，选取适当比例，任选固定铰链中心 D 的位置，由摇杆长度 l_3 和摆角 ψ 作出摇杆两个极限位置 C_1D 和 C_2D。

c. 连接 C_1 和 C_2，并作 C_1M 垂直于 C_1C_2。

d. 作 $\angle C_1C_2N = 90° - \theta$，$C_2N$ 与 C_1M 相交于 P 点，由图 2-49 可知 $\angle C_1PC_2 = \theta$。

e. 作 $\angle PC_1C_2$ 的外接圆，在此圆周(弧 C_1C_2 和弧 EF 除外)上任取一点 A 作为曲柄的固定铰链中心。连接 AC_1 和 AC_2，因同一圆弧的圆周角相等，故$\angle C_1AC_2 = \angle C_1PC_2 = \theta$。

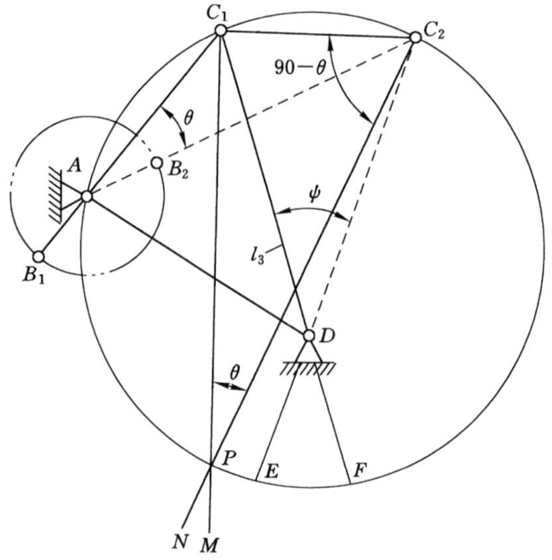

图 2-49　按 K 值设计曲柄摇杆机构

f. 因极限位置处曲柄与连杆共线，故 $AC_1 = l_2 - l_1$，$AC_2 = l_2 + l_1$，从而得曲柄长度 $l_1 = (AC_2 - AC_1)/2$，连杆长度 $l_2 = (AC_2 - AC_1)/2$。机架长 AD 直接测量，最后均乘以比例 μ_L 即得曲柄、连杆和机架的实际长度。

由于 A 点是 $\triangle C_1PC_2$ 外接圆上任选的点，所以若仅按行程速度变化系数 K 设计，可得无穷多个解。A 点位置不同，机构传动角的大小也不同。如果想获得良好的传动效果，可按照最小传动角最优或其他辅助条件来确定 A 点的位置。

② 摆动导杆机构

已知条件：机架长度 l_4 和行程速度变化系数 K。

如图 2-50 所示，摆动导杆机构的极位夹角 θ 等于导杆的摆角 ψ，设计所需确定的尺寸是曲柄长度 l_1。具体设计步骤如下：

a. 由已知行程速度变化系数 K，按式(2-15)求得极位夹角 θ。

b. 选取适当比例，任选固定铰链中心 C，以摆角 ψ 作出导杆两极限位置 CM 和 CN。

c. 作摆角 ψ 的平分线 AC，并在线上取 $AC = l_4$，得固定铰链中心 A 的位置。

d. 过 A 点作导杆极限位置的垂线 AB_1 或 AB_2，即得曲柄长度 $l_1 = AB_1$

(2) 按给定连杆位置设计四杆机构

图 2-51 为铸工车间翻台振实式造型机的翻转机构。它是用一个铰链四杆机构来确定翻台的两个工作位置的。在图中实线位置Ⅰ，砂箱 7 与翻台 8 固连，并在振实台 9 上振实造型。当压力油推动活塞 6 移动时，通过连杆 5 使摇杆 4 摆动，从而将翻台与砂箱转到虚线位置Ⅱ。然后托台 10 上升接触砂箱，解除砂箱与翻台间的紧固连接并起模。

给定与翻台固连的连杆 3 的长度 $l_3 = BC$ 及其两个位置 B_1C_1 和 B_2C_2，要求确定连架杆与机架组成的固定铰链中心 A 和 D 的位置，并求出其余 3 个杆的长度 l_1、l_2 和 l_4。由于连杆 3 上 B、C 两点的轨迹分别为以 A、D 为圆心的圆弧，所以 A 和 D 的位置必分别位于 B_1B_2 和 C_1C_2 的垂直平分线上。具体设计步骤如下：

① 选取适当比例，根据给定条件，绘出连杆 3 的两个位置 B_1C_1 和 B_2C_2。

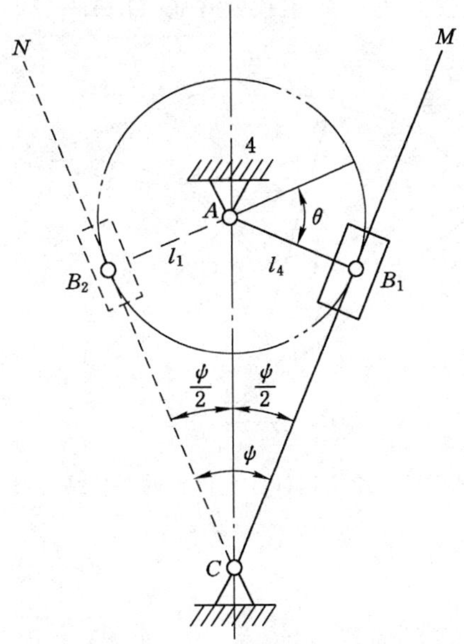

图 2-50　按 K 值设计摆动导杆机构

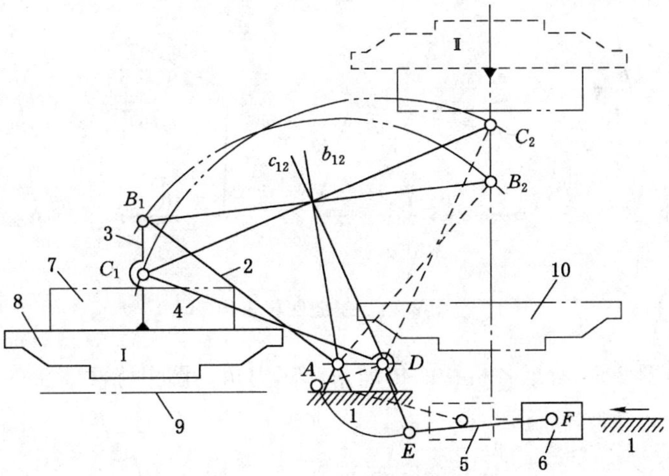

1—机架;2,4—摇杆;3,5—连杆;6—活塞;7—砂箱;8—翻台;9—振实台;10—托台。

图 2-51　造型机翻转机构

② 分别连接 B_1 和 B_2、C_1 和 C_2，并作 B_1B_2、C_1C_2 的垂直平分线 b_{12}、c_{12}。

③ 由于 A 和 D 两点可分别在 b_{12} 和 c_{12} 两直线上任意选取，故有无穷多个解。在实际设计时还可以考虑其他辅助条件，如最小传动角、各杆尺寸所允许的范围或其他结构上的要求等。该机构要求 A、D 两点在同一水平线上，且 $AD = BC$。根据这一附加条件，可确定 A、D 的位置，并作出位于位置Ⅰ的四杆机构 AB_1C_1D。

若给定连杆的 3 个位置，要求设计四杆机构，则其设计过程与上述基本相同。如图 2-52 所示，由于 B_1、B_2、B_3 三个点均位于以 A 为圆心的同一圆弧上，故运用已知三点求圆心的方法，作 B_1B_2 和 B_2B_3 的垂直平分线，其交点就是固定铰链中心 A。用同样方法，作 C_1C_2 和

C_2C_3 的垂直平分线，其交点便是另一固定铰链中心 D。AB_1C_1D 即所求的四杆机构。

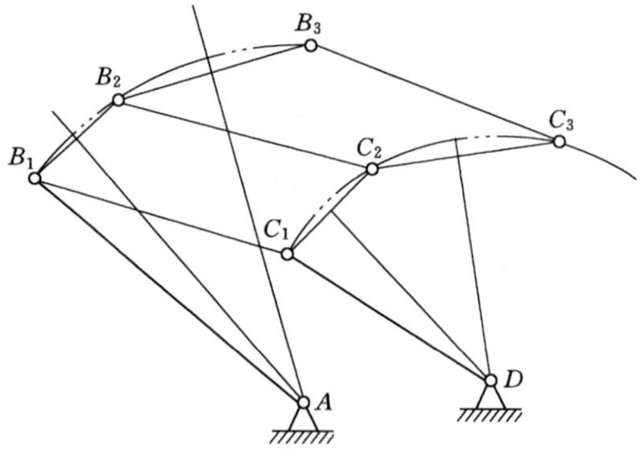

图 2-52　给定连杆 3 个位置的四杆结构设计

习　　题

2.2-1　试根据图 2-53 所注明的尺寸判断各铰链四杆机构是曲柄摇杆机构、双曲柄机构还是双摇杆机构。

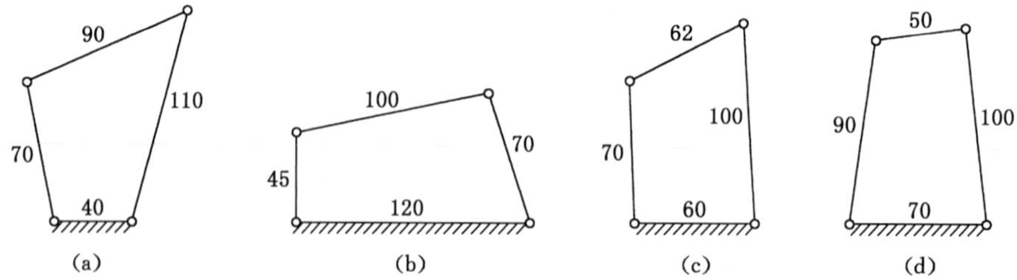

图 2-53　铰链四杆机构

2.2-2　画出图 2-54 所示各机构的传动角和压力角。图中标注箭头的构件为原动件。

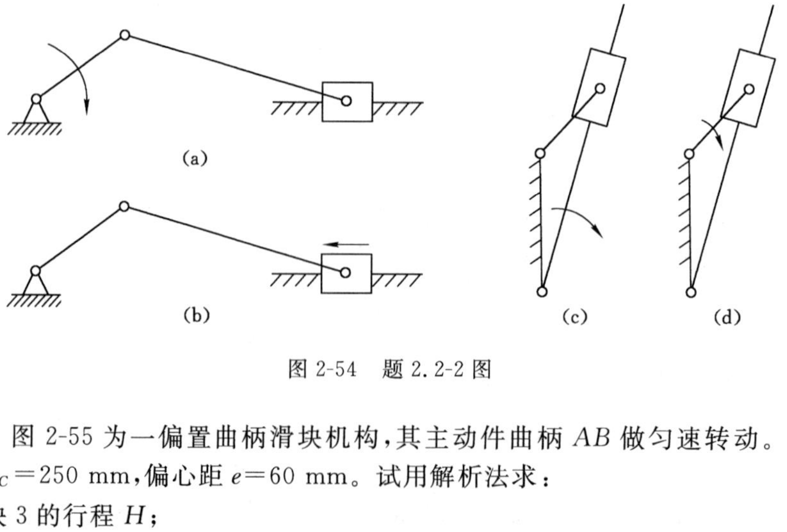

图 2-54　题 2.2-2 图

2.2-3　图 2-55 为一偏置曲柄滑块机构，其主动件曲柄 AB 做匀速转动。已知：$l_{AB}=120$ mm，$l_{BC}=250$ mm，偏心距 $e=60$ mm。试用解析法求：

① 滑块 3 的行程 H；

② 极位夹角 θ 和行程速度变化系数 K；

③ 曲柄位于 $\varphi=60°$ 时的机构压力角 α 和传动角 γ；

④ 机构的最大压力角 α_{max} 和最小传动角 γ_{min}。

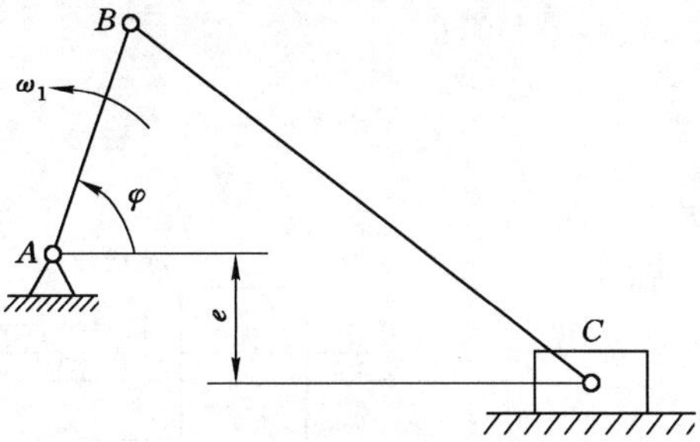

图 2-55 偏置曲柄滑块机构

2.3 凸轮机构

【教学要求】

● 知识目标

(1) 了解凸轮机构的组成、应用及分类。

(2) 掌握从动件的一般运动规律及应用。

(3) 掌握采用图解法设计凸轮轮廓的方法。

● 能力目标

(1) 能够判断凸轮的类型并合理运用。

(2) 能够了解凸轮机构的特点和运动过程。

(3) 能够根据工作要求选择合适的运动规律。

(4) 能够根据设计要求进行简单的凸轮设计。

● 素质目标

激发学生学好凸轮机构的内驱力。

●学习重点与难点

从动件常用的运动规律和凸轮轮廓曲线设计的基本原理。

【行业案例】

汽车发动机配气机构中凸轮机构的主要作用是负责发动机各汽缸进、排气门的定时开启与关闭。具体来说，凸轮轴作为配气机构的驱动件，通过其特定的形状和运动轨迹来驱动气门按时开启和关闭，以控制发动机中进气门和排气门的开关时间和开度。

2.3.1 凸轮机构的组成、应用及分类

(1) 凸轮机构的组成和应用

凸轮机构是机械中的一种常用机构，主要由凸轮、从动件和机架组成，在自动化和半自动化机械中应用非常广泛。

如图 2-56 所示的内燃机配气凸轮机构，工作时凸轮以等角速度回转，它的轮廓驱使从

动件(阀杆)按预期的运动规律启闭阀门。

图 2-57 所示为绕线机中用于排线的凸轮机构。当绕线轴快速转动时,经齿轮带动凸轮缓慢地转动,凸轮轮廓与尖顶 A 之间的作用驱使从动件往复摆动,从而使线均匀地缠绕在绕线轴上。

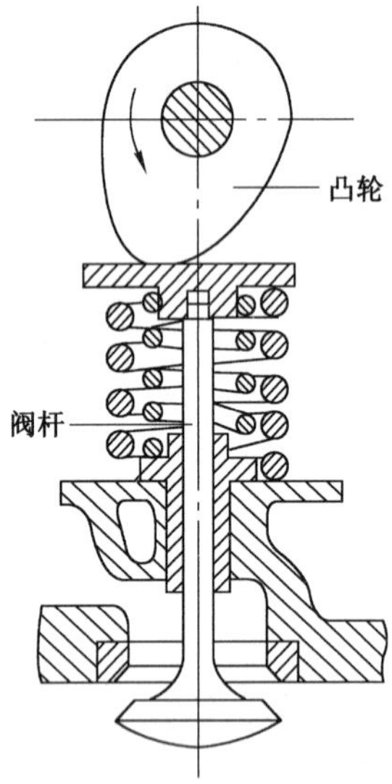

图 2-56　内燃机配气凸轮机构

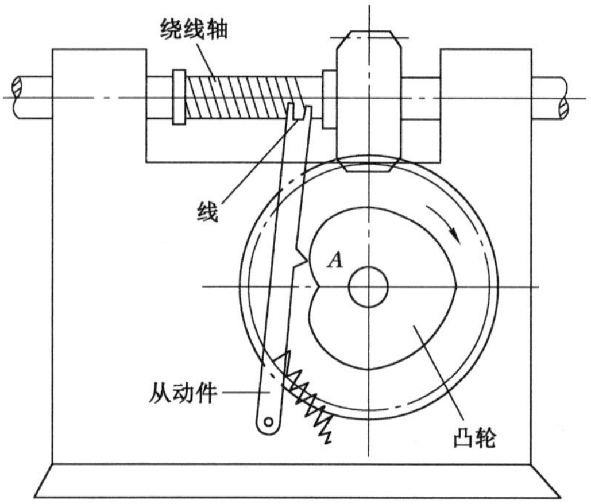

图 2-57　绕线机构

如图 2-58 所示的磁带录音机卷带装置中的凸轮机构,工作时凸轮随放音键上下移动。放音时,凸轮处于图示最低位置,在弹簧的作用下,安装于带轮轴上的摩擦轮紧靠卷带轮,从而将磁带卷紧。停止放音时,凸轮随按键上移,其轮廓压迫从动件顺时针摆动,使摩擦轮与卷带轮分离,停止卷带。

如图 2-59 所示的自动送料机构,当带有凹槽的凸轮转动时,通过槽中的滚子驱使从动件做往复移动。凸轮每回转一周,从动件即从储料器中推出一个毛坯送到加工位置。

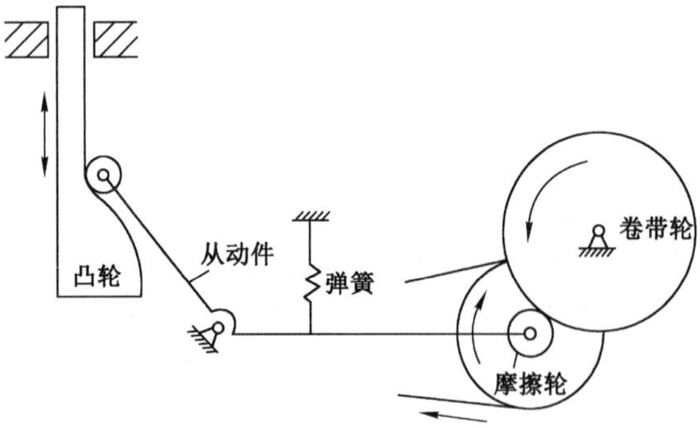

图 2-58　录音机卷带机构

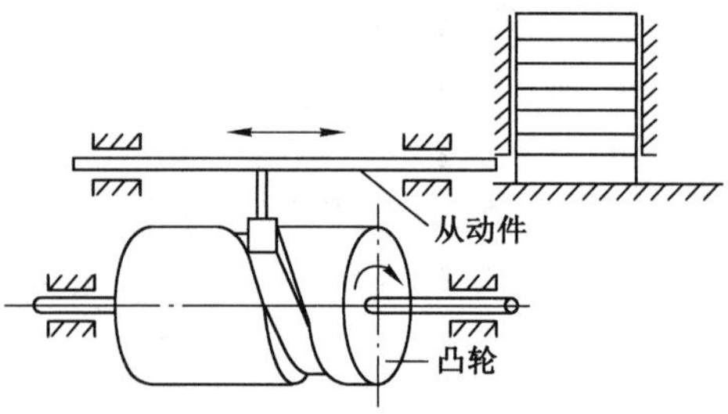

图 2-59　自动送料机构

(2) 凸轮机构的分类

根据凸轮和从动件的不同形状和形式,凸轮机构的分类如下:

① 按凸轮的形状分

a. 盘形凸轮。它是凸轮的最基本形式。这种凸轮是一个绕固定轴线转动并且具有变化半径的盘形零件。

b. 移动凸轮。当盘形凸轮的回转中心趋于无穷远时，凸轮相对机架做直线运动，这种凸轮称为移动凸轮。

c. 圆柱凸轮。将移动凸轮卷成圆柱则成为圆柱凸轮。

盘形凸轮和移动凸轮与从动件之间的相对运动为平面运动，而圆柱凸轮与从动件之间的相对运动为空间运动，所以盘形凸轮和移动凸轮属于平面凸轮机构，圆柱凸轮属于空间凸轮机构。

② 按从动件的形式分

a. 尖顶从动件。尖顶能与复杂的凸轮轮廓保持接触，因而能实现任意预期的运动规律。但尖顶与凸轮是点接触，磨损快，只宜用于受力不大的低速凸轮机构中。

b. 滚子从动件。为了克服尖顶从动件的缺点，在从动件的尖顶处安装一个滚子就可成为滚子从动件。因滚子从动件滚子和凸轮轮廓之间为滚动摩擦，故其耐磨损，可承受较大载荷，是最常用的一种从动件形式。

c. 平底从动件。这种从动件与凸轮轮廓表面接触的端面为一平面，所以，它不能与凹陷的凸轮轮廓相接触。这种从动件的优点是：当不考虑摩擦时，凸轮与从动件之间的作用力始终与从动件的平底相垂直，传动效率较高，且接触面易形成油膜，利于润滑，故常用于高速凸轮机构中。

2.3.2 常用的从动件运动规律

所谓从动件的运动规律，实际上就是从动件在运动时，其位移 s、速度 v 和加速度 a 随时间 t 或凸轮转角 φ 变化的规律。凸轮的工作轮廓完全取决于工作要求所确定的从动件的运动规律。

如图 2-60 所示，以凸轮的转动中心 O 为圆心，以凸轮轮廓的最小向径为半径所作的圆称为凸轮基圆，用 r_b 表示基圆半径。以直角坐标系的横坐标代表凸轮转角 φ(时间 t)，纵坐标代表从动件位移 s，则可画出从动件位移与凸轮转角之间的对应关系。当凸轮以等角速度 ω 逆时针转动时，从动件在凸轮廓线 AB 段推动下，从最低位置被推到最高位置，这一过程称为从动件的推程，它所上升的距离 h 称为升程，对应的凸轮转角 φ_0 称为推程运动角；当从动件与凸轮圆弧廓线 BC 段接触时，从动件处于高位静止不动状态，这一过程称为远休止，对应的凸轮转角 φ_s 称为远休止角；当凸轮继续转动而使从动件与凸轮廓线 CD 段接触时，从动件由距凸轮转动中心最远位置回到距凸轮转动中心最近位置，这一过程称为从动件的回程，对应的凸轮转角 φ_0' 称为回程运动角；当凸轮继续转动时，从动件与凸轮轮廓线上最小向径的圆弧段 DA 接触，从动件又静止不动，这一过程称为从动件的近休止，对应的凸轮转角 φ_s' 称为近休止角。如图 2-60 所示的凸轮转角 φ 与从动件位移 s 之间的对应关系曲线称为从动件位移曲线。它直观地反映了从动件的位移随凸轮转角的变化规律，是设计凸轮轮廓的依据。

在设计凸轮机构时，首先必须了解从动件所要求的运动规律，然后根据这一运动规律绘制凸轮轮廓曲线，使其实现所需的运动规律。从动件的运动规律很多，下面介绍几种常用的从动件运动规律。

(1) 等速运动规律

当凸轮以等角速度 ω 转动，从动件在推程或回程中的速度 v 为常数时的运动规律，称为

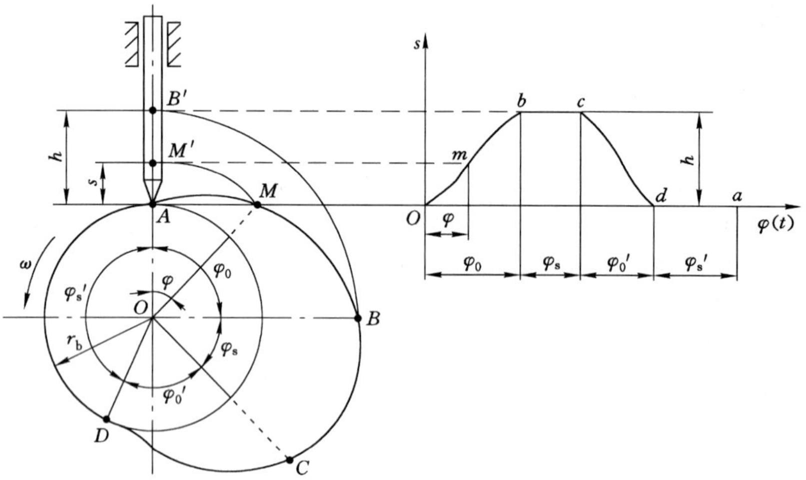

图 2-60　对心直动尖底从动件盘形凸轮机构的运动过程

等速运动规律。图 2-61 为从动件做等速运动时推程的位移线图、速度线图和加速度线图。由加速度线图可知，这种运动规律在其从动件推程的始末两点处，因速度有突变，从动件瞬时加速度理论上为无穷大，此时将导致从动件产生非常大的惯性力，这种惯性力产生的冲击称为刚性冲击，其会对机构造成严重危害。因此，等速运动规律仅用于低速、轻载、从动件质量较小的场合。

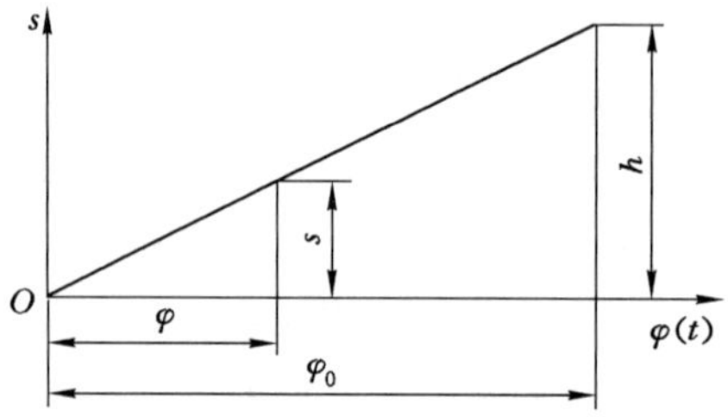

(a) 位移线图

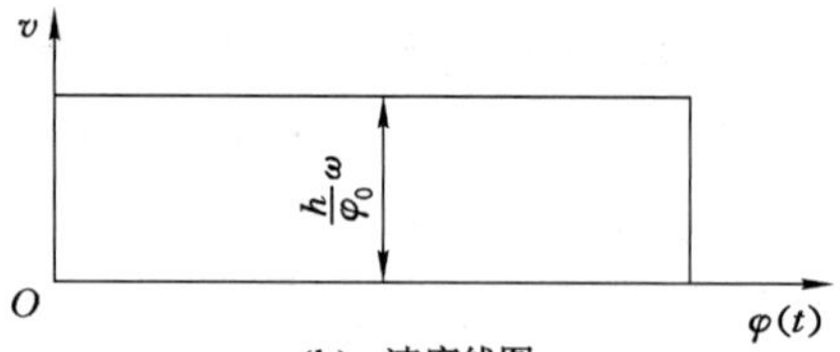

(b) 速度线图

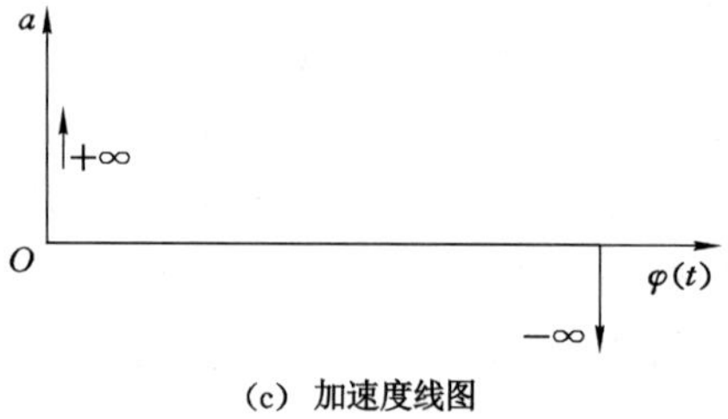

(c) 加速度线图

图 2-61　等速运动规律推程运动线图

（2）等加速等减速运动规律

等加速等减速运动规律就是当凸轮以等角速度 ω 转动时，从动件在一个行程的前半阶段做等加速运动，后半阶段做等减速运动的运动规律。通常加速和减速时的加速度绝对值相等。

图 2-62 为从动件按等加速等减速运动规律运动时推程的位移线图、速度线图和加速度线图。由加速度线图可知，在 O、B、C 点处的加速度发生有限值突变，这一突变将使从动件与凸轮轮廓的接触处产生有限惯性力的冲击，这种冲击称为柔性冲击，所以等加速等减速运动规律适用于中速、轻载的场合。

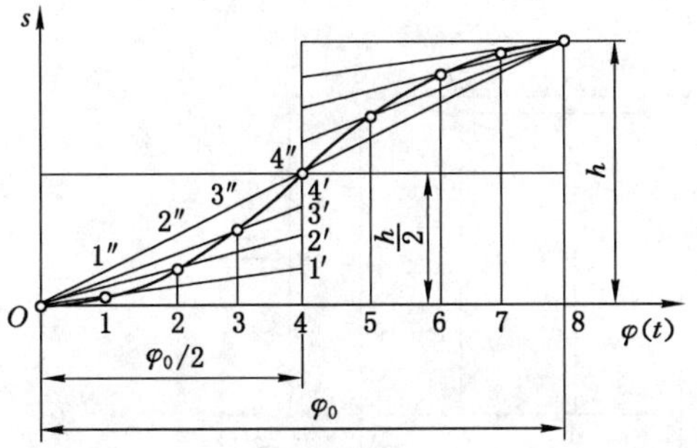

(a) 位移线图

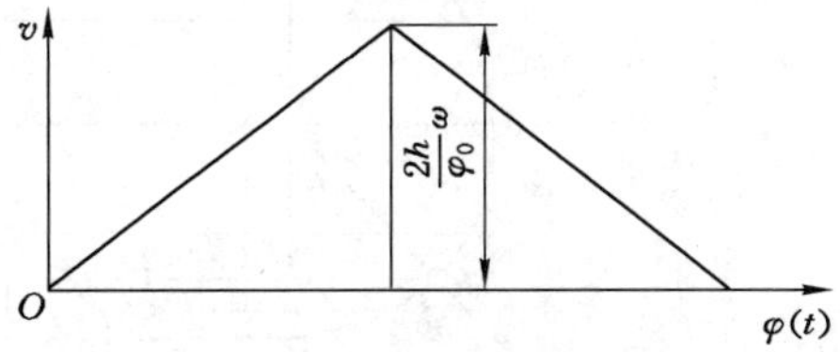

(b) 速度线图

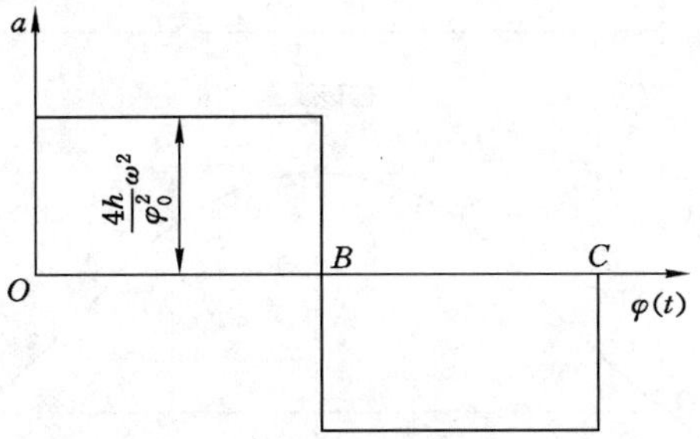

(c) 加速度线图

图 2-62　等加速等减速运动规律推程运动线图

由图 2-62(a)可知，按等加速等减速运动规律运动的推程位移线图由两段开口方向相反的抛物线组成。其位移线图可用作图法绘制，具体作图步骤如下：

① 选取角度比例尺和长度比例尺，在横坐标上取 $O4=\varphi_0/2$，过点 4 作横坐标的垂线，并在该垂线上取 $44'=h/2$（先作推程前半段的位移线图）。

② 将 $O4$ 和 $44'$ 等分成相同的若干等份，得各等分点（图中均为 4 等份）1、2、3、4 和 $1'$、$2'$、$3'$、$4'$。

③ 将坐标原点 O 分别与点 $1'$、$2'$、$3'$、$4'$ 相连，得连线 $O1'$、$O2'$、$O3'$、$O4'$。

④ 过横坐标上的等分点 1、2、3、4 分别作横坐标的铅垂线，它们分别与连线 $O1'$、$O2'$、$O3'$、$O4'$ 相交于 $1''$、$2''$、$3''$、$4''$。

⑤ 将点 O、$1''$、$2''$、$3''$、$4''$ 连成光滑的曲线，即得前半段等加速运动的位移曲线。后半段等减速运动的位移曲线的作图方法与上述类似，只是弯曲方向反过来。

（3）简谐运动规律

点在圆周上做匀速运动时，它在这个圆的直径上的投影所构成的运动称为简谐运动。

从动件做简谐运动时，其加速度按余弦规律变化，故这种运动规律也称余弦加速度运动规律。

图 2-63 为从动件按简谐运动规律运动时的位移线图、速度线图和加速度线图。由加速度线图可以看出，具有这种运动规律的从动件在行程的始点和终点均有柔性冲击，因此一般情况下，这种运动规律只适用于中速、中载场合。当从动件在推程和回程中都采用这种运动规律，并且做连续不断的循环运动时，则可获得包括始点和终点的全程光滑连续的加速度曲线，在这种情况下不会产生冲击，故可用于高速场合。

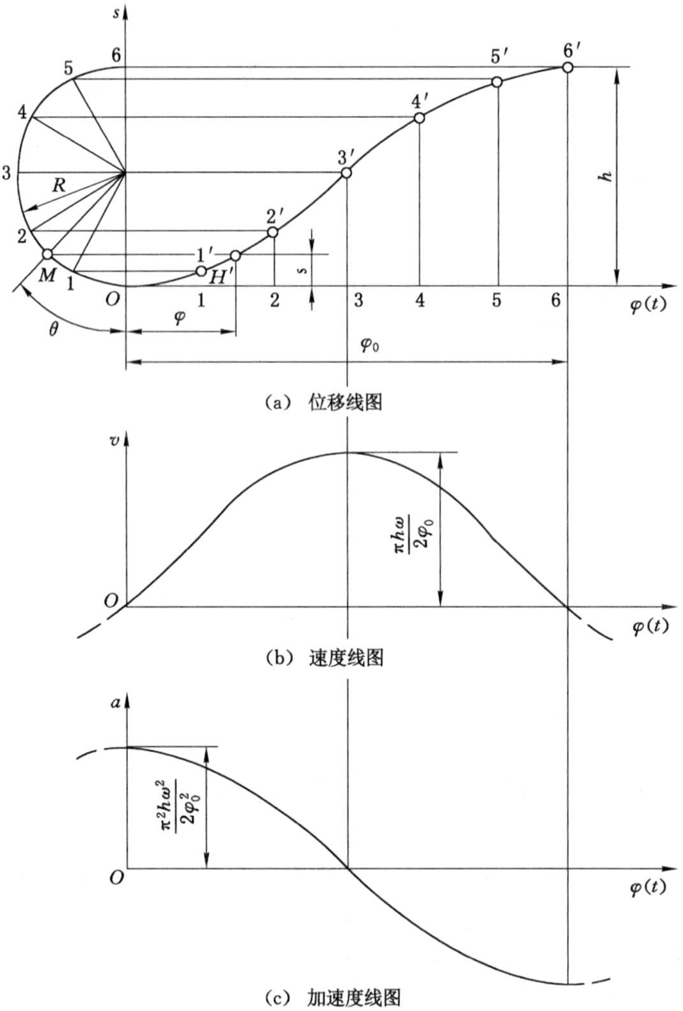

图 2-63　简谐运动规律推程运动线图

如图 2-63(a)所示，推程位移线图的具体作图步骤如下：

① 选取角度比例尺，在横坐标上截取 $O6$ 等于推程运动角 φ_0，并将它分成若干等份(图中为 6 等份)，过各等分点作铅垂线。

② 选取长度比例尺，在纵坐标轴上截取 $O6$ 等于从动件行程 h。以 $O6$ 为直径作一半圆，将半圆分成与 φ_0 相同的等份。

③ 过半圆周上各等分点作水平线，这些水平线与步骤①中所作的对应垂线分别交于点1′、2′、3′、4′、5′、6′。

④ 将点1′、2′、3′、4′、5′、6′连成光滑的曲线，此曲线即所要求的简谐运动规律位移曲线。

2.3.3 凸轮机构的压力角

(1) 压力角的概念

图2-64为对心直动尖顶从动件盘形凸轮机构在推程某一位置的受力情况。凸轮在某一位置时对从动件的法向力 F 与从动件上该力作用点的速度方向所夹的锐角 α 称为凸轮机构在该位置的压力角。若将力 F 分解为沿从动件运动方向的有用分力 F_t 和垂直于从动件运动方向紧压导路的有害分力 F_n，则 F_t 和 F_n 的大小分别为：

$$F_t = F\cos\alpha,\ F_n = F\sin\alpha \tag{2-16}$$

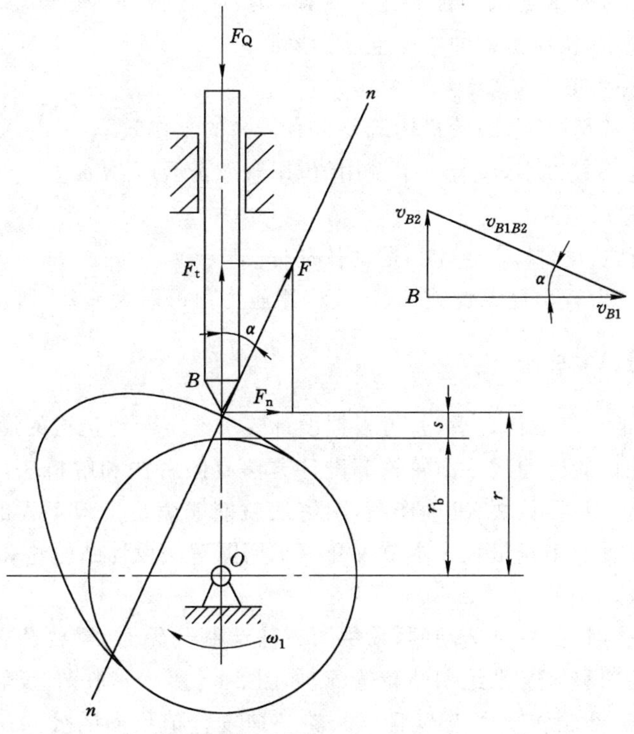

图2-64 凸轮机构的压力角

由此可见，α 越大，有害分力 F_n 越大，凸轮机构传动效率越低。当 α 增大到一定程度，以致 F_n 所引起的摩擦力大于有用分力 F_t 时，无论凸轮对从动件的作用力有多大，从动件都不能运动，这种现象称为凸轮机构自锁。

综上所述，从改善受力情况、提高效率和避免自锁的观点来看，凸轮机构的压力角越小越好。

(2) 压力角与机构尺寸的关系

如图2-64所示，设凸轮以等角速度 ω_1 顺时针转动，此时从动件与凸轮在 B 点接触，B 点是公共点。从动件上 B 点的移动速度 $v_{B_2}=v_2$。凸轮 B 点的速度 $v_{B_1}=\omega_1 r$，方向垂直于 OB。而从动件上 B 点相对速度 $v_{B_2B_1}$ 的方向与凸轮过 B 点的切线方向重合。根据点的复合运动速度合成定理，可作出 B 点的速度三角形。由此可得：

$$v_2=v_{B_2}=v_{B_1}\tan\alpha=\omega_1 r\tan\alpha \tag{2-17}$$

即

$$r=\frac{v_2}{\omega_1\tan\alpha} \tag{2-18}$$

又因：

$$r=r_b+s \tag{2-19}$$

所以：

$$r_b=r-s=\frac{v_2}{\omega_1\tan\alpha}-s \tag{2-20}$$

由式(2-20)可知，若给定从动件的运动规律，则 ω_1、v_2、s 均为已知参数，当压力角越大时，则其基圆半径越小，相应机构的结构也越紧凑。

(3) 压力角的许用值

综上所述，在一般情况下，凸轮机构既要求有较高的工作效率，又要求结构紧凑。因此，压力角不能过大，也不宜过小，应有一个许用值，用 $[\alpha]$ 表示，且使 $\alpha_{max}\leqslant[\alpha]$。在一般工程设计中，推荐的 $[\alpha]$ 值为：

① 推程时，直动从动件 $[\alpha]=30°$，摆动从动件 $[\alpha]=45°$。

② 回程时，因受力较小且无自锁问题，故许用压力角可取大一些，通常 $[\alpha]=80°$。

2.3.4 图解法设计凸轮轮廓

确定了从动件的运动规律之后，就可根据设计要求选定凸轮机构的形式、凸轮的基圆半径等，从而绘制凸轮的轮廓曲线。凸轮轮廓设计方法有图解法和解析法两种。图解法直观简便，但精确度较低。只要认真、准确作图，图解法就能够满足一般工程的要求。解析法虽精确度较高，但设计计算工作量大。本节仅介绍采用图解法设计凸轮轮廓。

(1) 反转法原理

凸轮机构在工作时，凸轮是运动的，采用图解法绘制凸轮时，需要凸轮与纸面保持相对静止。为此，可采用“反转法”来绘制凸轮轮廓，如图 2-65 所示。所谓“反转法”，就是给整个凸轮机构加上一个绕凸轮转动中心 O 且与凸轮角速度等值反向的公共角速度“$-\omega$”，根据相对运动原理，这时凸轮与从动件间的相对运动保持不变，但凸轮保持静止不动，而从动件一方面随机架和导路一起以“$-\omega$”角速度绕 O 点转动，另一方面又以原有运动规律相对于机架和导路做往复直线运动。由于尖顶始终与凸轮轮廓曲线相接触，所以反转后尖顶描出的轨迹就是凸轮轮廓曲线。

(2) 直动从动件盘形凸轮轮廓的绘制

① 对心尖顶直动从动件盘形凸轮轮廓的绘制

已知条件：从动件位移线图[图 2-66(b)]、凸轮的基圆半径 r_b 以及凸轮以等角速度 ω 顺时针方向回转。要求绘出此凸轮的轮廓。

图 2-66 的绘制步骤如下：

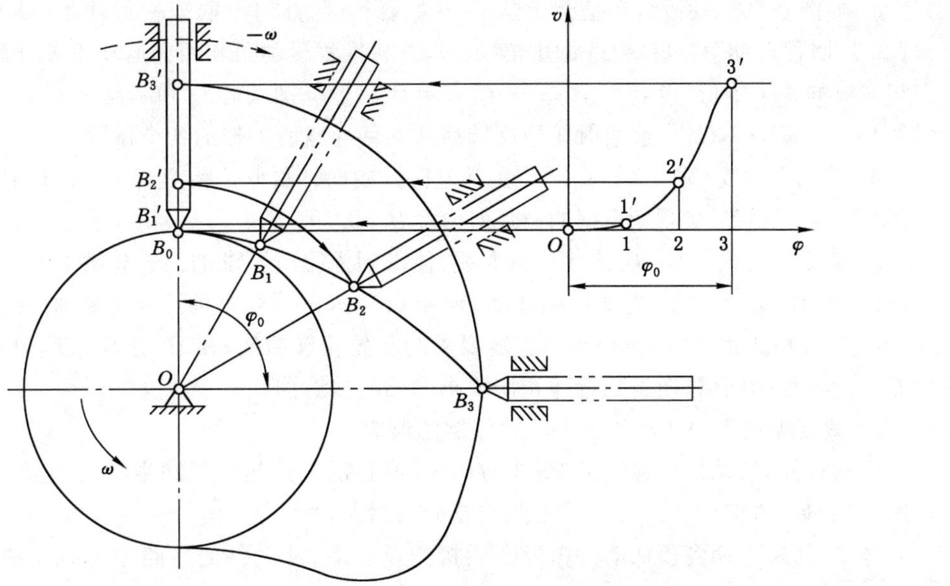

图 2-65 “反转法”原理

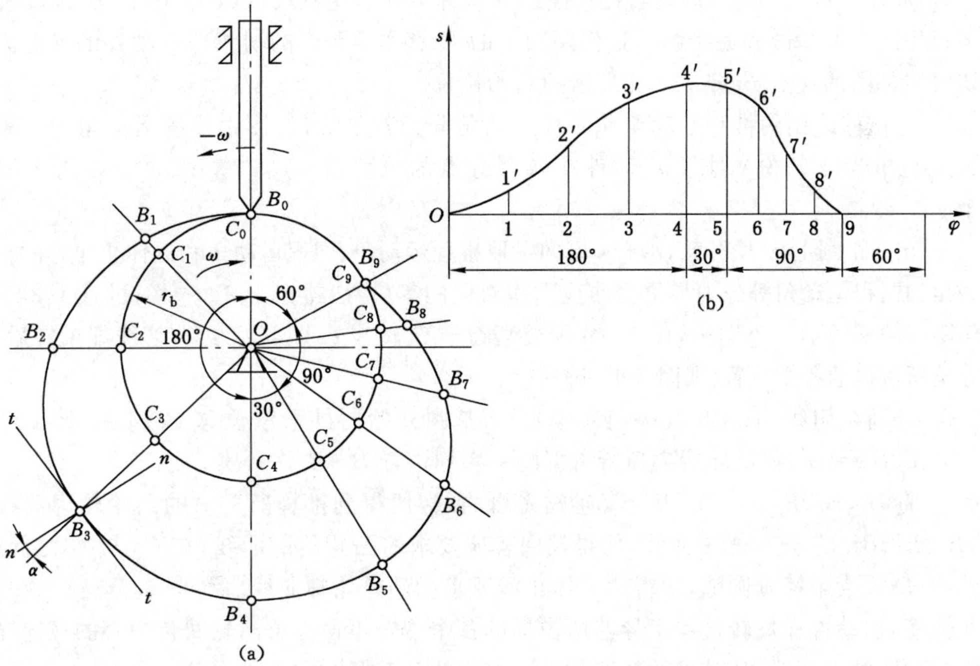

图 2-66 对心尖顶直动从动件盘形凸轮轮廓曲线的绘制

a. 选取与位移曲线纵坐标相同的比例尺，作凸轮的基圆，并把基圆与从动件导路的交点 $C_0(B_0)$ 作为从动件尖顶的起始位置。

b. 将位移线图的推程运动角和回程运动角分为若干等份(图中均为 4 等份)，求得从动件在各等分点的位移值 $11'$，$22'$，…，$88'$，如图 2-66(b)所示。

c. 如图 2-66(a)所示，在基圆上从 C_0 开始，沿 $-\omega$ 方向量取推程运动角(180°)、远休止角(30°)、回程运动角(90°)和近休止角(60°)，并将推程运动角和回程运动角等分为位移曲线图相对应的若干等份，得点 $C_1, C_2, \cdots, C_8, C_9(B_9)$，过基圆圆心 O 和基圆上的上述等分点作射线 $OC_1, OC_2, \cdots, OC_9$，这些射线即反转后从动件导路所占据的各个位置。

d. 分别在射线 $OC_1, OC_2, \cdots, OC_8$ 上从基圆开始向外量取位移 $C_1B_1=11', C_2B_2=22', \cdots, C_8B_8=88'$，得反转后尖顶所占据的一系列位置 $B_1, B_2, \cdots, B_8$。

e. 将 B_0、B_1、B_2、B_3、B_4 连成光滑曲线，便得到推程所要求的凸轮轮廓曲线；在 B_4 与 B_5 之间以 O 为圆心，以 OB_4 为半径画圆弧，便得到远休止所要求的凸轮轮廓曲线；将 B_5、B_6、B_7、B_8、B_9 连成光滑曲线，便得到回程所要求的凸轮轮廓曲线；在 B_9 与 B_0 之间以 O 为圆心，以 OB_9 为半径画圆弧，便得到近休止所要求的凸轮轮廓曲线。

② 偏置尖顶直动从动件盘形凸轮轮廓的绘制

已知条件：从动件位移线图[图 2-67(a)]、偏心距 e、凸轮的基圆半径 r_b 以及凸轮以等角速度 ω 顺时针方向回转。要求绘出此凸轮的轮廓。

分析：偏置直动尖顶从动件盘形凸轮机构反转后，从动件的导路中心线始终与以 O 为圆心、e 为半径的偏距圆相切，如图 2-67(b)所示。

图 2-67 的绘制步骤如下：

a. 如图 2-67(a)所示，选取与位移曲线纵坐标相同的比例尺，以 O 为圆心，分别以 r_b 和 e 为半径作同心的基圆和偏距圆。过偏距圆上的 K 点作偏距圆的切线即从动件的导路方向，该切线与基圆的交点 B_0 即从动件尖顶的初始位置。

b. 将位移线图的推程运动角和回程运动角分为若干等份(图中推程运动角为 6 等份，回程运动角为 4 等份)，求得从动件在各等分点的位移值 $11', 22', \cdots, 99'$，如图 2-67(a)所示。

c. 在偏距圆上从 K 开始，沿 $-\omega$ 方向量取推程运动角、回程运动角和近休止角，并将推程运动角和回程运动角等分为与位移曲线图相对应的等份数，得点 1、2、…、10，过点 1，2，…，10 作偏距圆的切线 $1C_1, 2C_2, \cdots, 10C_{10}$，分别交基圆于 $C_1, C_2, \cdots, C_9, C_{10}$，这些切线即反转后从动件导路所占据的各个位置，如图 2-67(b)所示。

d. 分别在切线 $1C_1, 2C_2, \cdots, 10C_{10}$ 上，从基圆开始向外量取位移 $C_1B_1=11', C_2B_2=22', \cdots, C_9B_9=99'$，得反转后尖顶所占据的一系列位置 $B_1, B_2, \cdots, B_9$。

e. 将 B_0、B_1、B_2、B_3、B_4、B_5、B_6 连成光滑曲线，便得到推程所要求的凸轮轮廓曲线；将 B_6、B_7、B_8、B_9、C_{10} 连成光滑曲线，便得到回程所要求的凸轮轮廓曲线；在 C_{10} 与 B_0 之间以 O 为圆心、OC_{10} 为半径画圆弧，便得到近休止所要求的凸轮轮廓曲线。

注意：从动件在反转过程中导路所占据的各个位置不再是过凸轮回转中心的径向线，而始终是偏距圆的切线，从动件的位移是沿这些切线从基圆上向外量取的。

③ 对心滚子直动从动件盘形凸轮轮廓的绘制

如图 2-68 所示，滚子从动件凸轮轮廓设计方法为：把滚子中心看作尖顶从动件的尖顶，按上述方法求出一条理论轮廓线 β_0，再以 β_0 上各点为圆心，以滚子半径为半径，作一系列圆，并作这一系列圆的包络线 β(图中为内包络线)，就得到滚子从动件凸轮的实际轮廓线。

必须指出的是，凸轮的实际轮廓线是由一系列滚子圆的包络线形成的，对于由内包络线

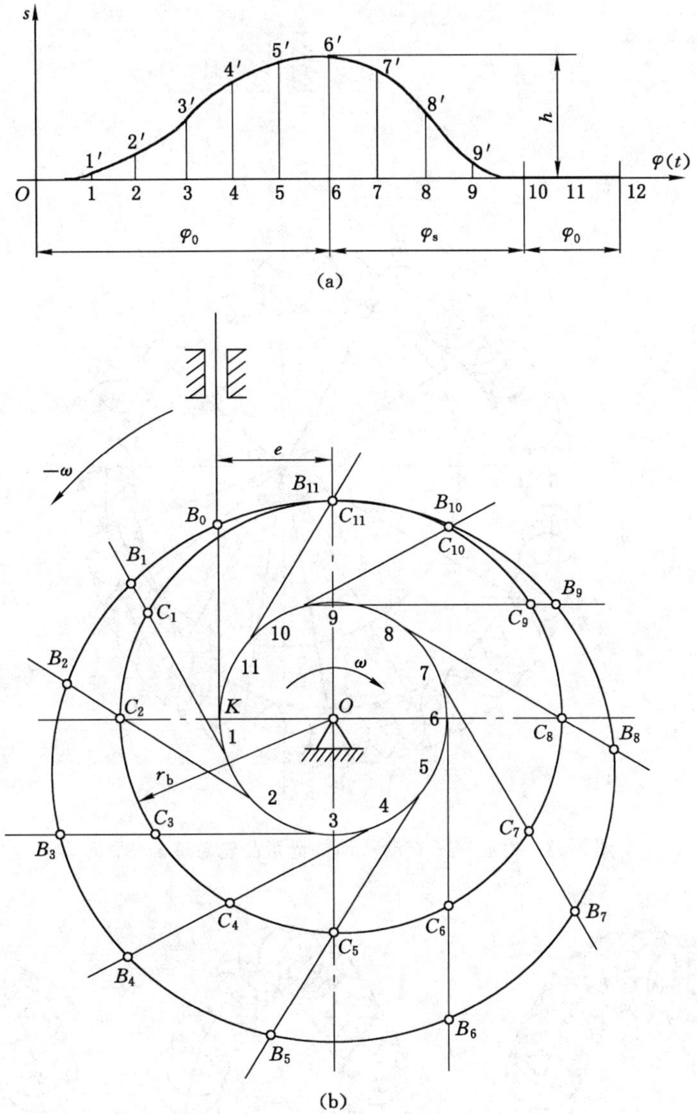

图 2-67　偏置尖顶直动从动件盘形凸轮轮廓曲线的绘制

形成的凸轮轮廓，滚子半径的大小对凸轮实际轮廓线有很大的影响。如图 2-69 所示，对于外凸的凸轮轮廓曲线，设理论轮廓线的最小曲率半径用 $\rho_{\min}$ 表示，滚子半径用 r_T 表示，则相应位置的实际轮廓线曲率半径 $\rho' = \rho_{\min} - r_T$。

当 $\rho_{\min} > r_T$时，如图 2-69(a) 所示，$\rho' > 0$，实际轮廓曲线为一光滑曲线；当 $\rho_{\min} = r_T$时，如图 2-69(b) 所示，$\rho' = 0$，在凸轮实际轮廓曲线上产生了一个尖点，该尖点极易磨损，磨损后将改变从动件的原有运动规律；当 $\rho_{\min} < r_T$时，如图 2-69(c) 所示，$\rho' < 0$，实际轮廓曲线将相交，交点以上的轮廓曲线在加工时将被切去，使该部分运动规律无法实现，这种现象称为运动失真。

为了使凸轮轮廓曲线在任何位置上不变尖，也不发生运动失真，滚子半径必须小于理论轮廓曲线外凸部分的最小曲率半径，一般推荐 $r_T = 0.8\rho_{\min}$。若最小曲率半径过小，则按上述

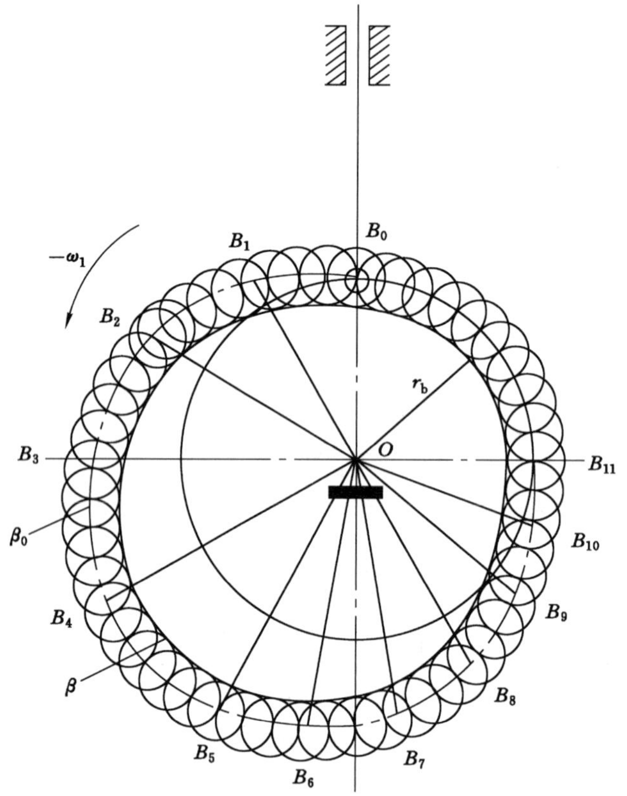

图 2-68　对心滚子直动从动件盘形凸轮轮廓曲线的绘制

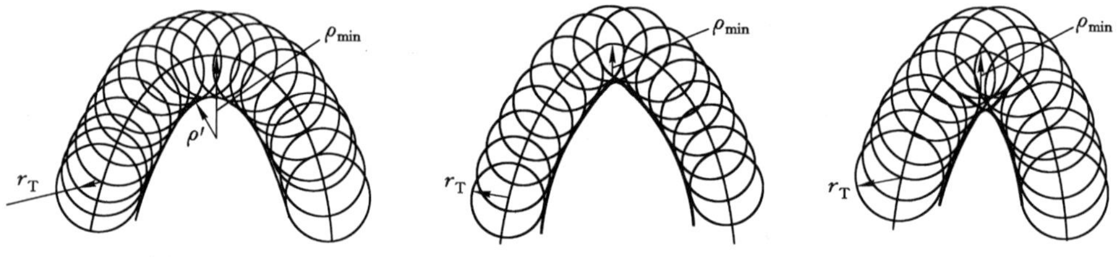

(a) $\rho_{min}>r_T$　　(b) $\rho_{min}=r_T$　　(c) $\rho_{min}<r_T$

图 2-69　滚子半径的选择

条件确定的滚子半径就会太小，不能满足安装和强度要求，此时应增大凸轮基圆半径，重新设计凸轮轮廓。

对于由外包络线形成的凸轮轮廓，滚子半径的大小对形成光滑的实际轮廓线没有影响。

习　题

2.3-1　凸轮机构有何特点？

2.3-2　什么是刚性冲击和柔性冲击？

2.3-3　何谓凸轮机构的压力角？压力角的大小对凸轮机构传动性能和凸轮尺寸有何影响？

2.3-4 试设计一对心直动尖顶从动件的盘形凸轮机构。已知凸轮沿逆时针方向做等角速度转动，从动件的行程、凸轮的基圆半径和从动件的位移线图如图 2-70 所示。

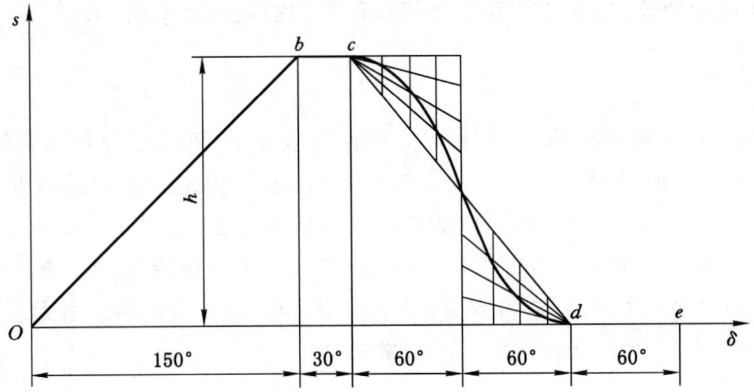

图 2-70 题 2.3-4 图

2.3-5 在滚子从动件凸轮机构中，如何确定滚子的半径？

2.3-6 何谓凸轮的理论轮廓曲线、工作轮廓曲线？

2.3-7 将题 2.3-4 改为滚子从动件，如已知滚子半径为 10 mm，试设计其凸轮工作轮廓曲线。

2.3-8 将题 2.3-4 改为平底从动件，试设计其凸轮工作轮廓曲线。

2.4 间歇运动机构

● 知识目标

(1) 了解棘轮机构、槽轮机构的结构及工作原理。

(2) 一般了解不完全齿轮机构、凸轮间歇运动机构的结构及工作原理。

(3) 基本了解常用间歇运动机构的设计要点及应用场合。

● 能力目标

(1) 能根据使用要求选择恰当的机构类型。

(2) 能借助相关的机械设计手册设计棘轮机构和槽轮机构。

● 素质目标

能够分析棘轮机构和槽轮机构的运动特点和应用实例，培养善于理论联系实际的思维方式。

● 学习重点与难点

(1) 学习重点：间歇运动机构的工作原理、运动特点、功能及适用场合。

(2) 学习难点：间歇运动机构的设计和选用。

【行业案例】

汽车驻车制动器通过精巧设计的棘轮和棘爪等部件，实现了对车轮的可靠锁定。当驾驶员拉起手刹或踩下脚刹时，棘爪会与棘轮啮合，产生足够的摩擦力来阻止车轮转动。这种间歇性的锁定机制使得汽车能够稳定地停放在原地，即使在坡度较大的地方也能保持静止。

在许多机械中，常要求当主动件做连续运动时，从动件做周期性的间歇运动，如刨床中的进给运动、送料和刀架转位等运动都是间歇运动。实现这种间歇运动的机构称为间歇运动机构。

间歇运动机构种类多，本节将简要介绍几种常用的间歇运动机构。

2.4.1 棘轮机构

在如图 2-71 所示的棘轮机构中，棘轮 2 固连在轴 4 上，其轮齿分布在轮的外缘，原动件 1 空套在轴 4 上。当原动件 1 沿逆时针方向摆动时，与它相连的驱动棘爪 3 便借助弹簧或自身重力的作用插入棘轮的齿槽内，使棘轮转过一定的角度，这时止回棘爪 5 在棘轮的齿背上滑过。当原动件 1 沿顺时针方向摆动时，驱动棘爪 3 便在棘轮齿背上滑过，而止回棘爪 5 则在弹簧片 6 的作用下插入棘轮的齿槽，阻止棘轮沿顺时针方向转动，故棘轮静止不动。当原动件 1 连续往复摆动时，棘轮做单向的间歇转动。

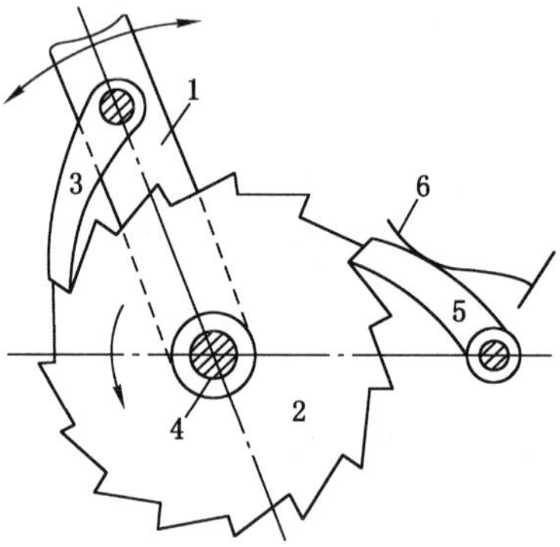

1—原动件；2—棘轮；3—驱动棘爪；4—轴；5—止回棘爪；6—弹簧片。

图 2-71 棘轮机构

改变原动件 1 的结构形状，可以得到如图 2-72 所示的双动式棘轮机构。图中原动件 1 的往复摆动均能使棘轮 2 沿同一方向转动。驱动棘爪 3 可以制成直的[图 2-72(a)]或带钩的[图 2-72(b)]。

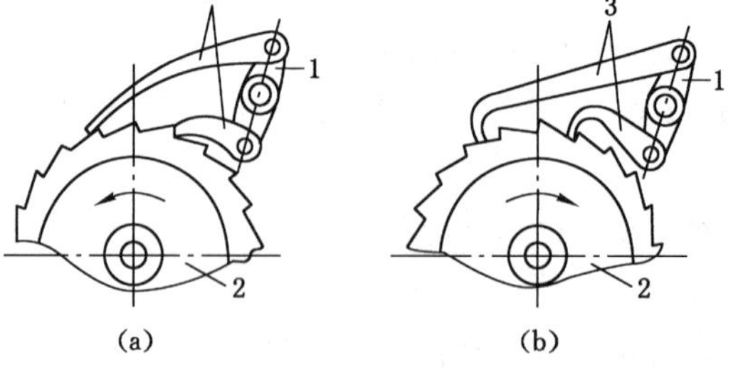

1—原动件；2—棘轮；3—驱动棘爪。

图 2-72 双动式棘轮机构

可变向棘轮机构如图 2-73 所示。图 2-73(a)所示为棘轮轮齿为方形的可变向棘轮机构，其特点是当棘爪 1 在实线位置时，棘轮 2 将沿逆时针方向做间歇运动；当棘爪 1 翻转到虚线位置时，棘轮将沿顺时针方向做间歇运动。图 2-73(b)所示为另一种可变向棘轮机构，

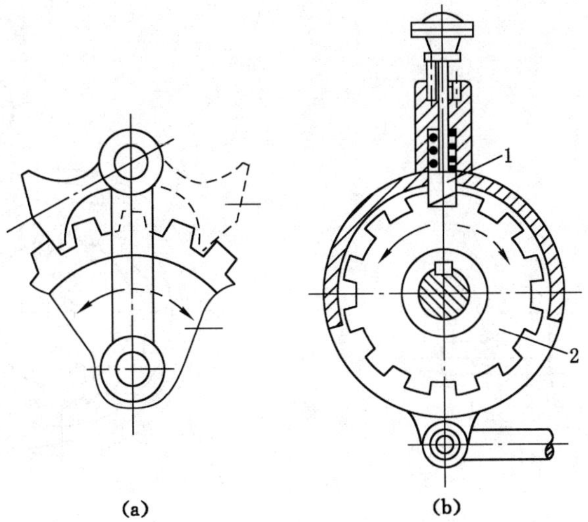

1—棘爪；2—棘轮。

图 2-73　可变向棘轮机构

当棘爪 1 在图示位置时，棘轮 2 将沿逆时针方向做间歇运动。若将棘爪提起并绕自身轴线转 180°后再插入棘轮齿中，则可实现沿顺时针方向的间歇运动。若将棘爪提起并绕自身轴线转 90°后放下，架在壳体顶部的平台上，使棘轮与棘爪脱开，则当棘爪往复摆动时，棘轮静止不动。这种棘轮机构常应用在牛头刨床工作台的进给装置中。

上述棘轮机构转动时，棘轮的转角都是相邻齿所夹中心角的整数倍，也就是说，棘轮的转角是有级性改变的。要实现转角的无级改变，就需要采用摩擦式棘轮机构(图 2-74)。这种机构通过凸轮 1(相当于棘爪)与轮 2(相当于棘轮)之间的摩擦力来传递运动。这种机构传动较平稳，噪声小，但其接触表面间容易发生滑动，故运动准确性差。

棘轮机构除了常用于实现间歇运动外，还能实现超越运动。如图 2-75 所示的自行车后轮轴上的棘轮机构，当脚蹬踏板时，经链轮 1 和链条 2 带动内圈具有棘轮的链轮 3 顺时针转动，再通过棘爪 4 使后轮 5 顺时针转动，从而驱使自行车前进。当自行车下坡或歇脚休息时，踏板不动，后轮 5 借助下滑力或惯性超越链轮 3 而转动。此时棘爪 4 在棘轮齿背上滑过，产生从动件转速超过主动件转速的超越运动，从而实现不蹬踏板自行车仍能自由滑行。

2.4.2　槽轮机构

槽轮机构又称为马尔他机构，如图 2-76 所示。槽轮机构是由具有径向槽的槽轮 2、带有圆销 A 的拨盘 1 和机架组成的。拨盘 1 做匀速转动时，驱使槽轮 2 做时转时停的间歇运动。拨盘 1 上的圆销 A 尚未进入槽轮 2 的径向槽时，由于槽轮 2 的内凹锁止弧 β 被拨盘 1 的外凸圆弧 α 卡住，故槽轮 2 静止不动。图中所示位置是当圆销 A 开始进入槽轮 2 的径向槽时的情况。这时锁止弧被松开，因此槽轮 2 受圆销 A 驱使沿逆时针方向转动。当圆销 A 开始脱出槽轮的径向槽时，槽轮的另一内凹锁止弧又被拨盘 1 的外凸圆弧卡住，致使槽轮 2 又静止不动，直到圆销 A 再次进入槽轮 2 的另一径向槽时，两者又重复上述的运动循环。为了防止槽轮在工作过程中位置发生偏移，除上述锁止弧之外，也可以采用其他专门的定位装置。

槽轮机构构造简单，机械效率高，并且运动平稳，因此在自动机床转位机构、电影放映机

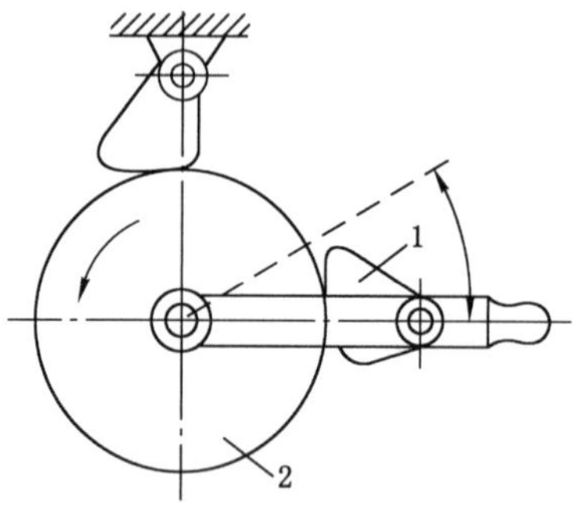

1—棘爪；2—棘轮。

图 2-74　摩擦式棘轮机构

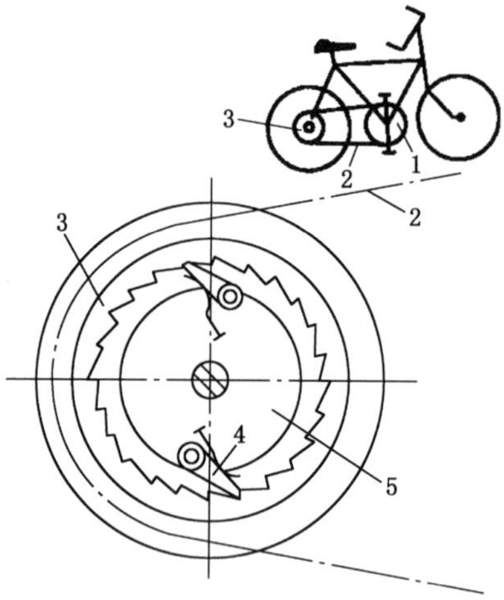

1，3—链轮；2—链条；4—棘爪；5—后轮。

图 2-75　超越式棘轮机构

卷片机等自动机械中得到广泛的应用。图 2-77 所示为电影放映机中的槽轮机构。为了适应人眼的视觉暂留现象，要求影片做间歇移动。槽轮 2 上有 4 个径向槽，拨盘 1 每转一周，圆销 A 将拨动槽轮转过 1/4 周，胶片移过一幅画面，并停留一定的时间。

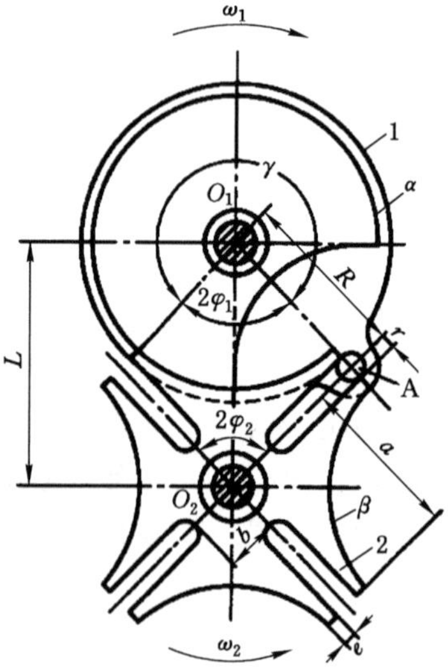

1—拨盘；2—槽轮。

图 2-76　槽轮机构

1—拨盘；2—槽轮。

图 2-77　电影放映机卷片机构

从生产效率来看，希望槽数少些为好，但从动力特性看，希望槽数适当多些为好，因为此时槽轮角加速度减小，可减小振动和冲击，有利于机构正常工作。但槽数大于 9 的槽轮机构比较少见。因为槽数过多，槽轮机构尺寸大，且转动时惯性力矩也增大，故槽数常取为 4～8。

2.4.3　不完全齿轮机构

图 2-78 所示的不完全齿轮机构，它的主动轮 1 是只有一个齿或几个齿的不完全齿轮，

从动轮 2 由正常齿和带锁止弧的厚齿彼此相间组成。当主动轮 1 上的齿与轮 2 的大齿啮合时,驱使从动轮 2 转动,当轮 1 的圆弧部分与轮 2 接触时,从动轮停歇不动,因此当主动轮连续转动时,从动轮做间歇运动。主动轮连续转过一周时,图 2-78(a)、(b)中的从动轮分别间歇地转过 1/8 周和 1/4 周。为了防止从动轮在停歇期间游动,两轮轮缘上分别装有锁止弧。

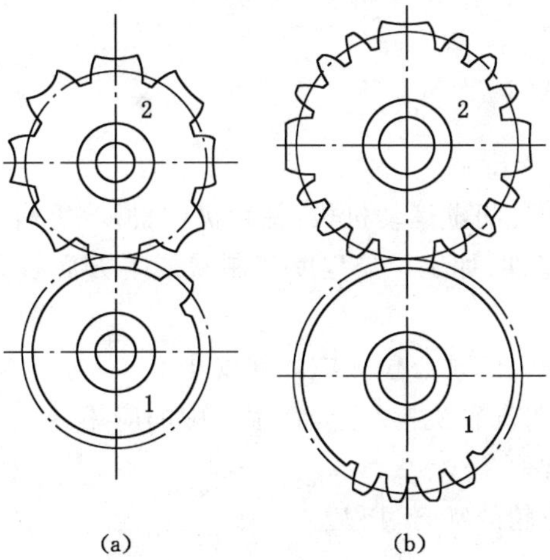

1—主动轮;2—从动轮。

图 2-78　不完全齿轮机构

不完全齿轮机构工作可靠,其从动轮的运动时间、停歇时间及每次转动的角度可在较大范围内变化。但是,这种机构的从动轮在进入和脱离啮合时因速度突变,冲击较大,故一般只适用于低速、轻载的场合。

2.4.4　凸轮式间歇运动机构

在如图 2-79 所示的凸轮式间歇运动机构中,主动凸轮 1 驱动从动转盘 2 上的滚子,将凸轮的连续转动变换为转盘的间歇转动。

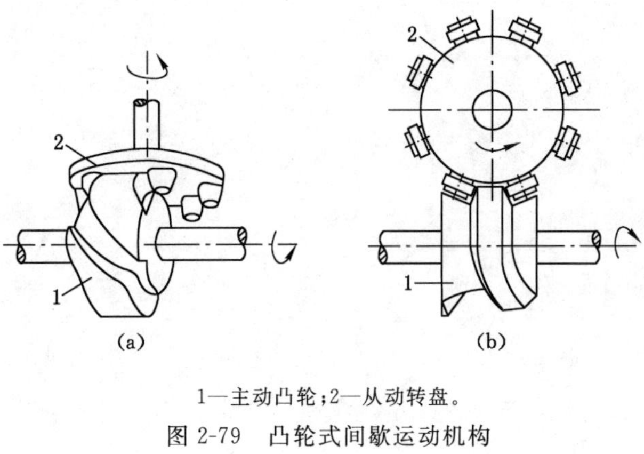

1—主动凸轮;2—从动转盘。

图 2-79　凸轮式间歇运动机构

在图 2-79(a)中,主动凸轮 1 呈圆柱形,从动转盘 2 的端面均匀布置若干滚子,其轴线平行于转盘的轴线,这种机构称为圆柱凸轮间歇运动机构。在图 2-79(b)中,主动凸轮 1 与圆弧面蜗杆的形状相似，从动转盘2的圆柱表面均匀布置若干滚子，其轴线垂直于转盘的轴线，这种机构称为蜗杆凸轮间歇运动机构。这种蜗杆凸轮间歇运动机构可以通过调整凸轮与转盘的中心距来调节滚子与凸轮轮廓之间的间隙，从而保证机构的运动精度。

凸轮式间歇运动机构传动平稳，工作可靠，常用于传递交错轴间的分度运动和高速分度转位的机械中。

习　题

2.4-1　本节介绍的四种间歇运动机构：棘轮机构、槽轮机构、不完全齿轮机构和凸轮式间歇运动机构，在运动平稳性、加工难易程度和制造成本方面各具有哪些优、缺点？各适用于什么场合？

2.4-2　棘轮机构中棘爪的轴心位置应如何安排？

2.4-3　举1～2例说明棘轮机构在生活、生产中的应用。

2.4-4　槽轮的槽数常取多少？

2.4-5　简述不完全齿轮的啮合过程。

3 齿轮机构及轮系

3.1 齿轮机构及其齿廓

【教学要求】

● 知识目标

(1) 掌握齿轮传动的特点与分类。

(2) 了解渐开线齿廓及其啮合特征。

● 能力目标

能够熟知齿轮传动的特点与分类。

● 素质目标

培养学生严谨的科学态度。

● 学习重点与难点

(1) 学习重点:齿轮传动的特点与分类。

(2) 学习难点:渐开线齿廓及其啮合特征。

【行业案例】

减速器常用作原动机与工作机之间的减速传动装置,在原动机和工作机或执行机构之间起匹配转速和传递转矩的作用,在现代机械中应用极为广泛。减速器中的齿轮机构可实现平行轴、任意角相交轴和任意角交错轴之间的传动。

3.1.1 齿轮传动的特点与分类

齿轮机构是应用最广泛的传动机构之一。其主要优点是:① 使用的圆周速度和功率范围广;② 效率较高;③ 传动比稳定;④ 寿命长;⑤ 工作可靠性高;⑥ 可实现平行轴、任意角相交轴和任意角交错轴之间的传动。缺点是:① 要求较高的制造和安装精度,成本较高;② 不适于远距离两轴之间的传动。按照两轴的相对位置和齿向,齿轮机构的分类如图 3-1 所示。

3.1.2 渐开线齿廓及其啮合特征

(1) 渐开线的形成和特征

当一条直线在一圆周上做纯滚动时(图 3-2),此直线上任意一点的轨迹称为该圆的渐开线。这个圆称为渐开线的基圆,该直线称为发生线。

由渐开线形成过程可知,渐开线具有下列特征:

① 当发生线从位置Ⅰ滚动到位置Ⅱ时,因它与基圆之间为纯滚动,没有相对滑动,

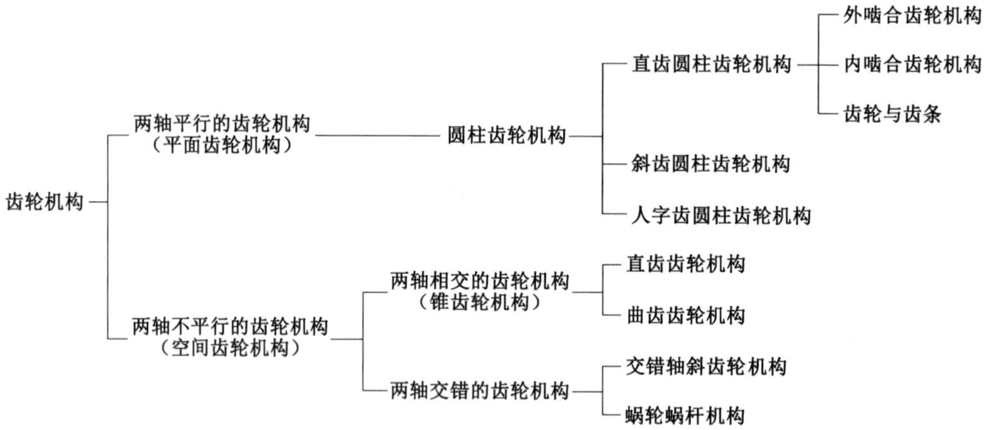

图 3-1　齿轮机构的分类

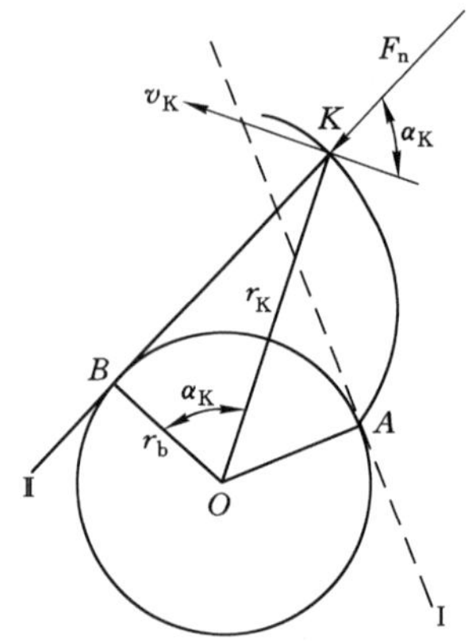

图 3-2　渐开线的形成

所以：

$$BK = \overset{\frown}{AB} \tag{3-1}$$

② 当发生线在位置Ⅱ沿基圆做纯滚动时，B 点是它的速度瞬心，因此直线 BK 是渐开线上 K 点的法线，且线段 BK 的长度为其曲率半径，B 点为曲率中心。又因发生线始终切于基圆，故渐开线上任意一点的法线必与基圆相切。

③ 渐开线齿廓上某点的法线（压力方向线）与齿廓上该点速度方向线所夹的锐角 α_K，称为该点的压力角。以 r_b 表示基圆半径，由图 3-2 可知：

$$\cos\alpha_K = \frac{OB}{OK} = \frac{r_b}{r_K} \tag{3-2}$$

由上式可知，渐开线齿廓上各点的压力角不相等，向径 r_K 越大，即 K 点离轮心越远，其压力角越大。

④ 渐开线的形状取决于基圆的大小。大小相等的基圆其渐开线形状相同，大小不等的基圆其渐开线形状不同。如图 3-3 所示，取大小不等的两个基圆使其渐开线上压力角相等的点在 K 点相切。由图可见，基圆越大，它的渐开线在 K 点的曲率半径越大，即渐开线愈

趋平滑。当基圆半径趋于无穷大时,其渐开线为垂直于 B_3K 的直线,它就是渐开线齿条的齿廓。

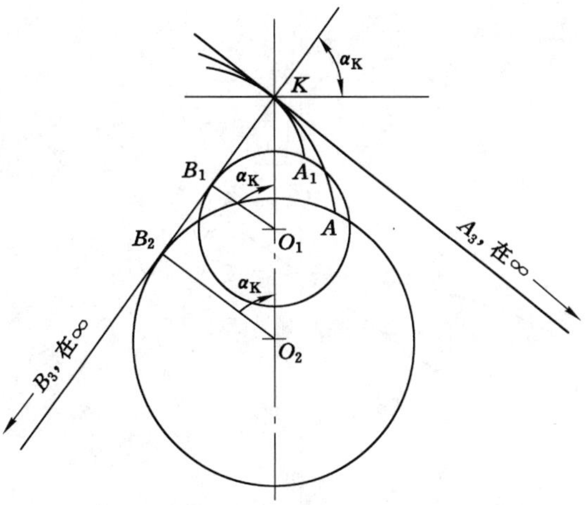

图 3-3 基圆大小对渐开线的影响

⑤ 基圆之内无渐开线。

(2) 齿廓满足定传动比的条件

齿轮传动的基本要求之一是瞬时角速度之比必须保持不变,否则,当主动轮以等角速度回转时,从动轮的角速度为变数,从而产生惯性力。这种惯性力不仅影响齿轮的寿命,而且还引起机器的振动和噪声。为了研究一对齿廓实现定角速比的条件,有必要先探讨角速比与齿廓间的一般关系。

如图 3-4 所示,两相互啮合的齿廓 E_1 和 E_2 在 K 点接触。过 K 点作两齿廓的公法线 $n-n$,它与连心线 O_1O_2 的交点 C 称为节点。C 点也就是齿轮 1、2 的相对速度瞬心,且

$$\frac{\omega_1}{\omega_2}=\frac{O_2C}{O_1C} \tag{3-3}$$

上式表明,一对传动齿轮的连心线 O_1O_2 被齿廓接触点 E_2 的公法线分割为两段,其长度与两轮瞬时角速度成反比。

研究表明,欲使两齿轮瞬时角速比恒定不变,必须使 C 点为连心线上的固定点。或者说,欲使齿轮保持定角速比,不论齿廓在任何位置接触,过接触点所作的齿廓公法线都必须与连心线交于一定点。

传动齿轮的齿廓曲线除要求满足定角速比之外,还必须考虑制造、安装和强度等要求。在机械中,常用的齿廓有渐开线齿廓、摆线齿廓和圆弧齿廓,其中以渐开线齿廓应用最为广泛,故本章着重讨论渐开线齿轮。

过节点 C 所作的两个相切的圆称为节圆,以 r_1'、r_2' 表示两个节圆的半径。由于节点的相对速度等于零,所以一对齿轮传动时,它的一对节圆在做纯滚动。由图 3-4 可知,一对外啮合齿轮的中心距恒等于其节圆半径之和,角速比恒等于其节圆半径的反比。

(3) 渐开线齿廓满足定角速比的条件

设图 3-5 中渐开线齿廓 E_1 和 E_2 在任意点 K 接触,过 K 点作两齿廓的公法线 $n-n$,其与两轮连心线交于 C 点。根据渐开线的特征,公法线 $n-n$ 必同时与两基圆相切,或者说,过

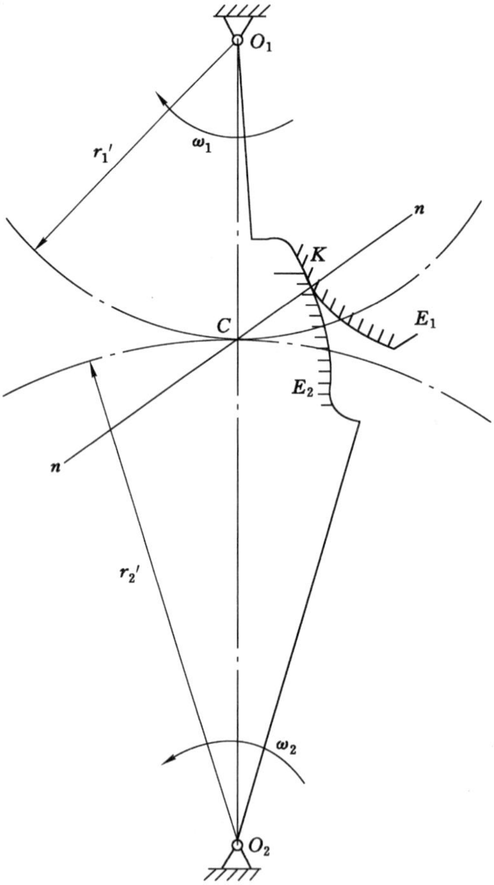

图 3-4　齿廓实现定角速比的条件

啮合点所作的齿廓公法线即两基圆的内公切线。齿轮传动时基圆位置不变，同一方向的内公切线只有一条，它与连心线交点的位置是不变的，即无论两齿廓在何处接触，过接触点所作的齿廓公法线均通过连心线上同一点 C，故渐开线齿廓满足定角速比的要求。

对于定角速比传动，角速比 ω_1/ω_2 也等于转速比 n_1/n_2。角速比又称传动比，当不考虑转动方向时，传动比的大小常用不带下标的 i 表示，且规定 $i \geqslant 1$。

在图 3-5 中，$\triangle O_1N_1C \backsim O_2N_2C$，故一对齿轮的传动比为：

$$i = \frac{n_1}{n_2} = \frac{\omega_1}{\omega_2} = \frac{r_2'}{r_1'} = \frac{r_{b_2}}{r_{b_1}} \tag{3-4}$$

上式表示渐开线齿轮的传动比等于两轮基圆半径的反比。因 $i \geqslant 1$，故在讨论一对齿轮传动时，下标 1 表示小轮，下标 2 表示大轮。在以下各章中，也按这一规则标注。

由图 3-5 还可以看出渐开线齿廓啮合的一些特点：一对渐开线齿轮制成之后，其基圆半径是不能改变的，因而由式(3-4)可知，即使两轮的中心距稍有改变，其角速比仍保持不变。这种性质称为渐开线齿轮传动的可分性。实际上，制造安装误差或轴承磨损常导致中心距的微小改变，渐开线齿轮传动由于具有可分性，故仍能保持良好的传动性能。此外，根据渐开线齿轮传动的可分性还可以设计变位齿轮。因此，可分性是渐开线齿轮传动的一大优点。

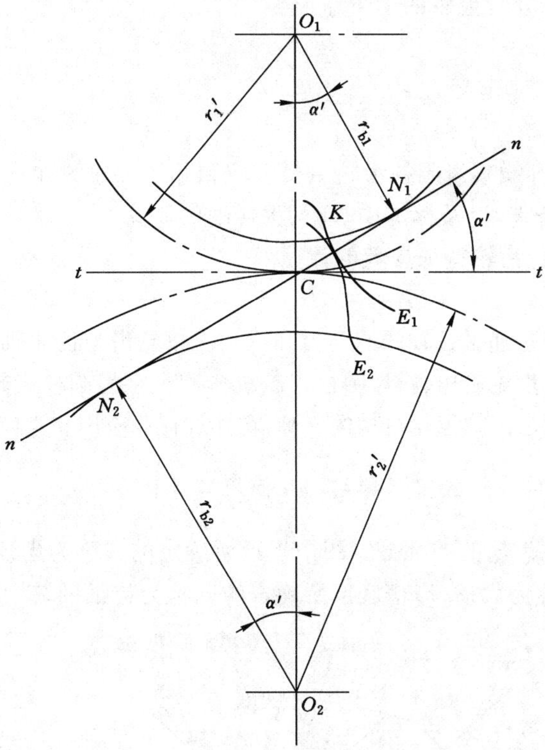

图 3-5 渐开线齿廓定角速比证明

齿轮传动时,其齿廓接触点的轨迹称为啮合线。对于渐开线齿轮,无论在哪一点接触,接触齿廓的公法线总是两基圆的内公切线 N_1N_2。因此直线 N_1N_2 就是渐开线齿廓的啮合线。

过节点 C 作两节圆的公切线 $t—t$,它与啮合线 N_1N_2 间的夹角称为啮合角。由图 3-5 可见,渐开线齿轮传动中啮合角为常数,啮合角在数值上等于渐开线在节圆上的压力角 α'。啮合角不变表示齿廓间压力方向不变,若齿轮传递的力矩恒定,则轮齿之间、轴与轴承之间压力的大小和方向均不变,这也是渐开线齿轮传动的一大优点。

3.2 渐开线直齿圆柱齿轮机构

【教学要求】

● 知识目标

(1) 掌握渐开线直齿圆柱齿轮的主要参数和几何尺寸计算。

(2) 掌握渐开线直齿圆柱齿轮的啮合传动正确啮合条件和标准中心距、重合度的计算。

(3) 了解渐开线齿轮的切齿原理及变位齿轮。

●能力目标

(1) 能够对渐开线直齿圆柱齿轮的主要参数和几何尺寸进行计算。

(2) 能够掌握渐开线直齿圆柱齿轮的啮合传动正确啮合条件和标准中心距、重合度的计算。

(3) 能够了解对渐开线齿轮的切齿原理。

● 素质目标

培养严谨的科学态度。

● 学习重点与难点

(1) 学习重点：渐开线直齿圆柱齿轮主要参数和几何尺寸的计算，渐开线直齿圆柱齿轮啮合传动的正确啮合条件，以及标准中心距、重合度的计算。

(2) 学习难点：变位齿轮特征参数的计算。

【行业案例】

圆柱齿轮机构用于传递平行轴间的动力和运动。按轮齿与齿轮轴线的相对关系，圆柱齿轮机构可分为直齿圆柱齿轮机构、斜齿圆柱齿轮机构和人字齿圆柱齿轮机构 3 种。渐开线直齿圆柱齿轮机构属于直齿圆柱齿轮机构的一种，在能源行业应用非常广泛，如风力发电机等。

3.2.1 渐开线直齿圆柱齿轮的主要参数和几何尺寸计算

图 3-6 为直齿圆柱齿轮的一部分。图中齿顶所确定的圆称为齿顶圆，其直径用 d_a 表示；相邻两齿之间的空间称为齿槽；齿槽底部所确定的圆称为齿根圆，其直径用 d_f 表示。

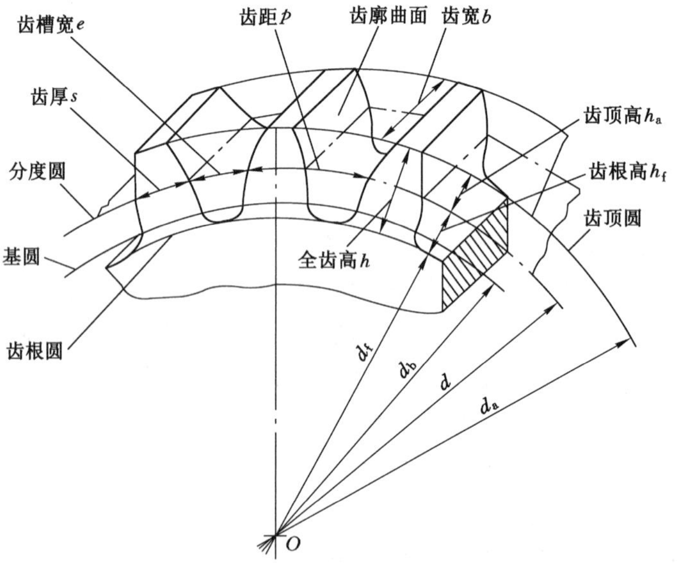

图 3-6 直齿圆柱齿轮(部分)

为了使齿轮能在两个方向传动，轮齿两侧齿廓是完全对称的。在任意直径 d_K 的圆周上，轮齿两侧齿廓之间的弧长称为该圆上的齿厚，用 s_K 表示；齿槽两侧齿廓之间的弧长称为该圆上的齿槽宽，用 e_K 表示；相邻两齿同侧齿廓之间的弧长称为该圆上的齿距，用 p_K 表示。设 z 为齿数，则根据齿距定义可得：

$$\pi d_K = p_K z \tag{3-5}$$

故：

$$d_K = \frac{p_K}{\pi} z \tag{3-6}$$

由式(3-6)可知，在不同直径的圆周上，比值 $\frac{p_K}{\pi}$ 是不同的，而且还可能是无理数；又由渐开线的特征可知，在不同直径的圆周上，齿廓各点的压力角 α_K 也是不等的。通常把齿轮某一圆周上的比值 $\frac{p_K}{\pi}$ 规定为标准值，并使该圆上的压力角也为标准值。这个圆称为分度圆，其直径以 d 表示。分度圆上的压力角简称压力角，以 α 表示，我国规定的标准压力角为 20°。分度圆上的齿距 p 与 π 的比值称为模数，用 m 表示，单位为 mm，即

$$m = \frac{p}{\pi} \tag{3-7}$$

齿轮的主要几何尺寸都与模数成正比。m 越大，p 越大，轮齿的尺寸也越大，轮齿抗弯能力也越强，所以模数 m 又是衡量轮齿抗弯能力的重要指标。我国已规定了标准模数系列，表 3-1 为其中的一部分。

表 3-1　渐开线圆柱齿轮标准模数　　单位：mm

第一系列	1 1.25 1.5 2 2.5 3 4 5 6 8 10
第二系列	1.125 1.375 1.75 2.25 2.75 3.5 4.5 5.5 (6.5) 7 9

注：① 本表数据摘自通用机械和重型机械用圆柱齿轮 模数(GB 1357—2008)，适用于渐开线圆柱齿轮，对渐开线圆柱斜齿轮表中数据指法向模数。

② 选取时优先选用第一系列，括号内的模数尽可能不用。

为了简便，分度圆上的齿距、齿厚及齿槽宽习惯上不加分度圆字样，而直接称为齿距、齿厚及齿槽宽。分度圆上各参数的代号都不带下标。例如，用 s 表示齿厚，用 e 表示齿槽宽等。又由图 3-6 可知：

$$p = s + e = \pi m \tag{3-8}$$

故分度圆直径为：

$$d = \frac{p}{\pi} z = mz \tag{3-9}$$

在轮齿上，介于齿顶圆和分度圆之间的部分称为齿顶，其径向高度称为齿顶高，用 h_a 表示。介于齿根圆和分度圆之间的部分称为齿根，其径向高度称为齿根高，用 h_f 表示。齿顶圆与齿根圆之间轮齿的径向高度称为全齿高，用 h 表示。h、h_a 和 h_f 的关系为：

$$h = h_a + h_f \tag{3-10}$$

齿顶高和齿根高的标准值可用模数表示为：

$$\left.\begin{aligned} h_a &= h_a^* m \\ h_f &= (h_a^* + c^*)m \end{aligned}\right\} \tag{3-11}$$

式中，h_a^* 和 c^* 分别为齿顶高系数和顶隙系数，其规定标准值见表 3-2。

表 3-2　渐开线圆柱齿轮的齿顶高系数和顶隙系数

名称	正常齿制	短齿制
h_a^*	1.0	0.8
c^*	0.25	0.3

顶隙 $c=c^*m$，它指一对齿轮啮合时，一个齿轮的齿顶圆到另一个齿轮的齿根圆的径向距离。由图 3-6 可以得出齿顶圆直径 d_a 和齿根圆直径 d_f 的计算式，即

$$d_a = d + 2h_a \tag{3-12}$$

$$d_f = d + 2h_f \tag{3-13}$$

分度圆上齿厚与齿槽宽相等，且齿顶高和齿根高均为标准值的齿轮称为标准齿轮。因此，对于标准齿轮，有：

$$s = e = \frac{p}{2} = \frac{\pi m}{2} \tag{3-14}$$

基圆直径的计算公式为：

$$d_b = d\cos\alpha \tag{3-15}$$

3.2.2 渐开线直齿圆柱齿轮的啮合传动

(1) 正确啮合条件

齿轮传动时，每一对齿仅啮合一段时间便要分离，而由后一对齿接替。如图 3-7 所示，当前一对齿在啮合线上 K 点接触时，其后一对齿应在啮合线上另一点 K' 接触，这样，前一对齿分离时，后一对齿才能不中断地接替传动。令 K_2 和 K_2' 表示轮 1 齿廓上的啮合点，K_1 和 K_1' 表示轮 2 齿廓上的啮合点。为了保证前后两对齿有可能同时在啮合线上接触，轮 1 相邻两齿同侧齿廓沿法线的距离 K_1K_1' 应与轮 2 相邻两齿同侧齿廓沿法线的距离 K_2K_2' 相等，即

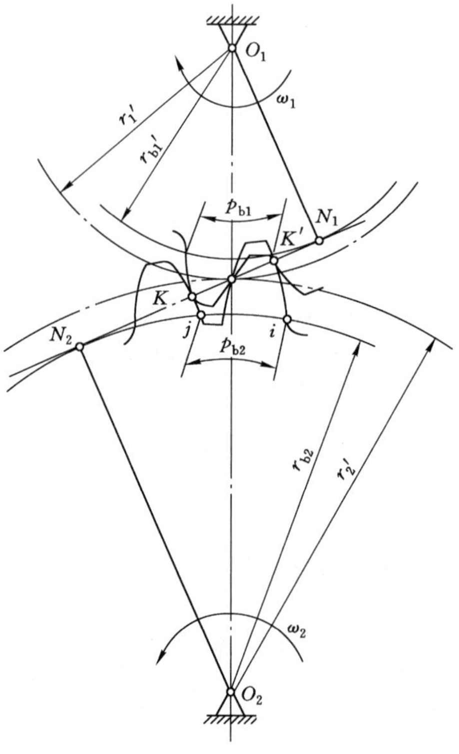

图 3-7　渐开线齿轮的正确啮合

$$K_1K_1{}' = K_2K_2{}' \tag{3-16}$$

设 m_1、m_2、α_1、α_2、p_{b1}、p_{b2} 分别为两轮的模数、压力角和基圆齿距，对轮 2 根据渐开线的性质可得：

$$K_2K_2{}' = N_2K' - N_2K = \widehat{N_2 i} - \widehat{N_2 j} = \widehat{ji} = p_{b2} = \frac{\pi d_{b2}}{z_2}$$

$$= \frac{\pi d_2}{z_2} \cdot \frac{d_{b2}}{d_2} = p_2 \cos\alpha_2 = \pi m_2 \cos\alpha_2 \tag{3-17}$$

对轮 1，同理可得：

$$K_1K_1{}' = p_1 \cos\alpha_1 = \pi m_1 \cos\alpha_1 \tag{3-18}$$

把式(3-18)代入式(3-17)可得到正确的啮合条件，即

$$m_1 \cos\alpha_1 = m_2 \cos\alpha_2 \tag{3-19}$$

由于模数和压力角均为标准值，所以满足上式的条件必须是两轮的模数和压力角分别相等，即

$$m_1 = m_2 = m \tag{3-20}$$

$$\alpha_1 = \alpha_2 = \alpha \tag{3-21}$$

由此得出，渐开线齿轮的正确啮合条件是两轮的模数和压力角必须分别相等。

这样由相互啮合齿轮模数相等的条件，可推出一对齿轮的传动比为：

$$i = \frac{\omega_1}{\omega_2} = \frac{d_2{}'}{d_1{}'} = \frac{d_{b2}}{d_{b1}} = \frac{d_2}{d_1} = \frac{z_2}{z_1} \tag{3-22}$$

(2) 标准中心距

一对齿轮传动时，一个轮节圆上的齿槽宽与另一个轮节圆上的齿厚之差称为齿侧间隙。在齿轮加工时，刀具轮齿与工件轮齿之间是没有齿侧间隙的。在齿轮传动中，为了消除反向传动空程和减小撞击，也要求齿侧间隙等于 0。因此，在机械设计中，正确安装的齿轮都按照无齿侧间隙的理想情况计算其名义尺寸。

实际上，考虑轮齿热膨胀、润滑和安装的需要，规定了不同用途的传动齿轮应有的齿侧间隙。

由前文可知，标准齿轮分度圆的齿厚与齿槽宽相等，正确啮合的一对渐开线齿轮的模数相等，故 $s_1 = e_1 = s_2 = e_2 = \pi m/2$。若安装时令分度圆与节圆重合，即两分度圆相切，如图 3-8 所示，则 $e_1{}' - s_2{}' = e_1 - s_2 = 0$，即齿侧间隙为 0。一对标准齿轮分度圆相切时的中心距称为标准中心距，以 a 表示，即

$$a = r_1{}' + r_2{}' = r_1 + r_2 = \frac{m}{2}(z_1 + z_2) \tag{3-23}$$

因两分度圆相切，故顶隙为：

$$c = c^* m = h_f - h_a \tag{3-24}$$

应当指出，分度圆和压力角是单个齿轮所具有的，而节圆和啮合角是两个齿轮相互啮合时才出现的。标准齿轮传动只有在分度圆与节圆重合时，压力角与啮合角才相等；否则，压力角与啮合角并不相等。

(3) 重合度

如图 3-8 所示，轮 1 为主动轮，轮 2 为从动轮，转动方向相反。一对齿廓开始啮合时，应是主动轮的齿根部分与从动轮的齿顶接触，所以开始啮合点是从动轮的齿顶圆与啮合线

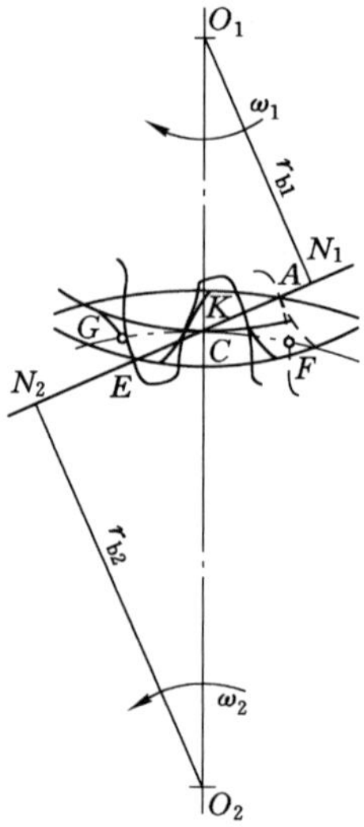

图 3-8 重合度

N_1N_2 的交点 A。当两轮继续转动时，啮合点的位置沿啮合线 N_1N_2 向下移动，轮 2 齿廓上的接触点由齿顶向齿根移动，而轮齿齿廓上的接触点则由齿根向齿顶移动。终止啮合点是主动轮的齿顶圆与啮合线 N_1N_2 的交点 E。线段 AE 为啮合点的实际轨迹，称为实际啮合线段。

当两轮齿顶圆直径加大时，点 A 和点 E 分别趋近于 N_1 和 N_2，但基圆之内无渐开线，故线段 N_1N_2 为理论上可能的最长啮合线段，称为理论啮合线段。

满足正确啮合条件的一对齿轮有可能在啮合线上两点同时啮合，但是，如果实际啮合线段 AE 小于两啮合点间的距离 EK，则两点不会同时啮合，就不能实现连续传动。满足正确啮合的条件只是连续传动的必要条件，而不是充分条件，若实现连续传动，还必须满足 $AE > EK$，其中 $EK = \pi m\cos\alpha$。

实际啮合线段的长度与两啮合点间距离的比值称为重合度，用 ε 表示。综上所述，齿轮连续传动的条件为：

$$\varepsilon = \frac{AE}{EK} = \frac{\text{实际啮合线段长度}}{\text{啮合点间距}} \geqslant 1 \tag{3-25}$$

重合度 ε 表示同时参加啮合的轮齿对数。例如，$\varepsilon = 1.35$ 表示传动过程中有时有 1 对轮齿接触，有时有 2 对轮齿接触，其中 2 对轮齿接触的时间占 35%。ε 值越大，轮齿平均受力越小，传动越平稳。对于标准齿轮传动，制订标准时应保证其重合度大于 1，故可不必验算。但对非标准齿轮传动则必须验算其重合度。重合度的验算公式请参看有关机械设计手册。

3.2.3 渐开线齿轮的切齿原理及变位齿轮

渐开线齿轮的切制方法按其原理可分为成形法和范成法两种。

(1) 成形法

成形法指用渐开线齿轮的成形刀具直接切出齿形的方法。常用刀具有盘形铣刀[图 3-9(a)]和指状铣刀[图 3-9(b)]两种。加工时，铣刀绕本身轴线旋转，同时轮坯沿齿轮轴线方向直线移动。铣出一个齿槽后，将轮坯转过一定角度，再加工另一个齿槽，以此类推。

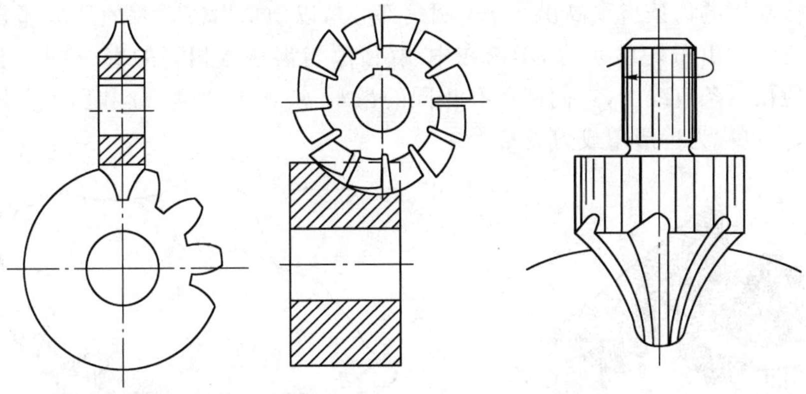

(a)　　　　(b)

图 3-9　成形法切齿

这种切齿方法简单，不需要专用机床，但生产效率低、精度低，仅适用于单件生产及精度要求不高的齿轮加工。

(2) 范成法

范成法是利用一对齿轮（或齿轮与齿条）互相啮合时，其共轭齿廓互为包络线的原理来切齿的，如果把其中一个齿轮（或齿条）做成刀具，就可以切出与它共轭的渐开线齿。用范成法切齿的常用刀具如下：

① 齿轮插刀

齿轮插刀的形状如图 3-10(a)所示。插齿时，插刀沿轮坯轴线方向做往复切削运动，同时强迫插刀与轮坯以一定的角速比转动，直至全部齿槽切削完毕，如图 3-10(b)所示。

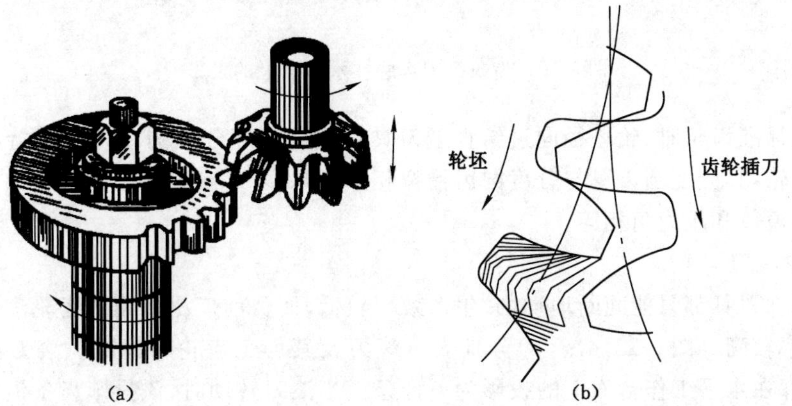

(a)　　　　(b)

图 3-10　齿轮插刀切齿

因插齿刀的齿廓是渐开线，所以插制出的齿轮齿廓也是渐开线。根据正确啮合条件，被切齿轮的模数和压力角必定分别与插刀的模数和压力角相等，故用同一把插刀切出的齿轮都能正确啮合。

② 齿条插刀

齿条插刀切齿如图 3-11 所示。图 3-12 表示齿条插刀齿廓在水平面上的投影，齿条插刀顶部要比传动用的齿条齿顶高出 $c^* m$（圆角部分），以便切出传动时的顶隙部分。齿条的齿廓为一条直线。由图 3-12 可见，不论在中线（齿厚与齿槽宽相等的直线）上，还是在与中线平行的其他任一条直线上，它们都具有相同的齿距 $p(\pi m)$、模数 m 和压力角 $\alpha(20°)$。对于齿条刀具，α 也称为齿形角或刀具角。

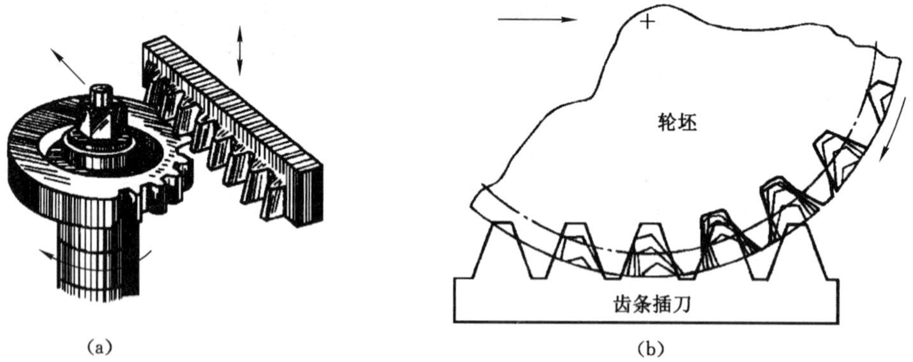

图 3-11　齿条插刀切齿

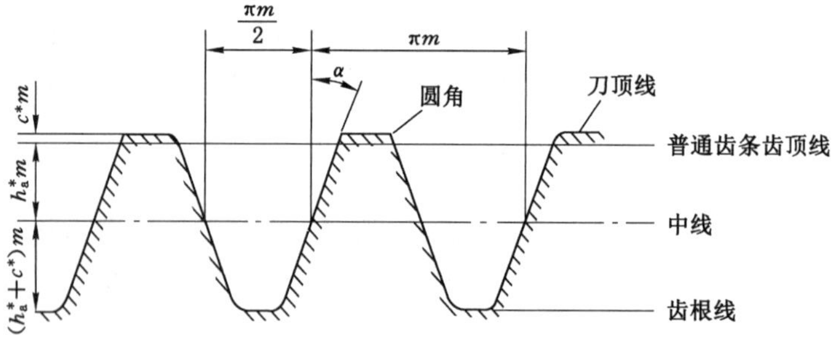

图 3-12　齿条插刀齿廓在水平面上的投影

在切制标准齿轮时，轮坯径向进给直至刀具中线与轮坯分度圆相切并保持纯滚动。这样切成的齿轮，其分度圆齿厚与分度圆齿槽宽相等，即 $s = e = \pi m/2$，且其模数和压力角分别与刀具的模数和压力角相等。

③ 齿轮滚刀

以上两种刀具都只能间断地切削，生产效率较低，而目前广泛采用的齿轮滚刀能连续切削，生产效率较高。图 3-13(a)、(b)分别表示滚刀及其加工齿轮的情况。滚刀形状类似螺旋，它的齿廓在水平工作台面上的投影为一齿条。当滚刀转动时，该投影齿条沿中线方向移动，这样便按范成原理切出轮坯的渐开线齿廓。滚刀除旋转外，还沿轮坯轴向逐渐移动、以便切出整个齿宽。采用滚刀切直齿轮时，为了使刀齿螺旋线方向与被切齿轮方向一致，安装滚刀时需使其轴线与轮坯端面间的夹角等于滚刀的螺旋升角。

(3) 根切和最小齿数的确定

在模数和传动比已经给定的情况下，小齿轮的齿数 z_1 越小，大齿轮齿数 z_2 以及二者的齿数和 $(z_1 + z_2)$ 也越小，齿轮机构的中心距、尺寸和质量也越小。因此，设计时希望 z_1 尽可能小。但是对于渐开线标准齿轮、其最小齿数是有限制的。以齿条刀具切削标准齿轮为例，

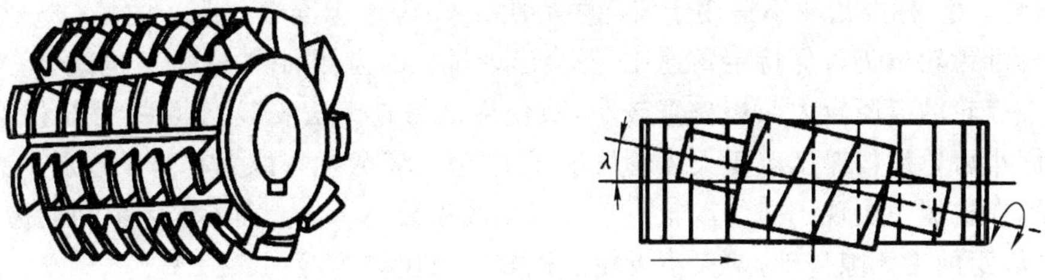

图 3-13 滚刀切齿

若不考虑齿顶线与刀具齿顶线间非渐开线圆角部分(这部分刀刃主要用于切出顶隙),则齿顶线与啮合线的相互关系如图 3-14(a)所示。图中 N_1 为啮合线的极限点。若刀具齿顶线超过 N_1(图中虚线齿条所示),则由基圆之内无渐开线的性质可知,超过 N_1 的刀刃不仅不能加工成渐开线齿廓,而且会将根部已加工好的渐开线齿廓切去一部分(图中虚线齿廓),这种现象称为根切。

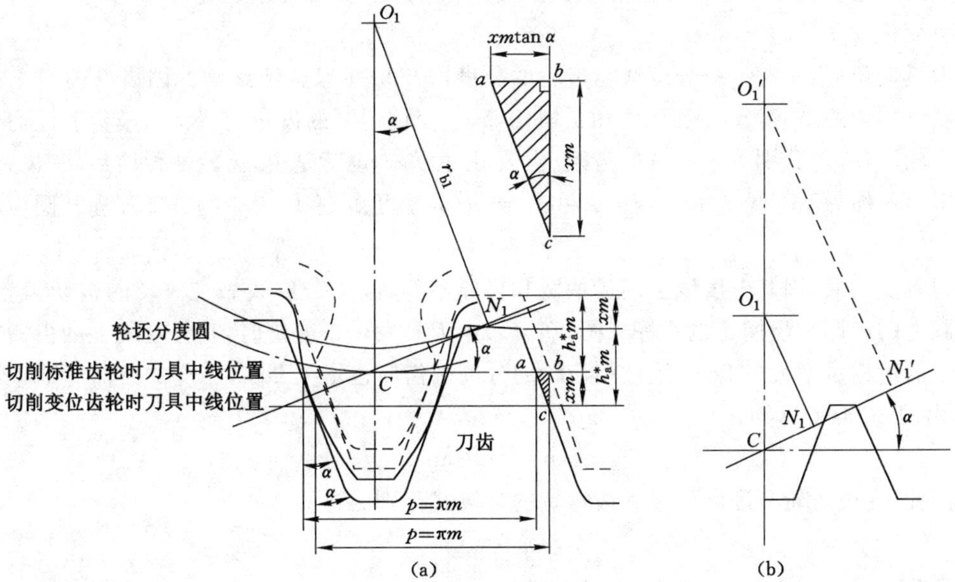

图 3-14 根切和变位齿轮

标准齿轮是否发生根切取决于其齿数的大小。如图 3-14(b)所示,线段 CO_1 表示某被切齿轮的分度圆半径,其 N_1 点在齿顶线下方,故该轮必发生根切。当齿数增大时,分度圆半径增大,轮坯中线位置上移至 O_1' 处,极限点也沿啮合线上移至齿顶线上方的 N_1' 处,从而避免发生根切;反之,齿数越小,分度圆半径越小,轮坯中线位置越低,极限点越往下移,根切越严重。标准齿轮欲避免发生根切,其齿数必须大于或等于不根切的最小齿数 $z_{\min}$。对于 $\alpha=20°$ 和 $h_a^*=1$ 的正常齿制标准渐开线齿轮,当用齿条加工时,其最小齿数 $z_{\min}=17$;若允许略有根切,正常齿制标准齿轮的实际最小齿数可取 14。

(4) 变位齿轮及其齿厚的确定

标准齿轮存在的主要缺点为:① 标准齿轮的齿数必须大于或等于最小齿数 $z_{\min}$,否则会产生根切。② 标准齿轮不适用于实际中心距 a' 不等于标准中心距 a 的场合。当 $a' > a$ 时，采用标准齿轮虽仍可保持定角速比，但会出现过大的齿侧间隙，重合度也减小；当 $a' < a$ 时，因标准齿轮的齿厚较大而齿槽宽较小，致使标准齿轮无法安装。③ 一对互相啮合的标准齿轮，因小齿轮齿根厚度小于大齿轮齿根厚度，故二者的抗弯能力有明显差别。为了弥补上述不足，在机械中出现了变位齿轮。它可以制成齿数小于 z_{min} 而不发生根切的齿轮，实现非标准中心距的无侧隙传动，使大小齿轮的抗弯能力比较接近。

图 3-14(a)中虚线表示用齿条插刀或滚刀切制的齿数小于最小齿数的标准齿轮发生根切的情况。这时刀具的中线与齿轮的分度圆相切，刀具的齿顶线超出了极限点 N_1。如果将刀具自轮坯中心向外移出一段距离 xm，使其齿顶线正好通过极限点 N_1，如图 3-14(a)中实线所示，则切出的齿轮可以避免发生根切。这时，与齿轮分度圆相切并做纯滚动的已经不是刀具的中线，而是与之平行的另一条直线(通称分度线)。用这种改变刀具相对位置的方法切制的齿轮称为变位齿轮。

以切削标准齿轮时的位置为基准，刀具的移动距离 xm 称为变位量，x 称为变位系数，并规定刀具远离轮坯中心时 x 为正值，称为正变位；反之，刀具趋近轮坯中心时 x 为负值，称为负变位。

刀具变位后，总有一条分度线与齿轮的分度圆相切并保持纯滚动。因齿条刀具上任一条分度线的齿距 p、模数 m 和压力角 α 均相等，故变位切制的齿轮，其齿距、模数和压力角与标准齿轮一样，都分别等于刀具的齿距、模数、压力角。也就是说，齿轮变位前后，其齿距、模数和压力角均为不变量。由 $d = mz$ 和 $d_b = d\cos\alpha$ 可知，变位齿轮的分度圆和基圆也保持不变。

刀具变位后，因其分度线上的齿槽宽和齿厚不等，故与分度线做纯滚动的被切齿轮，其分度圆上的齿厚和齿槽宽也不等。图 3-14(a)中刀具发生正变位时，其分度线上的齿槽宽比中线上的齿槽宽增大了 $2ab$，故被切齿轮的分度圆齿厚也增大 $2ab$，相应的齿槽宽则减小了 $2ab$。由图 3-14(a)可知：

$$ab = xm\tan\alpha \tag{3-26}$$

因此，变位齿轮分度圆齿厚和齿槽宽的计算式分别为：

$$s = \frac{\pi m}{2} + 2xm\tan\alpha \tag{3-27}$$

$$e = \frac{\pi m}{2} - 2xm\tan\alpha \tag{3-28}$$

式(3-27)和式(3-28)对正变位和负变位都适用。当刀具发生负变位时，x 以负值代入。

综上所述，当刀具发生正变位时，不仅可加工出齿数小于最小齿数 z_{min} 且不发生根切的齿轮，而且还能增大齿厚，提高轮齿的抗弯能力。

习　题

3.2-1　已知一对外啮合正常齿制标准直齿圆柱齿轮的 $m=3$ mm，$z_1=19$，$z_2=41$，试计算这对齿轮的分度圆直径、齿顶高、齿根高、顶隙、中心距、齿顶圆直径、根圆直径、基圆直径、齿距、齿厚和齿槽宽。

3.2-2　已知一对外合标准齿制圆柱齿轮的标准中心距 $a=160$ mm，齿数 $z_1=20$，$z_2=60$，求其模数和分度圆直径。

3.2-3　已知一正常齿制标准直齿圆柱齿轮的齿数 $z=25$，齿顶圆直径 $d_a=135$ mm，求该轮的模数。

3.2-4　已知一正常齿制标准直齿圆柱齿轮的 $\alpha=20°$，$m=5$ mm，$z=40$，试分别求出分度圆、基圆及齿顶圆上渐开线齿廓的曲率半径和压力角。

3.2-5　试比较正常齿制渐开线标准直齿圆柱齿轮的基圆、齿根圆和齿顶圆，在什么条件下基圆大于齿顶圆？什么条件下基圆小于齿根圆？

3.3　斜齿圆柱齿轮机构

【教学要求】

● 知识目标

(1) 掌握斜齿轮各部分名称和几何尺寸的计算。

(2) 了解斜齿轮传动重合度的计算。

(3) 掌握斜齿轮的优缺点。

● 能力目标

(1) 能够对斜齿轮几何尺寸进行计算。

(2) 能够对直齿轮、斜齿轮进行选择。

● 素质目标

养成严谨的科学态度。

● 学习重点与难点

(1) 学习重点：斜齿轮各部分名称和几何尺寸计算、斜齿轮传动的重合度计算。

(2) 学习难点：斜齿轮的优缺点。

【行业案例】

斜齿圆柱齿轮机构具有传动平稳及冲击、振动和噪声较小等特点，广泛应用于高速重载场合。

3.3.1　斜齿轮各部分名称和几何尺寸的计算

斜齿轮的几何参数有端面参数和法向(垂直于某个轮齿的方向)参数之分。图 3-15 为斜齿条的分度面截面图。由图可见，法向齿距 p_n 和端面齿距 p_t 之间的关系为：

$$p_n = p_t \cos\beta \tag{3-29}$$

因 $p=\pi m$，故法向模数 m_n 和端面模数 m_t 之间的关系为：

$$m_n = m_t \cos\beta \tag{3-30}$$

用铣刀切制斜齿轮时，铣刀的齿形应等于齿轮的法向齿形；在计算强度时，也需要研究法向齿形，因此，国标规定斜齿轮的法向参数为标准值，而端面参数为非标准值。

一对斜齿轮在端面上的传动相当于一对直齿轮传动，故可将直齿轮的几何尺寸计算公式用于斜齿轮在端面上的传动。渐开线标准斜齿轮的几何尺寸可按表 3-3 进行计算。

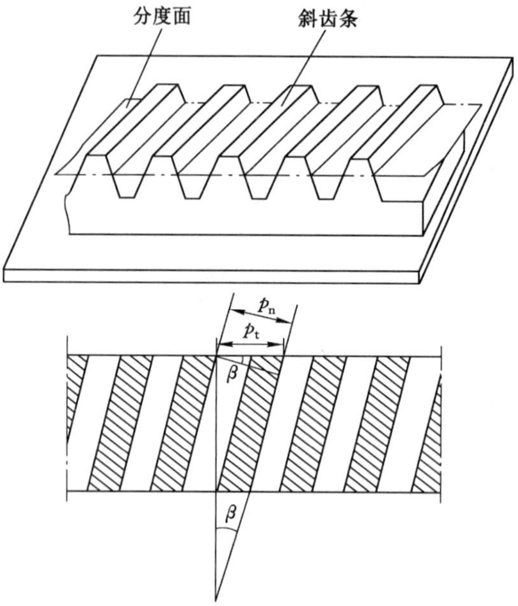

图 3-15　端面齿距与法向齿距

表 3-3　渐开线正常齿标准斜齿圆柱齿轮的几何尺寸计算

序号	名称	符号	计算公式及参数选择
1	端面模数	m_t	$m_t=\dfrac{m_n}{\cos\beta}$，$m_n$ 为标准值
2	螺旋角	β	一般取 $\beta=8°\sim20°$
3	分度圆直径	d_1、d_2	$d_1=m_tz_1=\dfrac{m_nz_1}{\cos\beta}$，$d_2=m_tz_2=\dfrac{m_nz_2}{\cos\beta}$
4	齿顶高	h_a	$h_a=m_n$
5	齿根高	h_f	$h_f=1.25m_n$
6	全齿高	h	$c=h_a+h_f=2.25m_n$
7	顶隙	c	$c=h_f-h_a=0.25m_n$
8	齿顶圆直径	d_{a1}，d_{a2}	$d_{a1}=d_1+2h_a$，$d_{a2}=d_2+2h_a$
9	齿根圆直径	d_{f1}，d_{f2}	$d_{f1}=d_1-2h_f$，$d_{f2}=d_2-2h_f$
10	中心距	a	$a=\dfrac{d_1+d_2}{2}=\dfrac{m_t}{2}(z_1+z_2)=\dfrac{m_n(z_1+z_2)}{2\cos\beta}$

3.3.2　斜齿轮传动的重合度计算

图 3-16(a)、(b)分别表示直齿条和斜齿条的分度面。传动时，轮齿从 FF' 开始啮合，至 GG' 终止啮合，啮合区内的齿均处于啮合状态。由图可见，直齿条啮合区内的齿数等于其前端面上的啮合齿数，而斜齿条啮合区内的齿数大于其前端面上的啮合齿数，二者相差 $\dfrac{FH}{p_1}$。因此，斜齿轮传动的重合度为：

$$\varepsilon=\varepsilon_1+\frac{FH}{p_1}=\varepsilon_1+\frac{b\tan\beta}{p_1} \tag{3-31}$$

式中 ε_1——端面重合度，即与斜齿轮端面齿廓相同的直齿轮传动的重合度；

$\dfrac{b\tan\beta}{p_1}$——轮齿倾斜附加的重合度(又称轴向重合度)。

由式(3-31)可知，斜齿轮的重合度随齿宽 b 和螺旋角 β 的增大而增大，可达到很大的数值，这也是斜齿轮传动平稳、承载能力高的主要原因之一。

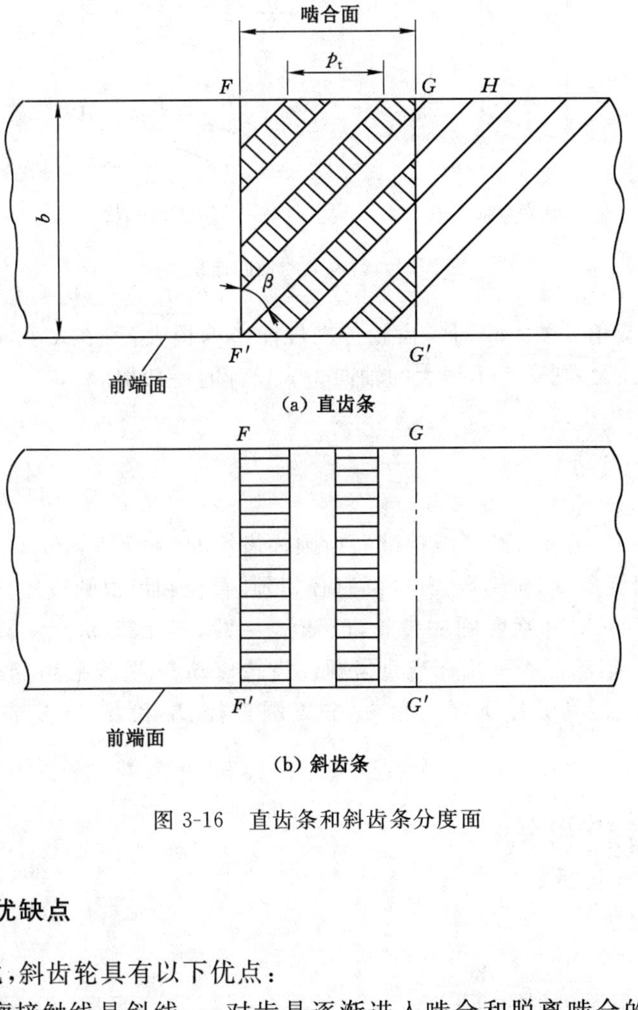

图 3-16 直齿条和斜齿条分度面

3.3.3 斜齿轮的优缺点

与直齿轮相比，斜齿轮具有以下优点：

① 斜齿轮齿廓接触线是斜线，一对齿是逐渐进入啮合和脱离啮合的，故运转平稳，噪声小。

② 斜齿轮重合度大，并随齿宽和螺旋角的增大而增大，故承载能力高，运转平稳，适于高速传动。

③ 斜齿轮不发生根切，最小齿数小于直齿轮。

斜齿轮的主要缺点是当斜齿齿面受法向力 F 产生轴向分力 F_a[图 3-17(a)]时需要安装推力轴承，从而使结构复杂化。为了克服这一缺点，可以采用人字齿轮[图 3-17(b)]。人字齿轮可看作由螺旋角大小相等、方向相反的两个斜齿轮合并而成，因其左右对称，故可使两轴向力的作用互相抵消。人字齿轮的缺点是制造较困难，成本较高。

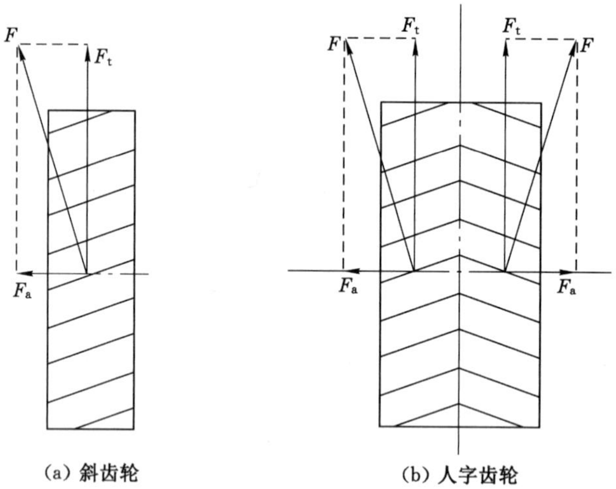

图 3-17　斜齿上的轴向作用力

综上所述，螺旋角 β 的大小对斜齿轮传动性能影响很大：若 β 太小，则斜齿轮的优点不能充分体现；若 β 太大，则会产生很大的轴向力。设计时一般取 $\beta=8^\circ\sim20^\circ$。

习　　题

3.3-1　已知一对正常齿渐开线标准斜齿圆柱齿轮的 $a=250$ mm，$z_1=23$，$z_2=98$，$m_n=4$ mm，试计算其螺旋角、端面模数、分度圆直径，顶圆直径和齿根圆直径。

3.3-2　试设计一对外啮合圆柱齿轮，已知 $z_1=21$，$z_2=32$，$m_n=2$ mm，实际中心距为 55 mm，求：① 该对齿轮能否采用标准直齿圆柱齿轮传动？② 若采用标准斜齿圆柱齿轮传动来满足中心距要求，其分度圆螺旋角 β、分度圆直径 d_1 和 d_2 以及节圆直径 d_1'、d_2' 各为多少？

3.4　圆锥齿轮机构

【教学要求】

●知识目标

(1) 了解圆锥齿轮机构的应用。

(2) 掌握直齿圆锥齿轮几何尺寸的计算。

●能力目标

能够对直齿圆锥齿轮几何尺寸进行计算。

●素质目标

激发学生学好圆锥齿轮机构的内驱力；联系生活实际，培养学生学以致用的能力和创新精神，养成严谨的科学态度。

●学习重点与难点

(1) 学习重点：直齿圆锥齿轮几何尺寸的计算。

(2) 学习难点：直齿圆锥齿轮几何尺寸的计算。

【行业案例】

圆锥齿轮传动是机械传动的一种重要形式，广泛应用于各类机械装置中，其应用主要包括以下几个方面：① 圆锥齿轮在汽车差速器中用于调节左右车轮的转速差，确保车辆在转弯时能够平稳行驶，这是圆锥齿轮最常见的应用之一。其通过特有的啮合方式，可以有效分配动力，提高车辆的操控性和稳定性。② 在工业生产线中，圆锥齿轮用于降低转速和增大扭矩，以满足特定工况下的动力传输需求。圆锥齿轮在传递动力时具有较高的平稳性和传递效率，非常适合在高速和重载环境下使用。③ 机床中的圆锥齿轮用于传递不同轴线的运动，传动效率较高。其由于能够处理复杂的轴线关系，故在机床制造和其他精密机械中的应用尤为广泛。圆锥齿轮能够确保设备精确运行，操作性较强。④ 在高速火车的液压传动系统中，圆锥齿轮用以传递动力至车轮。这种应用不仅要求圆锥齿轮能够满足高速运行所要求的各种条件，还要求圆锥齿轮在传递动力时能够保持较高的效率和低噪音。

目前，随着科学技术的发展和新材料的出现，圆锥齿轮的制造更加精确和高效。数控技术和自动化生产线的进一步应用，也使圆锥齿轮的生产效率和质量得到了进一步提高。

(1) 锥齿轮概述

锥齿轮用于相交两轴之间的传动。和圆柱齿轮传动相似，一对锥齿轮的运动相当于一对节圆锥的纯滚动。除了节圆锥之外，锥齿轮还有分度圆锥、齿顶圆锥、齿根圆锥和基圆锥。图 3-18 表示一对正确安装的标准锥齿轮，其节圆锥与分度圆锥重合。线段 OC 称为外锥距。设 δ_1 和 δ_2 分别为小齿轮和大齿轮的分度圆锥角，δ 为两轴线的交角，$\delta=\delta_1+\delta_2$。因为：

$$r_1 = OC\sin\delta_1, r_2 = OC\sin\delta_2 \tag{3-32}$$

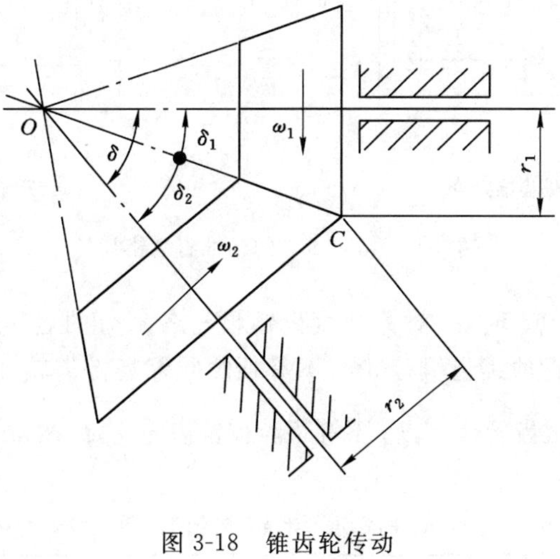

图 3-18　锥齿轮传动

故传动比为：

$$i = \frac{\omega_1}{\omega_2} = \frac{z_2}{z_1} = \frac{r_2}{r_1} = \frac{\delta_2}{\delta_1} \tag{3-33}$$

(2) 直齿锥齿轮几何尺寸计算

直齿锥齿轮的圆锥体有大端和小端之分。大端尺寸较大，计算和测量的相对误差较小，且便于确定齿轮机构的外廓尺寸，所以直齿锥齿轮的几何尺寸计算以大端的尺寸为标准。齿宽 b 不宜太大，齿宽过大则小端的齿很小，这不仅对提高强度作用不大，而且会增加加工难度。

直齿锥齿轮的正确啮合条件是：两轮大端模数必须相等，压力角必须相等。除此之外，两轮的外锥距也必须相等。

通常直齿锥齿轮的齿高由大端到小端逐渐减小。按顶隙不同，直齿锥齿轮又可分为不等顶隙收缩齿锥齿轮[图 3-19(a)]和等顶隙收缩齿锥齿轮[图 3-19(b)]两种。不等顶隙锥齿轮的齿顶圆锥、齿根圆锥和分度圆锥具有同一锥顶点，所以它的顶隙也由大端到小端逐渐减小。这种齿轮的缺点是小端轮齿强度较低且润滑不良。等顶隙锥齿轮的齿根圆锥和分度圆锥共锥顶，但齿顶圆锥(其母线与另一轮的齿根圆锥母线平行)并不与分度圆锥共锥顶。这种齿轮能增大小端顶隙，改善润滑状况；同时可减小小端齿高，提高小端轮齿的弯曲强度，故《直齿及斜齿锥齿轮基本齿廓》(GB/T 12369—1990)规定采用等顶隙圆锥齿轮传动。

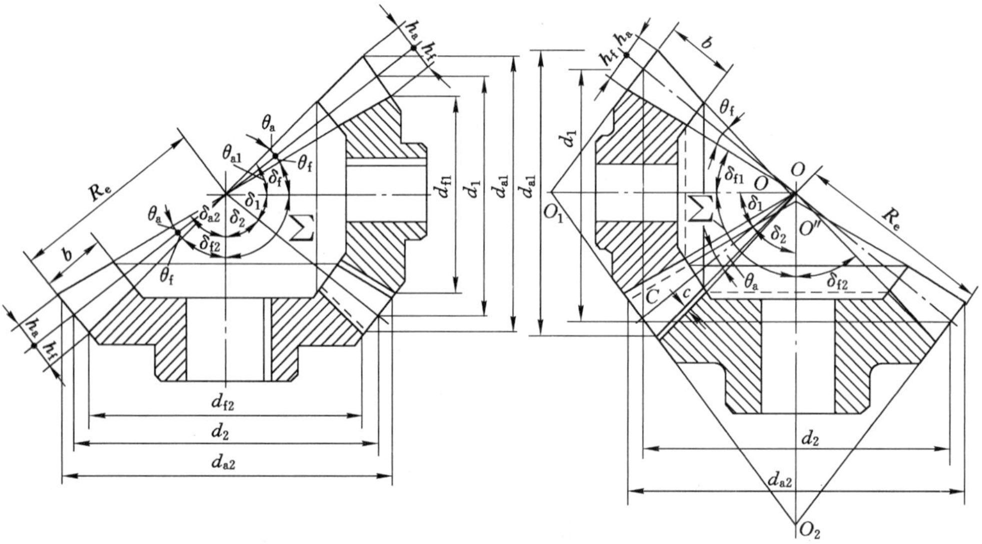

(a) 不等顶隙收缩齿锥齿轮　　(b) 等顶隙收缩齿锥齿轮

图 3-19　$\delta = 90^\circ$ 的标准直齿锥齿轮

当两轴线交角 $\delta = 90^\circ$ 时，一对标准直齿锥齿轮各部分的名称和几何尺寸计算公式见表 3-4。由表可知，等顶隙收缩齿锥齿轮与不等顶隙收缩齿锥齿轮几何尺寸的主要区别在齿顶角 θ_a 不同。等顶隙齿锥齿轮 $\theta_a = \theta_f$；不等顶隙齿锥齿轮 $\theta_a = \arctan \dfrac{h_a}{R_e}$，其余计算公式相同。

表 3-4　$\delta = 90^\circ$ 时标准直齿锥齿轮的几何尺寸计算公式

序号	名称	符号	计算公式及参数选择
1	大端模数	m_e	按《锥齿轮模数》(GB/T 12368—1990)取标准值
2	传动比	i	$i = \dfrac{z_2}{z_1} = \tan \delta_2$，单级 $i < 7$

表 3-4(续)

序号	名称	符号	计算公式及参数选择
3	分度圆锥角	δ_1,δ_2	$\delta_2=\arctan\frac{z_2}{z_1},\delta_1=90°-\delta_2$
4	分度圆直径	d_1,d_2	$d_1=m_e z_1,d_2=m_e z_2$
5	齿顶高	h_a	$h_a=m_e$
6	齿根高	h_f	$h_f=1.2m_e$
7	全齿高	h	$h=2.2m_e$
8	顶隙	c	$c=0.2m_e$
9	齿顶圆直径	d_{a1},d_{a2}	$d_{a1}=d_1+2m_e\cos\delta_1,d_{a2}=d_2+2m_e\cos\delta_2$
10	齿根圆直径	d_{f1},d_{f2}	$d_{f1}=d_1-2.4m_e\cos\delta_1,d_{f2}=d_2-2.4m_e\cos\delta_2$
11	外锥距	R_e	$R_e=\sqrt{r_1^2+r_2^2}=\frac{m_e}{2}\sqrt{z_1^2+z_2^2}$
12	齿宽	b	$b\leqslant\frac{R_e}{3},b\leqslant 10m_e$
13	齿顶角	θ_a	$\theta_a=\arctan\frac{h_a}{R_e}$(不等顶隙收缩齿锥齿轮),$\theta_a=\theta_f$(等顶隙收缩齿锥齿轮)
14	齿根角	θ_f	$\theta_f=\arctan\frac{h_f}{R_e}$
15	根锥角	δ_{f1},δ_{f2}	$\delta_{f1}=\delta_1-\theta_f,\delta_{f2}=\delta_2-\theta_f$
16	顶锥角	δ_{a1},δ_{a2}	$\delta_{a1}=\delta_1+\theta_a,\delta_{a2}=\delta_2+\theta_a$

习　　题

3.4-1　已知一对等顶隙收缩齿渐开线标准直齿锥齿轮的 $\delta=90°$,$z_1=17$,$z_2=43$,$m_n=3$ mm，试求分度圆锥角、分度圆直径、齿顶圆直径、齿根圆直径、外锥距、齿顶角、齿根角、顶锥角、根锥角。

3.4-2　试述一对直齿圆柱齿轮、一对斜齿圆柱齿轮和一对直齿锥齿轮的正确啮合条件。

3.5　蜗轮蜗杆机构

【教学要求】

● 知识目标

(1) 了解蜗杆传动的特点和主要参数。

(2) 掌握蜗杆与蜗轮之间的受力分析。

(3) 掌握蜗杆与蜗轮传动机构效率及热平衡的计算方法。

● 能力目标

(1) 能够合理选用蜗杆传动机构的类型。

(2) 能够计算蜗杆、蜗轮的基本尺寸。

(3) 能够判断蜗杆传动机构的运动方向。

● 素质目标

联系生活实际,培养学生学以致用的能力和创新精神。

● 学习重点与难点

(1) 学习重点:蜗杆传动的特点和主要参数。

(2) 学习难点:蜗杆与蜗轮之间的受力分析。

【行业案例】

梭车是煤矿井下实现短距离快速运输的一种无轨胶轮车辆,作为短壁机械化开采的重要设备之一,主要功能是将连续采煤机的煤转运到破碎机上。矿用梭车的减速装置采用蜗轮蜗杆减速器(图 3-20)。蜗轮蜗杆减速器是一种利用齿轮的速度转换器将电机(马达)的回转数减小到需要的回转数,并得到较大转矩的动力传达机构。其具有结构紧凑、传动比大、工作平稳、噪音小等特点。

图 3-20 蜗轮蜗杆减速器

3.5.1 蜗杆传动的特点和类型

蜗杆机构由蜗杆和蜗轮组成(图 3-21)。从外形上看,蜗杆似螺旋,蜗轮像一个形状特殊的斜齿轮。蜗杆机构用于传递交错轴之间的回转运动和动力,通常两轴之间的交错角为90°,一般蜗杆是主动件,蜗轮是从动件,广泛应用于各种机器和仪器中。

(1) 蜗杆传动的特点

与齿轮传动相比,蜗杆传动具有下述特点。

① 传动比大,结构紧凑。在分度机构中其传动比 i 可达 1 000;在动力传动中,通常 $i=8\sim80$。由于传动比大,因而其结构很紧凑。

② 传动平稳,噪声小。由于蜗杆上的齿是一条连续的螺旋线,蜗轮轮齿和蜗杆是逐渐进入啮合又逐渐退出啮合的,故传动较平稳,噪声较小。

③ 具有自锁性。当蜗杆导程角小于当量摩擦角时,蜗轮不能带动蜗杆转动,呈自锁状态。手动葫芦和浇铸机械常采用蜗杆传动来满足自锁要求。

④ 传动效率低。蜗杆蜗轮啮合处有较大的相对滑动,摩擦剧烈、发热量大,故效率低,

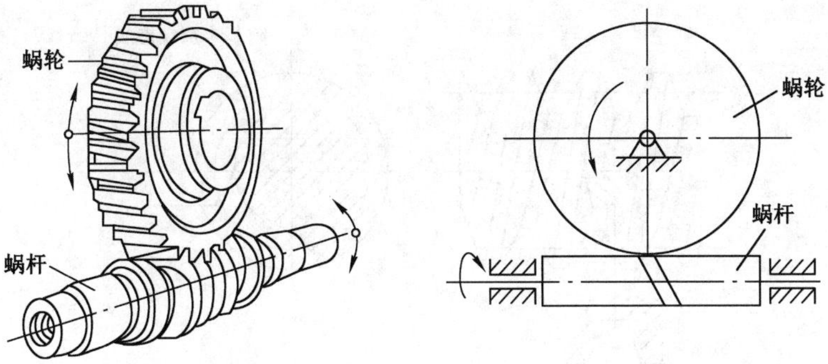

图 3-21 蜗杆与蜗轮

一般效率 $\eta=0.7\sim0.8$，具有自锁性的蜗杆效率低于 0.4。

⑤ 造价较高。为了减小齿面磨损，提高齿面抗胶合能力，蜗轮齿圈常用贵重的青铜等材料制造，蜗杆则多在淬硬后进行磨削，因此制造成本较高。

(2) 蜗杆传动的类型

蜗杆传动按形状的不同，可分为圆柱蜗杆[图 3-22(a)]、环面蜗杆[图 3-22(b)]和锥面蜗杆[图 3-22(c)]。圆柱蜗杆制造简单，应用广泛；环面蜗杆和锥面蜗杆制造较困难，安装要求较高，不如圆柱蜗杆应用广泛。

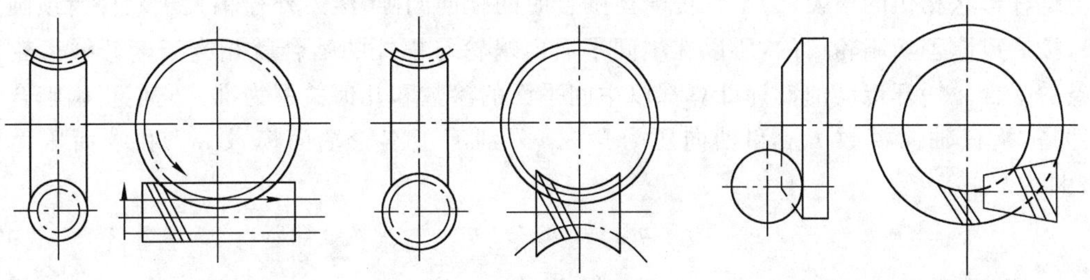

(a) 圆柱蜗杆　(b) 环面蜗杆　(c) 锥面蜗杆

图 3-22 蜗杆传动类型

圆柱蜗杆按其螺旋面的形状又分为阿基米德圆柱蜗杆(ZA 蜗杆)(图 3-23)和渐开线圆柱蜗杆(ZI 蜗杆)等。

车削阿基米德圆柱蜗杆与加工梯形螺纹类似。车刀切削刃夹角 $2\alpha=40°$，加工时切削刃的平面通过蜗杆轴线。因此，切出的齿形在包含轴线的截面内为侧边呈直线的齿条，而在垂直于蜗杆轴线的截面内为阿基米德螺旋线。

渐开线蜗杆的齿形，在垂直于蜗杆轴线的截面内为渐开线，在包含蜗杆轴线的截面内为凸廓曲线。这种蜗杆可以像圆柱齿轮那样用滚刀铣削，适于成批生产。

在环面蜗杆和锥面蜗杆传动中，同时啮合的齿数多，重合度大，传动平稳，承载能力高。环面蜗杆润滑条件好，效率高。在锥面蜗杆传动中，蜗轮用淬火钢制造可以节约有色金属使用量。但这两类蜗杆制造较为复杂，主要用在大功率的传动中。

和螺纹一样，蜗杆有左、右旋之分，常用的是右旋蜗杆。蜗轮和蜗杆的螺旋线方向必须一致才能啮合。

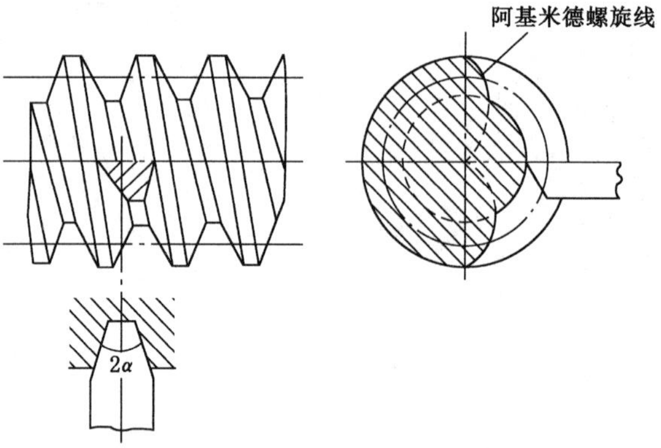

图 3-23　阿基米德圆柱蜗杆

3.5.2　圆柱蜗杆传动的主要参数和几何尺寸计算

(1) 圆柱蜗杆传动的主要参数

① 模数 m 和压力角 α

如图 3-24 所示，通过蜗杆轴线并垂直于蜗轮轴线的平面，称为中间平面。由于蜗轮是用与蜗杆形状相仿的滚刀(为了保证轮齿啮合时的径向间隙，滚刀外径稍大于蜗杆齿顶圆直径)，按展成原理切制轮齿的，所以在中间平面内蜗轮与蜗杆的啮合就相当于渐开线齿轮与齿条的啮合。蜗杆传动的设计计算都以中间平面的参数和几何关系为准。它们正确啮合的条件是：蜗杆轴向模数 m_{a1} 和轴向压力角 α_{a1} 分别等于蜗轮端面模数 m_{t2} 和端面压力角 α_{t2}，即

$$m_{a1} = m_{t2} = m \tag{3-34}$$

$$\alpha_{a1} = \alpha_{t2} \tag{3-35}$$

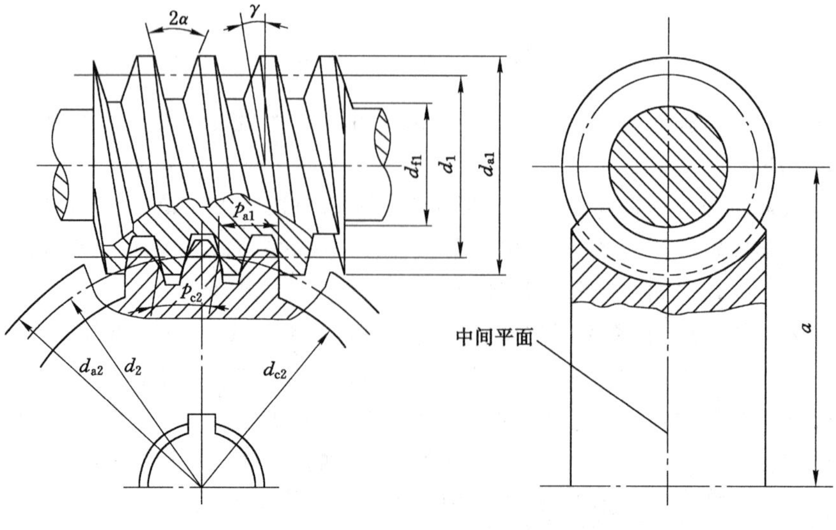

图 3-24　圆柱蜗杆传动的主要参数

模数 m 的标准值见表 3-5，压力角的标准值为 20°。ZA 型蜗杆轴向压力角与 ZI 型蜗杆法向压力角的标准值也为 20°。

齿厚与齿槽宽相等的圆柱称为蜗杆分度圆柱（或称为中圆柱）。蜗杆分度圆（或称为蜗杆中圆）直径以 d_1 表示，其值见表 3-5。蜗轮分度圆直径以 d_2 表示。

表 3-5　圆柱蜗杆传动基本参数

m/mm	d_1/mm	z_1	q	m^2d_1/ mm^3
1.00	18.0	1	18.000	18.00
1.25	20.0	1	16.000	31.25
	22.4	1	17.920	35.00
1.60	20.0	1,2,4	12.500	51.20
	28.0	1	17.500	71.68
2.00	22.4	1,2,4,6	11.200	89.60
	35.5	1	17.750	142.00
2.50	28.0	1,2,4,6	11.200	175.00
	45.0	1	18.000	281.00
3.15	35.5	1,2,4,6	11.270	352.00
	56.0	1	17.778	556.00
4.00	40.0	1,2,4,6	10.000	640.00
	71.0	1	17.750	1 136.00
5.00	50.0	1,2,4,6	10.000	1 250.00
	90.0	1	18.000	2 250.00
6.30	63.0	1,2,4,6	10.000	2 500.00
	112.0	1	17.778	4 445.00
8.00	80.0	1,2,4,6	10.000	5 120.00
	140.0	1	17.500	8 960.00
10.00	90.0	1,2,4,6	9.000	9 000.00
	160.0	1	16.000	16 000.00
12.50	112.0	1,2,4	8.960	17 500.00
	200.0	1	16.000	31 250.00
16.00	140.0	1,2,4	8.750	35 840.00
	250.0	1	15.625	64 000.00
20.00	160.0	1,2,4	8.000	64 000.00
	315.0	1	15.750	126 000.00
25.00	200.0	1,2,4	8.000	125 000.00
	400.0	1	16.000	250 000.00

注：1. 本表数据来自《圆柱蜗杆传动基本参数》(GB/T 10085—2018)，所列数值为国家标准规定的优先使用值。

2. 表中同一个模数有两个 d_1 值的，当选取其中较大的 d_1 值时，导程角 γ 小于 30°30′的蜗杆有较好的自锁性。

在两轴交错角为90°的蜗杆传动中，蜗杆分度圆柱上的导程角 γ 应等于蜗轮分度圆柱上的螺旋角 β，且两者的旋向必须相同，即

$$\gamma = \beta \tag{3-36}$$

② 传动比 i_{12}、蜗杆头数 z_1 和蜗轮齿数 z_2

当蜗杆转速为 n_1 时，将在轴向推进 $n_1 z_1 p$，其中 p 为周节；与此同时，蜗轮将在分度圆弧上转过 $\frac{n_1 z_1 p}{z_2 p}$。因此，蜗杆与蜗轮的传动比为：

$$i_{12} = \frac{n_1}{n_2} = \frac{z_2}{z_1} \tag{3-37}$$

式中　n_1——蜗杆的转速，r/min；

　　　n_2——蜗轮的转速，r/min。

通常蜗杆头数 $z_1 = 1$、2、4。若要得到较大传动比，可取 $z_1 = 1$，但传动效率较低。当传递功率较大时，为提高效率可采用多头蜗杆，取 $z_1 = 2$ 或 4。

蜗轮齿数 $z_2 = i_{12} z_1$。z_1、z_2 的推荐值见表3-6。为了避免蜗轮轮齿发生根切，z_2 不应小于26，但也不宜大于80。若 z_2 过大，会使结构尺寸过大，蜗杆长度也随之增大，致使蜗杆刚度和啮合精度下降。

表3-6　蜗杆头数 z_1 与蜗轮齿数 z_2 的推荐值

传动比 i_{12}	7～13	14～27	28～40	>40
蜗杆头数 z_1	4	2	2、1	1
蜗轮齿数 z_2	28～52	28～54	28～80	>40

③ 蜗杆直径系数 q 和导程角 γ

切制蜗轮的滚刀，其直径及齿形参数（如模数 m、螺旋线数 z_1 和导程角 γ 等）必须与相应的蜗杆相同。为了限制蜗轮滚刀的数目及便于滚刀的标准化，制定了蜗杆分度圆直径 d_1 的标准系列。

$$q = \frac{d_1}{m} \tag{3-38}$$

式中　q——蜗杆分度圆直径与模数的比值，称为蜗杆直径系数。

　　　d_1——蜗杆分度圆直径。

　　　m——模数。

蜗杆螺旋面和分度圆柱的交线称为螺旋线。如图3-25所示，设 γ 为蜗杆分度圆柱上的螺旋线导程角，p_x 为轴向齿距，由图可得：

$$\tan \gamma = \frac{z_1 p_x}{\pi d_1} = \frac{z_1 m}{d_1} = \frac{z_1}{q} \tag{3-39}$$

由式(3-39)可知，d_1 越小（或 q 越小），导程角 γ 越大，传动效率越高，但蜗杆的刚度和强度越低。通常，转速高的蜗杆可取较小的 d_1 值，蜗轮齿数 z_2 较大时可取较大的 d_1 值。

④ 齿面间滑动速度 v_s

如图3-26所示，蜗杆传动即使在节点C处啮合，齿廓之间也会有较大的相对滑动，滑动速度 v_s 沿蜗杆螺旋线方向，计算公式为：

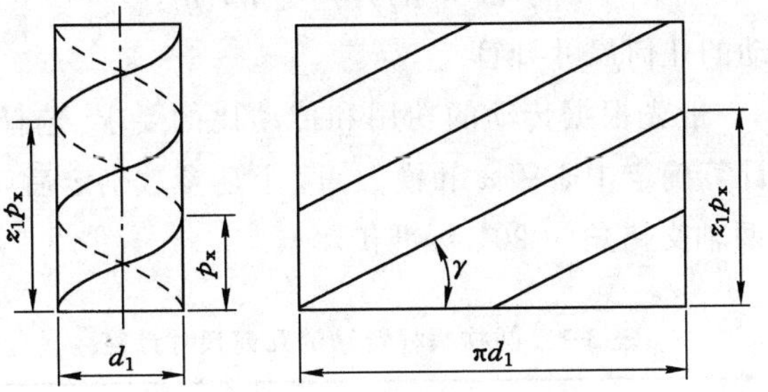

图 3-25 蜗杆导程角

$$v_s = \sqrt{v_1^2 + v_2^2} = \frac{v_1}{\cos\gamma} \tag{3-40}$$

式中 v_s ——滑动速度，m/s；

v_1 ——蜗杆圆周速度，m/s；

v_2 ——蜗轮圆周速度，m/s。

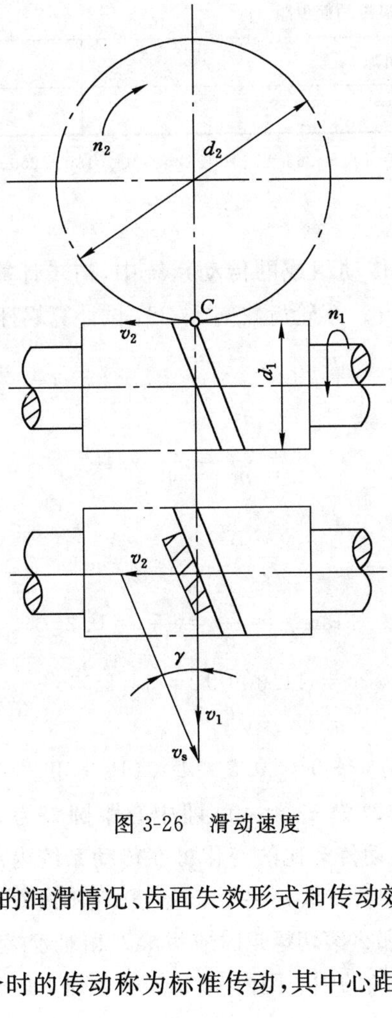

图 3-26 滑动速度

滑动速度的大小对齿面的润滑情况、齿面失效形式和传动效率等都有很大影响。

⑤ 中心距 a

蜗杆节圆与分度圆重合时的传动称为标准传动，其中心距计算公式为：

$$a = 0.5(d_1 + d_2) = 0.5m(q + z_2) \tag{3-41}$$

(2) 圆柱蜗杆传动的几何尺寸计算

设计蜗杆传动时，一般先根据传动的功用和传动比的要求，选择蜗杆头数 z_1 和蜗轮齿数 z_2，然后再按强度计算确定中心距 a 和模数 m，上述参数确定后，即可根据表 3-7 计算蜗杆、蜗轮的几何尺寸(两轴交错角为 90°，标准传动)。

表 3-7　圆柱蜗杆传动的几何尺寸计算

名称	计算公式	
	蜗杆	蜗轮
蜗杆分度圆直径，蜗轮分度圆直径	$d_1 = mq$	$d_2 = mz_2$
齿顶高	$h_a = m$	$h_a = m$
齿根高	$h_f = 1.2m$	$h_f = 1.2m$
蜗杆齿顶圆直径，蜗轮喉圆直径	$d_{a1} = m(q + 2)$	$d_{a2} = m(z_2 + 2)$
齿根圆直径	$d_{f1} = m(q - 2.4)$	$d_{f2} = m(z_2 - 2.4)$
蜗杆轴向齿距，蜗轮端面齿距	$p_{a1} = p_{t2} = p_x = \pi m$	
径向间隙	$c = 0.20m$	
中心距	$a = 0.5(d_1 + d_2) = 0.5m(q + z_2)$	

注：蜗杆传动中心距标准系列为 40、50、63、80、100、125、160、(180)、200、(225)、250、(280)、315、(355)、400、(450)、500。

例 3-1　在带传动和蜗杆传动组成的传动系统中，初步计算后取蜗杆模数 $m = 4$，头数 $z_1 = 2$，分度圆直径 $d_1 = 40$ mm，蜗轮齿数 $z_2 = 39$，试计算蜗杆直径系数 q、导程角 γ 及蜗杆传动的中心距 a。

解　(1) 蜗杆直径系数 q

$$q = \frac{d_1}{m} = \frac{40}{4} = 10$$

(2) 导程角 γ

由式(3-39)可得：

$$\tan\gamma = \frac{z_1}{q} = \frac{2}{10} = 0.2$$

$$\gamma = 11.309\,9^\circ = 11^\circ 18' 36''$$

(3) 传动的中心距 a

$$a = 0.5m(q + z_2) = 0.5 \times 4 \times (10 + 39) = 98\ (\text{mm})$$

讨论：① 也可将蜗轮齿数改为 $z_2 = 40$，即中心距圆整为 $a = 0.5 \times 4 \times (10 + 40) = 100$ (mm)。由此引起的蜗杆传动传动比的变化可在传动系统内部做适当调整。② 如果是单件生产又允许采用非标准中心距，就取 $a=98$ mm。③ 在不改变蜗杆传动传动比的情况下，若将中心距圆整为 $a=100$ mm，那么滚切蜗轮时应将滚刀相对于蜗轮中心向外移动 2 mm，使滚刀(相当于蜗杆)与被切蜗轮轮坯的中心距由 98 mm 增大到 100 mm，即采用变位传动。

习　　题

3.5-1　与齿轮传动比较，蜗杆传动有何特点？为什么大功率连续传动时不宜采用蜗杆传动？

3.5-2　蜗杆传动的正确啮合条件是什么？

3.5-3　为何将蜗杆分度圆直径 d_1 作为标准参数？

3.5-4　试述蜗杆直径系数的意义，为何要引入蜗杆直径系数 q？

3.5-5　一起重量 F_Q 为 5 000 N 的手动蜗杆传动起重装置的起重卷筒计算直径 $D=180$ mm，作用于蜗杆手柄上的起重转矩 $T_1=20\ 000$ N·m。已知蜗杆为单头蜗杆（$z_1=1$），模数 $m=5$，蜗杆直径系数 $q=10$，传动总效率 $\eta\approx0.4$。试确定所需蜗轮的齿数 z_2 及传动中心距 a。

3.6　轮　　系

【教学要求】

● 知识目标

(1) 了解轮系的应用和分类。

(2) 掌握各类轮系传动比的计算公式以及转向的判别方法。

● 能力目标

(1) 能够计算各类轮系的传动比大小。

(2) 能够判断各类轮系的转动方向。

● 素质目标

(1) 培养学生严谨的科学态度。

(2) 理解个人与集体的关系，培养团队合作意识。

● 学习重点与难点

(1) 学习重点：定轴轮系及周转轮系传动比的计算。

(2) 学习难点：复合轮系传动比的计算。

【行业案例】

由一系列齿轮组成的传动系统称为轮系，其广泛应用于汽车、航空、船舶、冶金、矿山等各类机械设备中。

如图 3-27 所示，采煤机截割部是采煤机割煤的工作机构，主要由截割摇臂、截割滚筒、摇臂减速器及电机等组成。电机的动力通过一系列平行轴齿轮传递给摇臂末端的行星轮系，驱动采煤机螺旋滚筒旋转，实现对煤壁的截割。一系列的平行轴齿轮和行星轮系组成了摇臂减速器，起到减速和传递较大扭矩的作用。

3.6.1　轮系的类型

由一对齿轮组成的机构是齿轮传动的最简单形式。但在机械中，为了获得较大的传动比和实现运动的合成与分解，常需要通过一系列互相啮合的齿轮将输入轴和输出轴连接起来。这种由一系列齿轮组成的传动系统称为轮系。

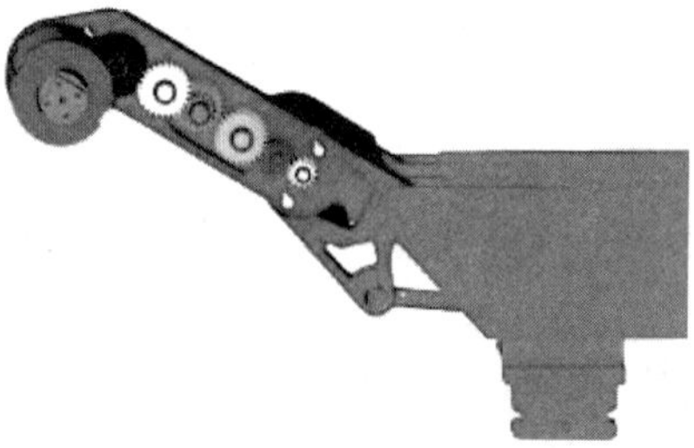

图 3-27　采煤机截割部

根据轮系传动过程中各轮几何轴线在空间的相对位置关系是否固定，轮系可以分为定轴轮系和周转轮系两种基本类型。传动时，如果所有齿轮的几何轴线位置都是固定的，则这种轮系称为定轴轮系，如图 3-28 所示；传动时，如果至少有一个齿轮的几何轴线是绕另一个齿轮的几何轴线转动的，则这种轮系称为周转轮系，如图 3-29 所示。由图可知，齿轮 2 的几何轴线 O_2 的位置不固定，当行星架 H 转动时，O_2 绕 H 的几何轴线 O_H 转动。

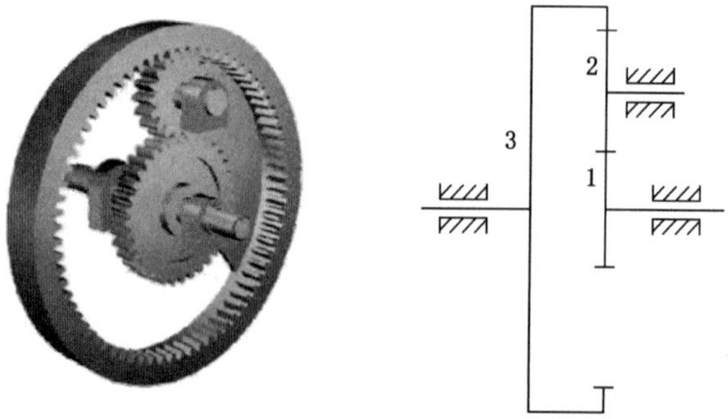

图 3-28　定轴轮系

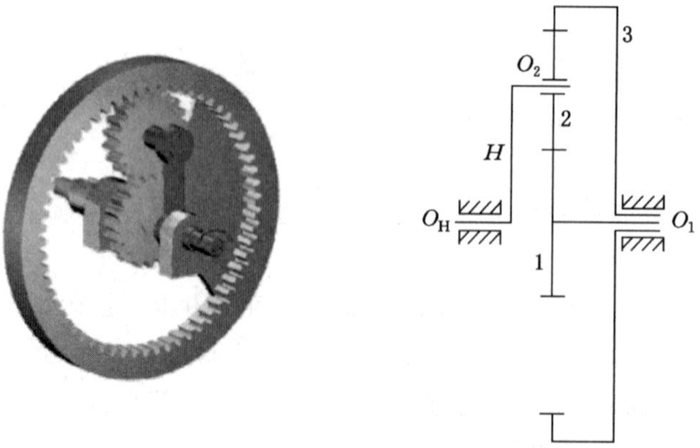

图 3-29　周转轮系

由两种基本轮系或几个周转轮系组合而成的复杂轮系称为复合轮系，如图 3-30 所示。由图可知，齿轮 1 和 2 为一定轴轮系，齿轮 2′、3、4 和系杆 H 为一周转轮系，两个基本轮系组成复合轮系。

图 3-30　复合轮系

3.6.2　定轴轮系传动比的确定

在轮系中，主、从动两轮的角速度(或转速)之比称为轮系的传动比，用 i_{ab} 表示，下标 a、b 分别为输入轴和输出轴的代号，$i_{ab}=\dfrac{w_a}{w_b}=\dfrac{n_a}{n_b}$。确定一个轮系的传动比包括传动比大小的计算和主、从动轮转向的判断两项内容。

(1) 传动比的计算

图 3-31 所示的轮系为 4 对啮合齿轮组成的定轴轮系。假设轮 1 为主动轮、轮 5 为从动轮。令 $z_1,z_2,z_{2'},\cdots$ 表示各轮的齿数，$n_1,n_2,n_{2'}\cdots$ 表示各轮的转速。因同一轴上的齿轮转速相同，故 $n_2=n_{2'}$，$n_3=n_{3'}$。各对啮合齿轮的传动比为：

$$\left.\begin{aligned} i_{12}=\frac{n_1}{n_2}=\frac{z_2}{z_1},\ i_{2'3}=\frac{n_{2'}}{n_3}=\frac{z_3}{z_{2'}} \\ i_{3'4}=\frac{n_{3'}}{n_4}=\frac{z_4}{z_{3'}},\ i_{45}=\frac{n_4}{n_5}=\frac{z_5}{z_4} \end{aligned}\right\} \tag{3-42}$$

将以上所有等式左右两边分别相乘可得：

$$i_{12}\ i_{2'3}\ i_{3'4}\ i_{45}=\frac{n_1}{n_2}\frac{n_{2'}}{n_3}\frac{n_{3'}}{n_4}\frac{n_4}{n_5}=\frac{n_1}{n_5} \tag{3-43}$$

则轮系传动比为：

$$i_{15}=\frac{n_1}{n_5}=i_{12}\ i_{2'3}\ i_{3'4}\ i_{45}=\frac{z_2\ z_3\ z_4\ z_5}{z_1\ z_{2'}\ z_{3'}\ z_4} \tag{3-45}$$

上式表明，定轴轮系传动比的数值等于组成该轮系的各对啮合齿轮传动比的连乘积，也等于各对啮合齿轮中所有从动轮齿数的乘积与所有主动轮齿数的乘积之比。此外，在该轮系中，齿轮 4 的齿数 z_4 不影响传动比的数值大小，这种齿轮通常称为惰轮。惰轮虽然不影响传动比大小，但会改变从动轮的转向。

以上结论可推广到一般情况。设轮 1 为起始主动轮，轮 K 为最末从动轮，则定轴轮系主、从动轮传动比计算公式为：

$$i_{1K}=\frac{n_1}{n_K}=\frac{\text{轮 1 至轮 }K\text{ 间所有从动轮齿数的乘积}}{\text{轮 1 至轮 }K\text{ 间所有主动轮齿数的乘积}}=\frac{z_2\ z_3\ z_4\ \cdots z_K}{z_1\ z_{2'}\ z_{3'}\cdots\ z_{(K-1)'}} \tag{3-46}$$

(2) 主、从动轮转向的判断

定轴轮系中主、从动轮的相对转向可以通过标注箭头的方法来确定，如图 3-32 所示。

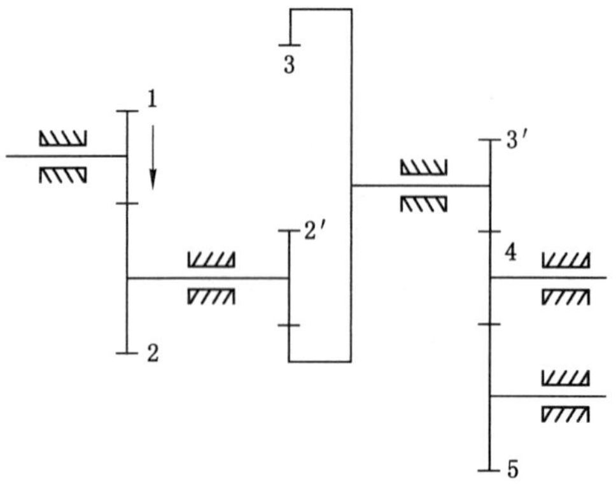

图 3-31　定轴轮系

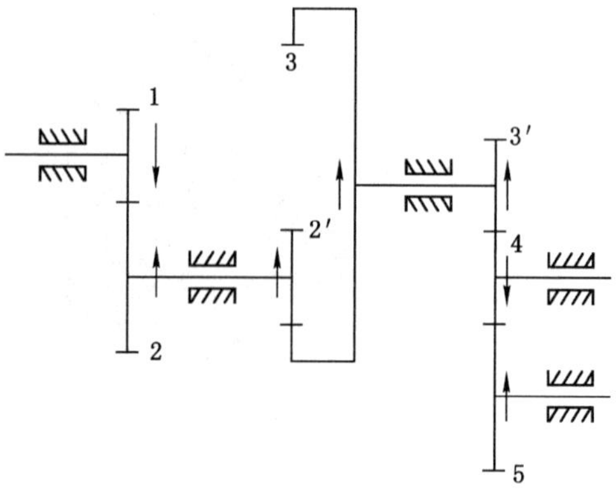

图 3-32　转向判定

当一对外啮合圆柱齿轮[图 3-33(a)]的两轮转向相反时，用一对方向相反的箭头表示；当一对内啮合圆柱齿轮[图 3-33(b)]的两轮转向相同时，用一对方向相同的箭头表示。一对圆锥齿轮传动时，其啮合点具有相同的速度，故表示转向的箭头或同时指向啮合点[图 3-33(c)]，或同时背离啮合点。蜗轮的转向要根据主动蜗杆的转向及其螺旋线的方向来判断。通常采用左/右手定则。如图 3-33(d)所示，对于右旋蜗杆，伸出右手，拇指伸直，其余四指握拳，令四指弯曲方向与蜗杆转动方向一致，则拇指的指向(向左)即螺杆相对螺母前进的方向。按照相对运动原理，拇指指向的反向(向右)即蜗轮在啮合点的运动方向，从而可判断蜗轮为逆时针转动。同理，对于左旋蜗杆，可借助左手定则按上述方法进行分析判断。

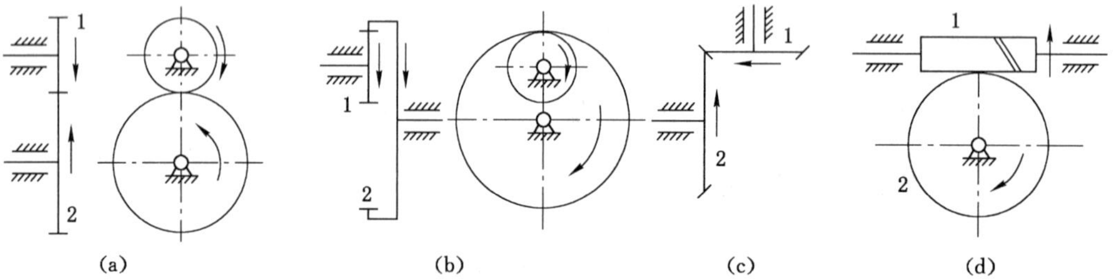

图 3-33　一对齿轮传动的转动方向

按照上述规则，也可以依次画出如图 3-31 所示定轴轮系所有齿轮的转动方向。

如果轮系中所有齿轮的轴线是平行的，则可用 $(-1)^m$ 来判别齿轮的转动方向，其中 m 为外啮合的次数，正号表示主、从动轮转向相同，负号表示转向相反。对于如图 3-31 所示的轮系，$m=3$，则 $(-1)^m=-1$，由式(3-46)可得：

$$i_{15}=\frac{n_1}{n_5}=\frac{z_2\ z_3\ z_4\ z_5}{z_1\ z_{2'}\ z_{3'}\ z_4}=-\frac{z_2\ z_3\ z_4\ z_5}{z_1\ z_{2'}\ z_{3'}\ z_4} \tag{3-47}$$

即齿轮 5 与齿轮 1 的转向相反。

例 3-2　在如图 3-34 所示轮系中，已知各轮齿数 $z_1=18$、$z_2=36$、$z_{2'}=20$、$z_3=80$、$z_{3'}=20$、$z_4=18$、$z_5=15$、$z_6=30$、$z_{6'}=2$(右旋)、$z_7=60$，$n_1=1\,440$ r/min，其转向如图所示。求传动比 i_{17}、i_{15}、i_{25} 及蜗轮的转速和转向。

解　由于该轮系中含有圆锥齿轮和蜗轮蜗杆，所以用箭头法来判断从动轮的转向，如

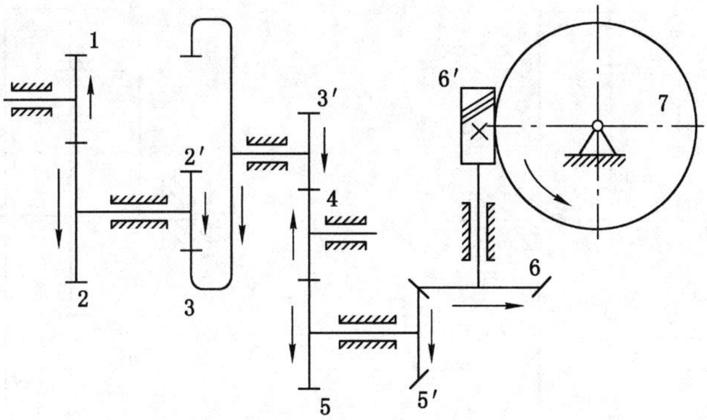

图 3-34 定轴轮系传动比计算

图 3-34 所示。但是，从齿轮 1 到齿轮 5 以及从齿轮 2 到齿轮 5，主、从动轮的轴线都是平行的，因此需要在计算结果中加上“+”“−”号来表示主、从动轮的转向关系。

$$i_{17} = \frac{n_1}{n_7} = \frac{z_2\ z_3 z_4\ z_5\ z_6\ z_7}{z_1\ z_{2'}\ z_{3'}\ z_4\ z_{5'}\ z_{6'}} = \frac{36 \times 80 \times 18 \times 30 \times 30 \times 60}{18 \times 20 \times 20 \times 18 \times 15 \times 2} = 720$$

$$i_{15} = (-)\frac{z_2\ z_3 z_4\ z_5}{z_1\ z_{2'}\ z_{3'}\ z_4} = (-)\frac{36 \times 80 \times 18 \times 30}{18 \times 20 \times 20 \times 18} = -12$$

$$i_{25} = i_{2'5} = (+)\frac{z_3\ z_4\ z_5}{z_{2'}\ z_{3'}\ z_4} = (+)\frac{80 \times 18 \times 30}{20 \times 18 \times 15} = +6$$

$$n_7 = \frac{n_1}{i_{17}} = \frac{1\ 440}{720} = 2\ (\mathrm{r/min})$$

3.6.3 周转轮系及其传动比的确定

(1) 周转轮系的组成及分类

在如图 3-35 所示的周转轮系中，轴线位置变动的齿轮 2 一方面绕自己的几何轴线自转，同时又随构件 H 绕固定轴线公转，称为行星轮；支持行星轮做自转和公转的构件称为行星架、转臂或系杆；与行星轮相啮合，且轴线位置固定的齿轮 1 和齿轮 3 称为太阳轮或中心轮，常用 K 表示。周转轮系基本上均由行星轮、行星架和中心轮组成，其中行星架与中心轮的几何轴线必须重合，否则周转轮系不能运动。

根据周转轮系的自由度数，可将周转轮系分为行星轮系和差动轮系两大类。

行星轮系如图 3-35(a)所示，太阳轮 1 可以转动，太阳轮 3 固定不动。该轮系的活动构件 $n = 3$，低副 $P_L = 3$，高副 $P_H = 2$，机构的自由度 $F = 3 \times 3 - 2 \times 3 - 2 = 1$，即只需一个原动件。

差动轮系如图 3-35(b)所示，太阳轮 1 和 3 都能转动。该轮系的活动构件 $n = 4$，低副 $P_L = 4$，高副 $P_H = 2$,，机构的自由度 $F = 3 \times 4 - 2 \times 4 - 2 = 2$，即需要两个原动件。

(2) 周转轮系传动比的计算

周转轮系有一个转动的行星架，使行星轮既自转又公转，所以其传动比不能直接用求解定轴轮系传动比的方法来计算。但是，如果能使行星架变为固定不动状态，并保持周转轮系中各个构件之间的相对运动不变，则周转轮系就转化为一个假想的定轴轮系，便可列出该假想定轴轮系传动比的计算公式，从而求出周转轮系的传动比。

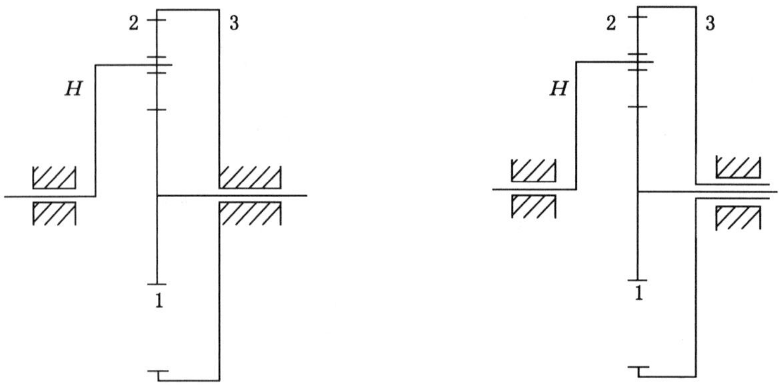

(a) 行星轮系　　(b) 差动轮系

图 3-35　周转轮系

在图 3-36(a)所示的周转轮系中,设 n_H 为行星架 H 的转速。根据相对运动原理,当给整个周转轮系加一个与行星架转速 n_H 大小相等、方向相反的公共转速($-n_H$)后,行星架便静止不动,所有齿轮几何轴线的位置全都固定,原来的周转轮系便转化成了假想的定轴轮系,这一假想的定轴轮系称为原来周转轮系的转化轮系,如图 3-36(b)所示。各构件转化前后的转速见表 3-8。

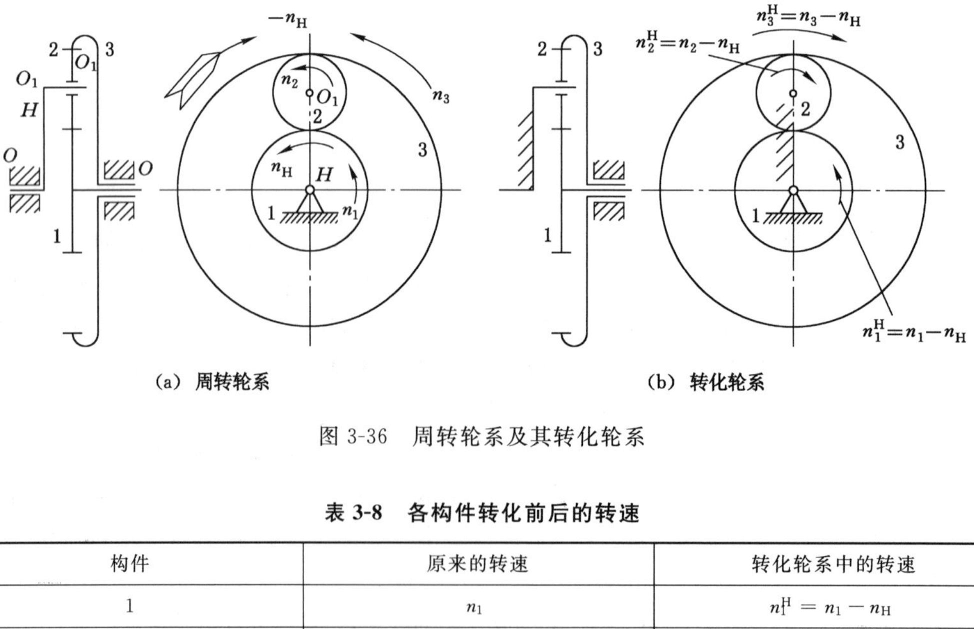

(a) 周转轮系　　(b) 转化轮系

图 3-36　周转轮系及其转化轮系

表 3-8　各构件转化前后的转速

构件	原来的转速	转化轮系中的转速
1	n_1	$n_1^H=n_1-n_H$
2	n_2	$n_2^H=n_2-n_H$
3	n_3	$n_3^H=n_3-n_H$
H	n_H	$n_H^H=n_H-n_H=0$

转化轮系中各构件的转速 n_1^H、n_2^H、n_3^H 及 n_H^H 的右上方都带有角标“H”,表示这些转速是各构件对行星架 H 的相对转速。

既然周转轮系的转化轮系是一个定轴轮系，那么就可以按定轴轮系传动比的计算方法求出转化轮系中任意两个齿轮的传动比。在如图 3-36(b)所示的转化轮系中，齿轮 1 与齿轮 3 的传动比为：

$$i_{13}^{H}=\frac{n_1^H}{n_3^H}=\frac{n_1-n_H}{n_3-n_H}=-\frac{z_2\ z_3}{z_1\ z_2}=-\frac{z_3}{z_1} \tag{3-48}$$

式中，"－"号表示在转化轮系中齿轮 1 和齿轮 3 的转向相反。

根据上述原理，可以得到周转轮系传动比的通用计算公式。设 n_G 和 n_K 为周转轮系中任意两个齿轮 G 和 K 的转速，n_H 为行星架 H 的转速，则有：

$$i_{GK}^{H}=\frac{n_G^H}{n_K^H}=\frac{n_G-n_H}{n_K-n_H}=\pm\frac{\text{转化轮系从}G\text{至}K\text{所有从动轮齿数的乘积}}{\text{转化轮系从}G\text{至}K\text{所有主动轮齿数的乘积}} \tag{3-49}$$

应用式(3-49)要注意以下事项：

① 齿轮 G、齿轮 K 和行星架 H 3 个构件的轴线应互相平行，且 n_G、n_K 和 n_H 都是代数值，是周转轮系中各基本构件的真实转速。若已知的两个转速方向相反，求解时，必须一个代入正值，另一个代入负值，第三个转速的转向则根据计算的正负号来确定。

② 齿数比前一定要有"＋""－"号，按定轴轮系判别齿轮 G 和齿轮 K 的转向关系，它将直接影响周转轮系传动比的大小和正负号。

③ 应注意区分 i_{GK} 和 i_{GK}^{H}，前者是周转轮系中两轮真实的传动比，而后者是假想的转化轮系中两轮的传动比。

上述运用相对运动原理将周转轮系转化成假想的定轴轮系，然后计算其传动比的方法称为相对速度法或反转法。

例 3-3　在如图 3-37 所示的行星轮系中，已知各轮齿数 $z_1=27$，$z_2=17$，$z_3=61$，齿轮 1 的转速 $n_1=6\ 000$ r/min，求传动比 i_{1H} 和行星架 H 的转速 n_H。

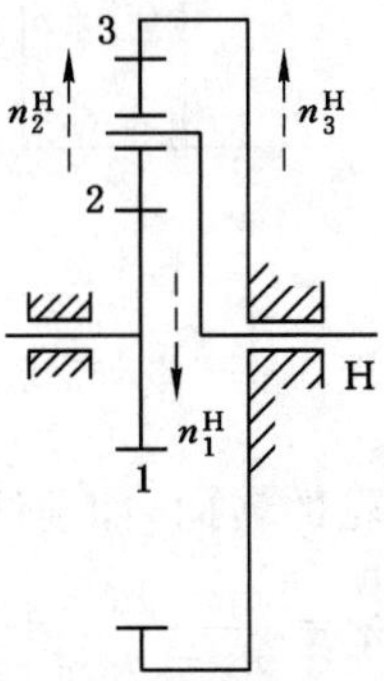

图 3-37　行星轮系

解　将 H 固定，画出转化轮系中各轮的转向，如图 3-37 中虚线箭头(虚线箭头不是齿轮真实转向，只表示假想的转化轮系中的齿轮转向)所示，由式(3-49)得：

$$i_{13}^{H}=\frac{n_1^H}{n_3^H}=\frac{n_1-n_H}{n_3-n_H}=\pm\frac{z_2\ z_3}{z_1\ z_2} \tag{3-50}$$

图中 1、3 两轮虚线箭头反向，故取"－"，代入已知数值可得：

$$\frac{n_1-n_H}{0-n_H}=-\frac{61}{27}$$

解得：

$$i_{1H}=\frac{n_1}{n_H}=1+\frac{61}{27}\approx 3.26$$

$$n_H=\frac{n_1}{i_{1H}}=\frac{6\ 000}{3.26}\approx 1\ 840\ (\mathrm{r/min})$$

i_{1H} 为正，n_H 转向与 n_1 相同。

利用式(3-49)还可计算出行星齿轮 2 的转速 n_2，即

$$i_{12}^H=\frac{n_1^H}{n_2^H}=\frac{n_1-n_H}{n_2-n_H}=-\frac{z_2}{z_1} \tag{3-51}$$

代入已知数值可得：

$$\frac{6\ 000-1\ 840}{n_2-1\ 840}=-\frac{17}{27}$$

解得：

$$n_2\approx -4\ 767\ (\mathrm{r/min})$$

负号表示 n_2 的转向与 n_1 相反。

例 3-4 在如图 3-38 所示锥齿轮组成的差动轮系中，已知 $z_1=60$，$z_2=40$，$z_{2'}=z_3=20$，若 n_1 和 n_3 均为 120 r/min，但转向相反(如图中实线箭头所示)，求 n_H 的大小和方向。

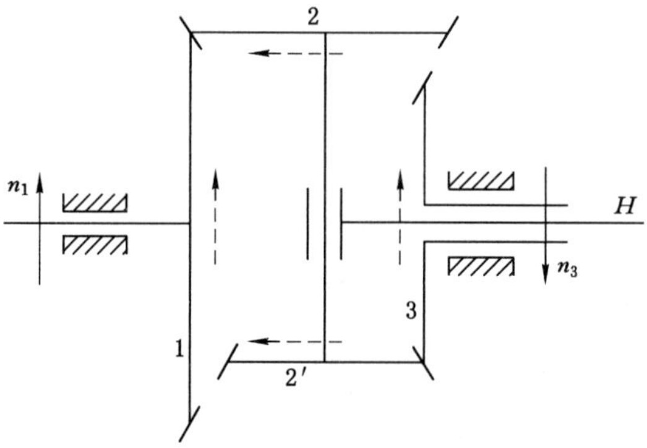

图 3-38 差动轮系

解 将 H 固定，画出转化轮系各轮的转向，如虚线箭头所示，由此可得：

$$i_{13}^H=\frac{n_1^H}{n_3^H}=\frac{n_1-n_H}{n_3-n_H}=+\frac{z_2\ z_3}{z_1\ z_{2'}}$$

上式中的“+”号是由轮 1 和轮 3 虚线箭头同向而确定的，与实线箭头无关。设实线箭头朝上为正，则 $n_1=120$ r/min，$n_3=-120$ r/min，代入上式得：

$$\frac{120-n_H}{-120-n_H}=+\frac{40}{60}$$

解得：

$$n_H=600\ (\mathrm{r/min})$$

n_H 的转向与 n_1 相同，箭头朝上。

注意，本例中行星齿轮 2-2′的轴线和齿轮 1(或齿轮 3)及行星架 H 的轴线不平行，所以不能用式(3-49)来计算 n_2。

图 3-38 中标注了两种箭头，其中实线箭头表示齿轮的真实转向，对应于n_1，n_3，…；虚线箭头表示虚拟的转化轮系中的齿轮转向，对应于 n_1^H、n_2^H、n_3^H。运用式(3-52)时，i_{13}^H 的正负取决于 n_1^H 和 n_3^H，即取决于虚线箭头，而代入 n_1、n_3 数值时又必须根据实线箭头判定其正负。

3.6.4　复合轮系传动比的确定

复合轮系由两种基本轮系或几个周转轮系组成，因此其传动比求解的思路是：先将复合轮系分解为基本轮系，分别列出各基本轮系传动比方程式，然后找出各基本轮系之间的联系，联立求解。

轮系分解的关键是将周转轮系分离出来。找周转轮系的一般方法是：先找出轴线不固定的行星轮；然后找出支持行星轮做公转的构件——行星架；最后找出与行星轮相啮合的太阳轮。这样，行星轮、行星架、太阳轮便构成一个基本周转轮系。区分出各个基本周转轮系以后，剩下的就是定轴轮系。

例 3-5　在图 3-39 所示的电动卷扬机减速器中，已知各轮齿数 $z_1=24$、$z_2=52$、$z_{2'}=21$、$z_3=78$、$z_{3'}=18$、$z_4=30$、$z_5=78$，求i_{1H}。

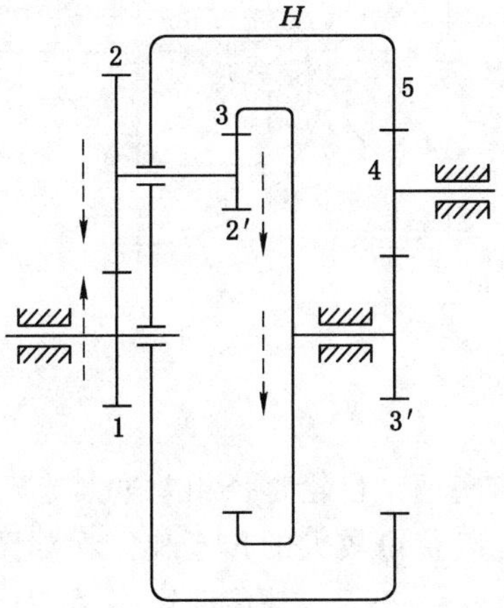

图 3-39　电动卷扬机减速器

解　该轮系为复合轮系。$1-2-2'-3-H$ 组成周转轮系，$3'-4-5$ 组成定轴轮系。其中齿轮 5 和卷筒 H 是同一构件。

在周转轮系中

$$i_{13}^H=\frac{n_1^H}{n_3^H}=\frac{n_1-n_H}{n_3-n_H}=-\frac{52\times 78}{24\times 21}=-\frac{169}{21}$$

在定轴轮系中

$$i_{35}=\frac{n_3}{n_5}=-\frac{z_5}{z_{3'}}=-\frac{78}{18}=-\frac{13}{3}$$

即

$$n_3=-\frac{13}{3}n_5$$

又因为：

$$n_5 = n_H$$

联立以上各式可得：

$$i_{1H} = \frac{n_1}{n_H} = 43.9$$

3.6.5 轮系的应用

轮系广泛应用于各种机械中，它的主要功能如下所述。

(1) 实现距离较远两轴之间的传动

当主动轴和从动轴间的距离较远时，若仅用一对齿轮来传动，则齿轮尺寸过大，这样既占空间，又浪费材料，且制造安装不方便。若改用轮系传动，则可以克服上述缺点，如图 3-40 所示。

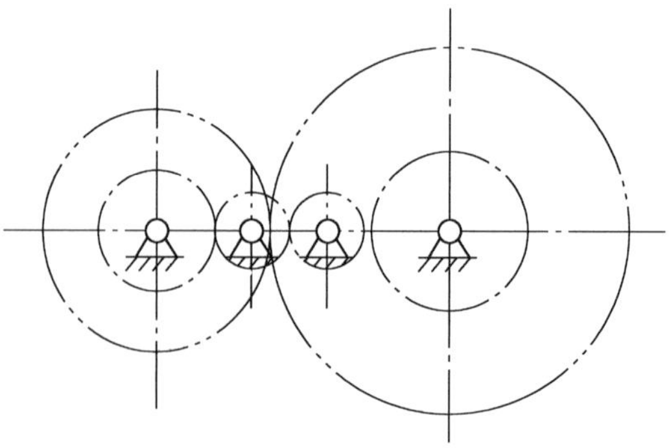

图 3-40　相距较远的两轴传动

(2) 获得较大的传动比

采用一对齿轮传动时，为避免两个齿轮直径相差过大造成两轮的寿命悬殊，一般传动比不大于 5～7。采用轮系传动可以获得较大的传动比。在如图 3-41 所示的行星轮系中，当 $z_1 = 100$、$z_2 = 101$、$z_{2'} = 100$、$z_3 = 99$ 时，其传动比 i_{H1} 可达 10 000。

(3) 实现变速和变向传动

如图 3-42 所示，利用双联齿轮的滑移可使从动轴获得两种转速。如图 3-43 所示，利用惰轮可改变从动轮的转向。

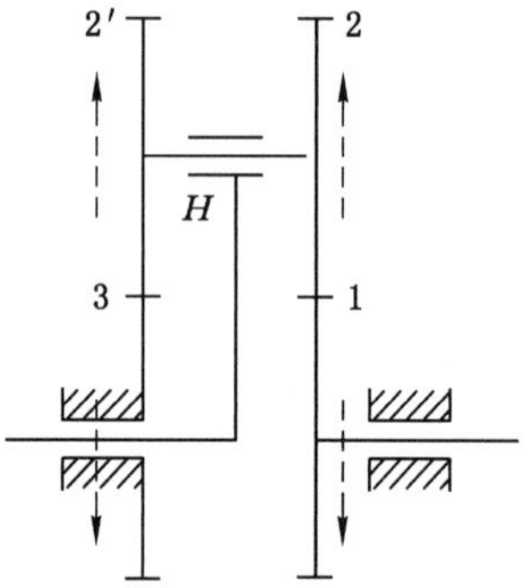

图 3-41　大传动比行星轮系

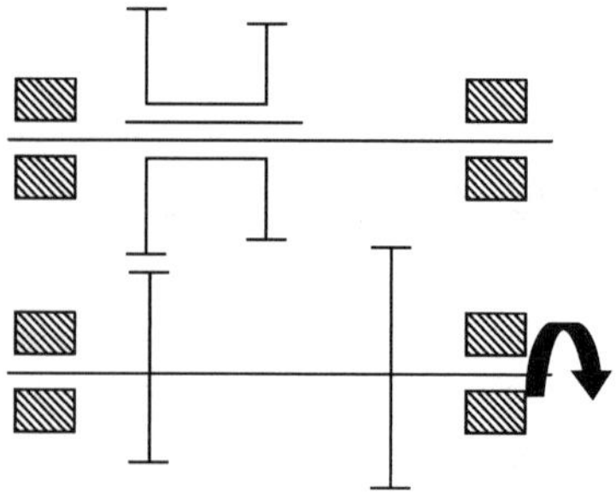

图 3-42　移动双联齿轮

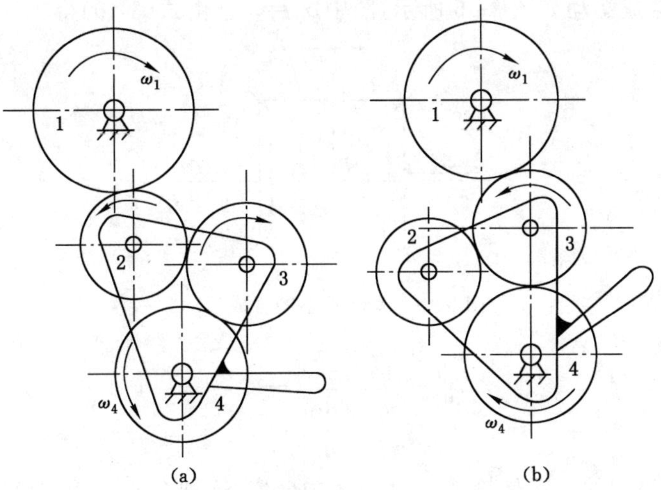

图 3-43　车床走刀丝杠三星轮换向机构

例 3-6　试分析如图 3-44 所示的某汽车变速箱的主轴可获得几种不同的转速。

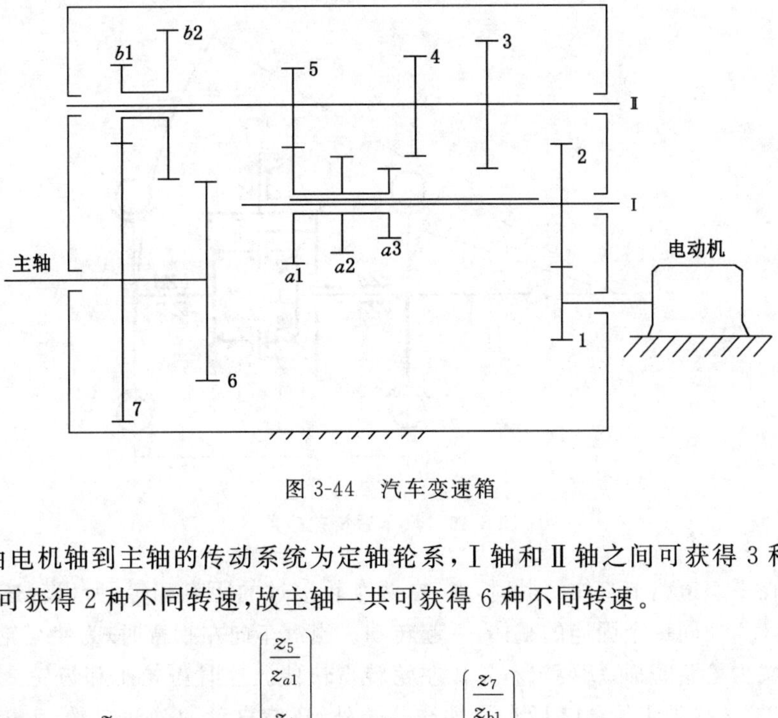

图 3-44　汽车变速箱

分析：由电机轴到主轴的传动系统为定轴轮系，Ⅰ轴和Ⅱ轴之间可获得 3 种不同转速，Ⅱ轴到主轴可获得 2 种不同转速，故主轴一共可获得 6 种不同转速。

解　$$\text{电机轴} \rightarrow \frac{z_2}{z_1} \rightarrow \text{Ⅰ轴} \rightarrow \left\{\begin{matrix} \dfrac{z_5}{z_{a1}} \\ \dfrac{z_4}{z_{a2}} \\ \dfrac{z_3}{z_{a3}} \end{matrix}\right\} \rightarrow \text{Ⅱ轴} \rightarrow \left\{\begin{matrix} \dfrac{z_7}{z_{b1}} \\ \dfrac{z_6}{z_{b2}} \end{matrix}\right\} \rightarrow \text{主轴}$$

(4) 可合成或分解运动

利用差动轮系有 2 个自由度的特点，可以将两个输入运动合成一个输出运动，或将一个输入运动分解为两个输出运动。

差动轮系的合成运动如图 3-45 所示，图中 $z_1=z_3$。由式(3-49)得：

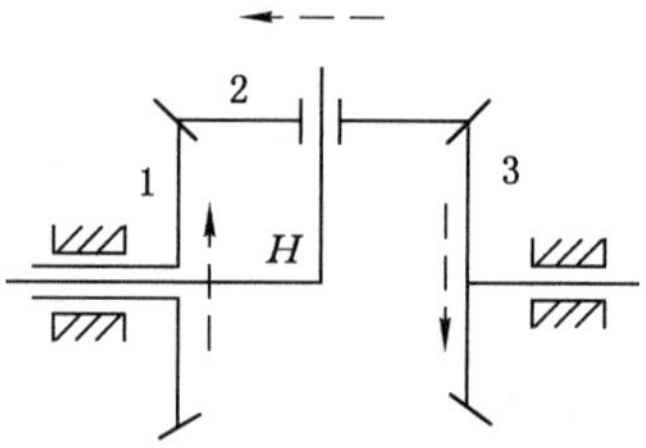

图 3-45　差动轮系的合成运动

$$i_{13}^{H}=\frac{n_1^{H}}{n_3^{H}}=\frac{n_1-n_H}{n_3-n_{1H}}=-\frac{z_3}{z_1}=-1$$

即

$$2n_H=n_1+n_3$$

上式表明，行星架的转速是轮 1、轮 3 转速的合成，这种合成作用在机床、计算机构和补偿装置中得到了广泛的应用。

差动轮系的分解运动可以汽车后桥差速器为例来说明，如图 3-46 所示。当汽车拐弯时，汽车后桥差速器能使齿轮 5 运动，并以不同转速分别传递给左、右两车轮。

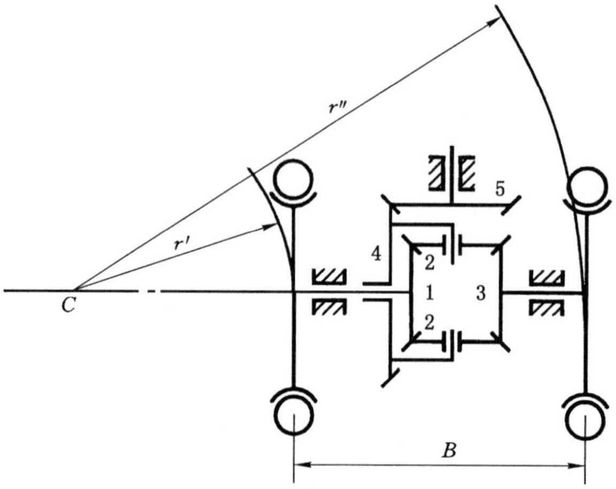

图 3-46　汽车后桥差速器

当汽车在平坦道路上直线行驶时，左、右两车轮滚过的距离相等，所以转速也相同。这时齿轮 1、2、3、4 如同一个固连的整体，一起转动。当汽车向左拐弯时，为使车轮和地面间不发生滑动以减少轮胎磨损，就要求右轮比左轮转得快些。这时齿轮 1 和齿轮 3 之间便发生相对转动，齿轮 2 除随齿轮 4 绕后车轮轴线公转外，还绕自己的轴线自转，由齿轮 1、2、3、4（行星架 H）组成的差动轮系便发挥作用。这个差动轮系和图 3-34 所示的机构完全相同，故有：

$$2n_4=n_1+n_3$$

又由图 3-46 可知，当车身绕瞬时回转中心 C 转动时，左、右两轮走过的弧长与它们至 C 点的距离成正比，即

$$\frac{n_1}{n_3}=\frac{r'}{r''}=\frac{r'}{r'+B}$$

当发动机传递的转速、轮距 B 和转弯半径为已知条件时，即可由以上二式算出左、右两轮的转速 n_1 和 n_3。

差动轮系可分解运动的特性在汽车、飞机等动力传动中得到广泛应用。

习　题

3.6-1　在图 3-47 所示双级蜗轮传动中，已知右旋蜗杆 1 的转向如图所示，试判断蜗轮 2 和蜗轮 3 的转向，用箭头表示。

3.6-2　在图 3-48 所示轮系中，已知：蜗杆为单头且右旋，转速 $n_1=1\ 440$ r/min，转动方向如图所示，其余各轮齿数为 $z_2=40$，$z_{2'}=-20$，$z_3=30$，$z_{3'}=18$，$z_4=54$，求：

① 说明轮系属于何种类型。

② 计算齿轮 4 的转速 n_4。

③ 在图中标出齿轮 4 的转动方向。

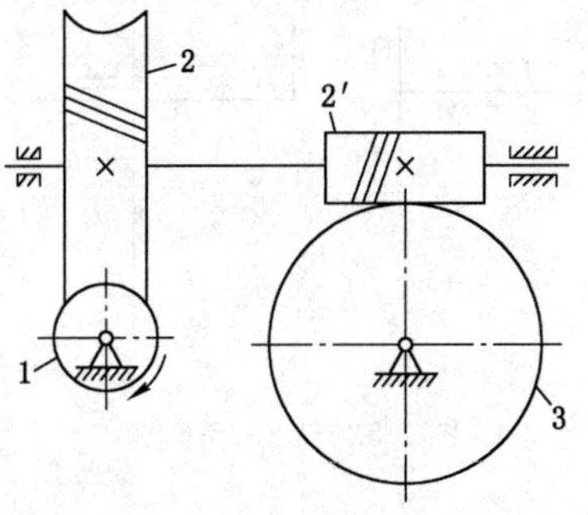

1,2′—蜗杆；2,3——蜗轮。

图 3-47　题 3.6-1 图

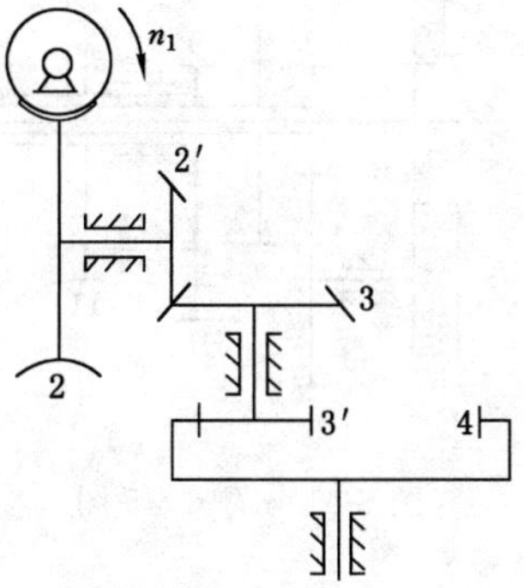

图 3-48　题 3.6-2 图

3.6-3　在图 3-49 所示轮系中，已知 $z_1=15$、$z_2=25$、$z_{2'}=15$、$z_3=30$、$z_{3'}=15$、$z_4=30$、$z_{4'}=2$（右旋）、$z_5=60$、$z_{5'}=20$（$m=4$ mm），若$n_1=500$ r/min，求齿条 6 线速度 v 的大小和方向。

3.6-4　在图 3-50 所示的轮系中，已知各轮齿数为 $z_1=z_2=z_3=z_5=z_6=20$，已知齿轮 1、4、5、7 为同轴线，试求该轮系的传动比 i_{17}。

3.6-5　在图 3-51 所示钟表传动示意图中，E 为擒纵轮，N 为发条盘，S、M、H 分别为秒针、分针、时针。设$z_1=72$、$z_2=12$、$z_3=64$、$z_4=8$、$z_5=60$、$z_6=8$、$z_7=60$、$z_8=6$、$z_9=8$、$z_{10}=24$、$z_{11}=6$、$z_{12}=24$，求秒针与分针的传动比i_{SM} 和分针与时针的传动比i_{MH}。

3.6-6　在图 3-52 所示差动轮系中，已知各轮的齿数 $z_1=30$、$z_2=25$、$z_{2'}=20$、$z_3=75$，齿轮 1 的转速为 200 r/min，齿轮 3 的转速为 50 r/min，方向如图所示，求行星架转速 n_H 的大小和方向。

3.6-7　在图 3-53 所示锥齿轮组成的行星轮系中，已知各轮的齿数 $z_1=20$、$z_2=30$、

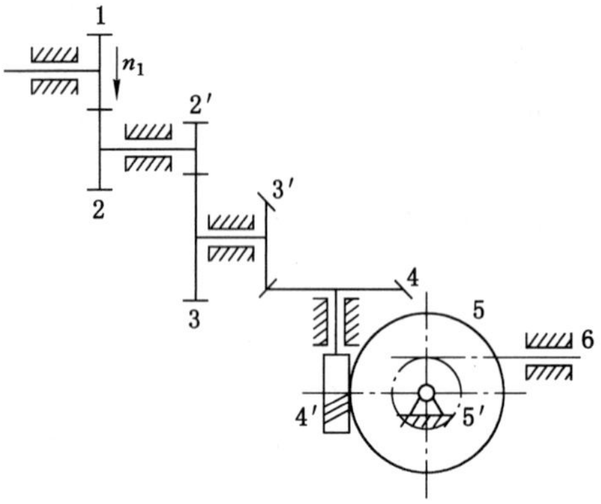

图 3-49　题 3.6-3 图

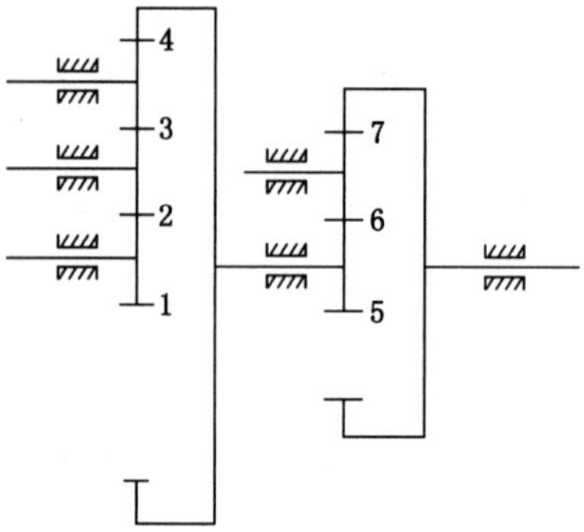

图 3-50　题 3.6-4 图

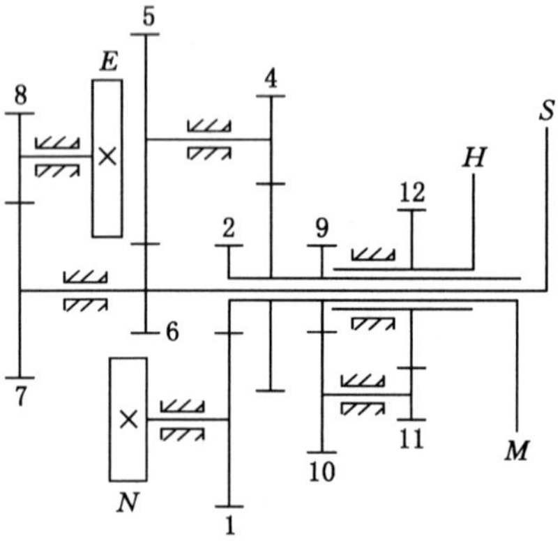

图 3-51　题 3.6-5 图

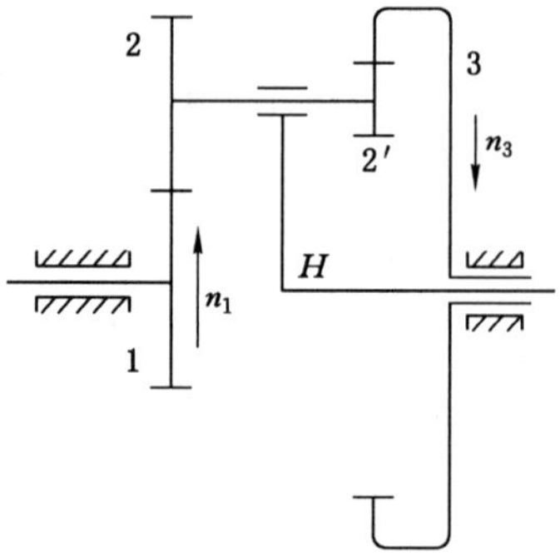

图 3-52　题 3.6-6 图

$z_{2'}=50$、$z_3=80$、$n_1=50$ r/min，求n_H 的大小和方向。

3.6-8　在图 3-54 所示液压回转台的传动机构中，已知 $z_2=15$，液压马达 M 的转速 $n_M=12$ r/min，回转台 H 的转速$n_H=-1.5$ r/min，求齿轮 1 的齿数(提示：$n_M=n_2-n_H$)。

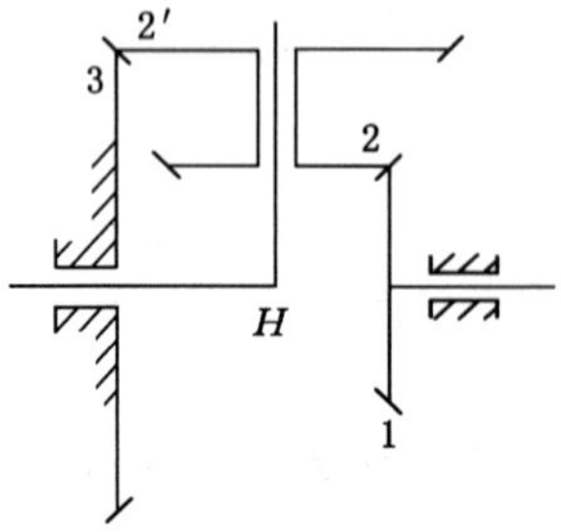

图 3-53　题 3.6-7 图

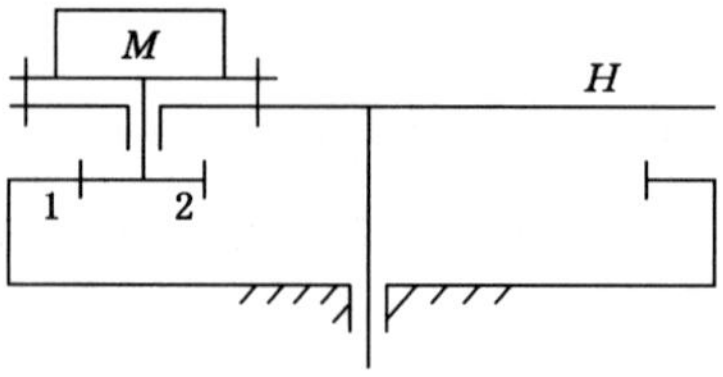

图 3-54　题 3.6-8 图

3.6-9　在图 3-55 所示轮系中，已知 $z_1=1$(右旋蜗杆)、$z_2=40$、$z_{2'}=20$、$z_3=25$、$z_4=20$、$z_{4'}=20$、$z_5=30$、$z_6=80$、$n_1=1\ 000$ r/min(方向如图所示)。试求n_H 的大小和方向。

3.6-10　在图 3-56 所示轮系中，已知 $z_1=17$、$z_2=20$、$z_3=85$、$z_4=18$、$z_5=24$、$z_6=21$、$z_7=63$，齿轮 1 和 4 转向相同。求：

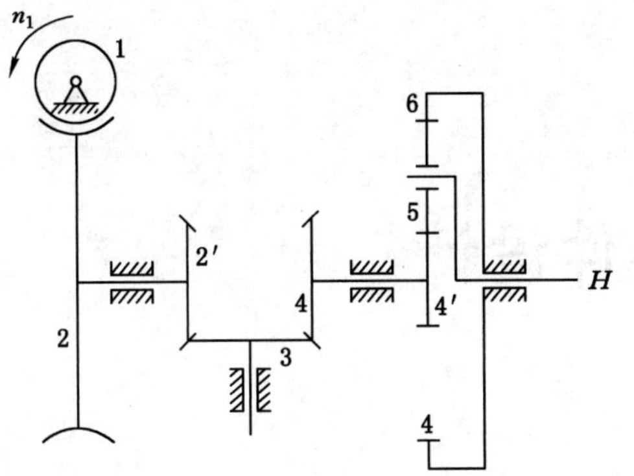

图 3-55　题 3.6-9 图

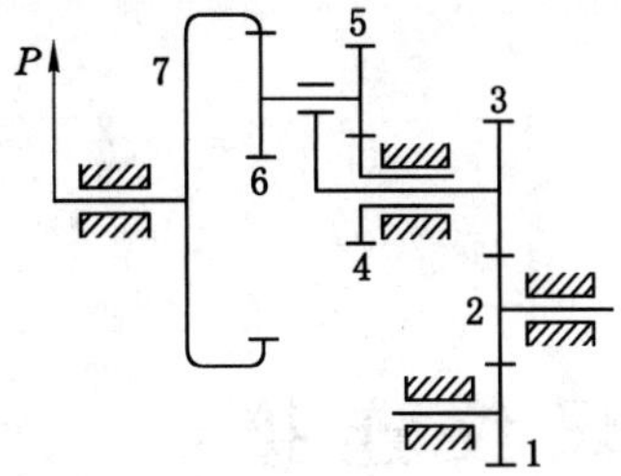

图 3-56　题 3.6-10 图

① 当 $n_1=10\ 001$ r/min、$n_4=10\ 000$ r/min 时，n_p为多少？

② 当 $n_1=n_4$时，n_p为多少？

③ 当 $n_1=10\ 000$ r/min、$n_4=10\ 001$ r/min 时，n_p为多少？

4　连接件设计

4.1　螺纹连接

【教学要求】

● 知识目标

(1) 了解连接的功用、类型与应用。

(2) 了解螺纹连接的类型与螺纹紧固件。

(3) 掌握螺纹连接的防松装置。

(4) 掌握螺纹连接失效形式及强度计算。

(5) 了解螺旋传动的受力情况及计算要点。

● 能力目标

(1) 掌握螺纹连接的防松装置。

(2) 掌握螺纹连接失效形式及强度计算。

● 素质目标

(1) 培养学生团队合作、分析问题和解决问题的能力。

(2) 培养学生认真、严谨、仔细的工作作风,能够准确查找国家标准,选择正确的数值。

● 行业案例

为了便于机器的制造、安装、维修和运输,在机器和设备的各零、部件间广泛采用各种连接。连接分可拆连接和不可拆连接。不损坏连接中的任一零件就可将被连接件拆开的连接称为可拆连接,这类连接经多次装拆仍无损于使用性能,如螺纹连接、键连接和销连接等。不可拆连接指必须毁坏连接中的某一部分才能拆开的连接,如焊接、铆钉连接和黏接等。本书只讨论可拆连接。

在机械制造中,连接指被连接件与连接件的组合。就机械零件而言,被连接件有轴与轴上零件(如齿轮、飞轮等)、轮圈与轮心、箱体与箱盖、焊接零件中的钢板与型钢等。连接件又称紧固件,如螺栓、螺母、销、铆钉等。有些连接没有专门的紧固件,如靠被连接件本身变形组成的过盈连接,利用分子结合力组成的焊接和黏接等。

本节通过引入由零件失效引起的煤矿事故案例,使学生更愿意主动分析、思考和讨论其中的原因,理论联系实际,加深了对理论知识的理解。

4.1.1　螺纹的类型、应用和主要参数

将一倾斜角为 ψ 的直线绕在圆柱上形成一条螺旋线,如图 4-1(a)所示。取一平面图形,如图 4-1(b)所示,使它沿着螺旋线运动,运动时保持此图形平面通过圆柱的轴线,就得到螺

纹。按照平面图形的形状，螺纹分为三角形螺纹、梯形螺纹和锯齿形螺纹等。按照螺旋线的旋向，螺纹分为左旋螺纹和右旋螺纹。机械制造中一般采用右旋螺纹，有特殊要求时才采用左旋螺纹。按照螺旋线数目的不同，右旋螺纹还分为单线螺纹和等距排列的双线螺纹，如图 4-2 所示。为了制造方便，螺纹的线数一般不超过 4。

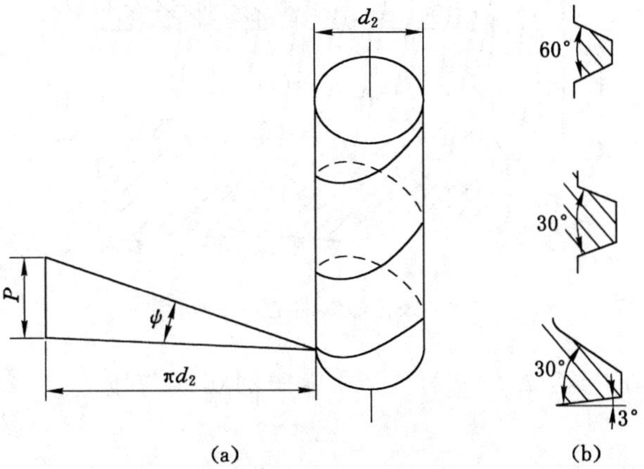

图 4-1　螺旋线的形成

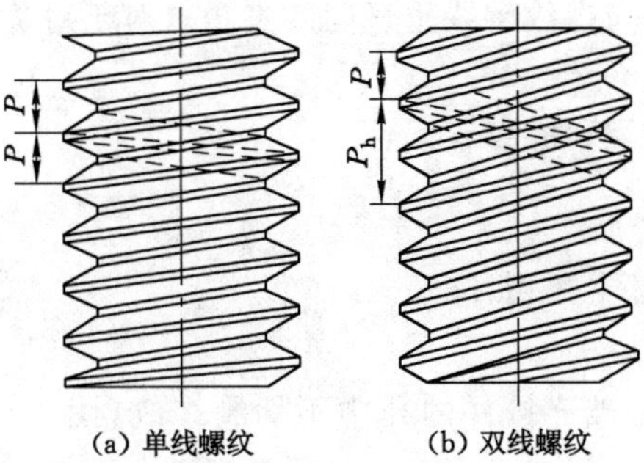

图 4-2　不同线数的右旋螺纹

螺纹有内、外螺纹之分，两者旋合组成螺旋副或螺纹副。用于连接的螺纹称为连接螺纹；用于传动的螺纹称为传动螺纹，相应的传动称为螺旋传动。由于螺旋传动也是利用螺纹零件工作的，其受力情况和几何关系与螺纹连接相似，所以也列入本章论述。

按照母体形状的不同，螺纹分为圆柱螺纹和圆锥螺纹。现以圆柱螺纹为例，说明螺纹的主要几何参数，如图 4-3 所示。

① 大径 d：与外螺纹牙顶或内螺纹牙底相重合的假想圆柱的直径。

② 小径 d_1：与外螺纹牙底或内螺纹牙顶相重合的假想圆柱的直径。

③ 中径 d_2：一个假想圆柱的直径。该圆柱母线上的牙型沟槽和凸起宽度相等。

④ 螺距 P：相邻两牙在中径线上对应两点间的轴向距离。

⑤ 导程 P_h：同一条螺旋线上相邻两牙在中径线上对应两点间的轴向距离。设螺旋线数为 n，则$P_h = nP$。

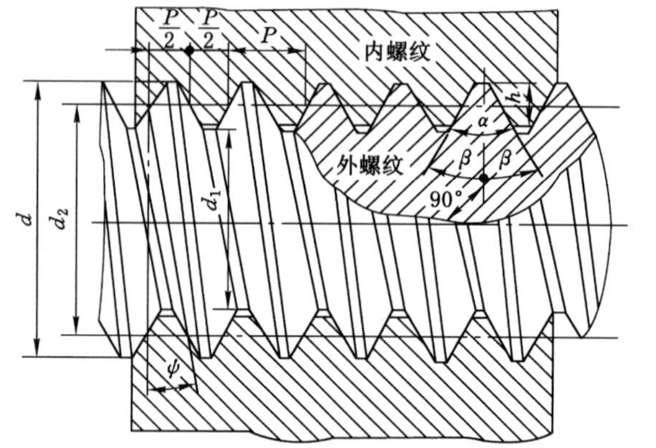

图 4-3　圆柱螺纹的主要几何参数

⑥ 螺纹升角 ψ：在中径 d_2 的圆柱上，螺旋线的切线与垂直于螺纹轴线平面的夹角（图 4-1）。

$$\tan\psi = \frac{nP}{\pi d_2} \tag{4-1}$$

⑦ 牙型角 α：轴向截面内螺纹牙型相邻两侧边的夹角。

⑧ 牙侧角 β：牙型侧边与螺纹轴线垂线间的夹角。对于对称牙型，$\beta = \frac{\alpha}{2}$。

4.1.2　螺纹连接的基本类型和螺纹紧固件

（1）螺纹连接的基本类型

螺纹连接有以下 4 种基本类型：

① 螺栓连接

螺栓连接的结构特点是被连接件的孔中不切制螺纹（图 4-4），装拆方便。图 4-4(a)为普通螺栓连接，其螺栓与孔之间有间隙。这是通常规定所取孔径要比螺栓公称直径大 10% 左右造成的。普通螺栓连接的优点是加工简便，对孔的尺寸精度和表面粗糙度没有太高的要求，一般用钻头粗加工即可，所以应用最广。图 4-4(b)为铰制孔用螺栓连接，其螺杆外径与螺栓孔的内径具有同一公称尺寸，并常采用过渡配合而得到一种几乎是无间隙的配合。它适用于承受垂直于螺栓轴线的横向载荷。值得注意的是，被连接件的孔径经粗加工后，尚需用铰刀做最后精加工，才能使孔壁表面粗糙度和孔径公差达到配合的要求。

② 螺钉连接

螺钉连接的螺钉直接旋入被连接件的螺纹孔中，省去了螺母，如图 4-5(a)所示，因此结构上比较简单，但这种连接不宜经常装拆，以免被连接件的螺纹磨损而使连接失效。

③ 双头螺柱连接

双头螺柱多用于较厚的被连接件或为了结构紧凑而采用盲孔的连接，如图 4-5(b)所示。双头螺柱连接可以多次装拆而不损坏被连接件的螺纹。

④ 紧定螺钉连接

紧定螺钉连接(图 4-6)常用来固定两零件的相对位置，并可传递不大的力或转矩。

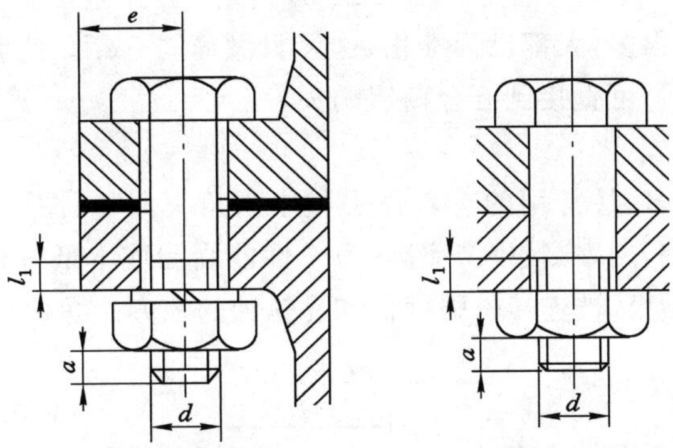

(a) 普通螺栓连接　　(b) 铰制孔用螺栓连接

l_1—螺纹余留长度，载荷性质不同，l_1 不同；a—螺纹伸出长度，$a=(0.2\sim0.3)d$；

e—螺栓轴线到边缘的距离，$e=d+(3\sim6)$mm。

图 4-4　螺栓连接

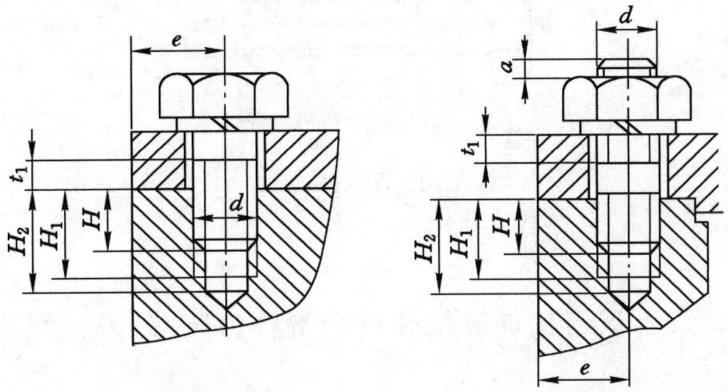

(a) 螺钉连接　　(b) 双头螺柱连接

H—座端拧入深度，螺孔材料不同，H 不同；H_1—螺纹孔深度，$H_1=H+(2.0\sim2.5)P$；

H_2—钻孔深度，$H_2=H_1+(0.5\sim1.0)d$；l_1、a、e 值同图 4-4。

图 4-5　螺钉连接和双头螺柱连接

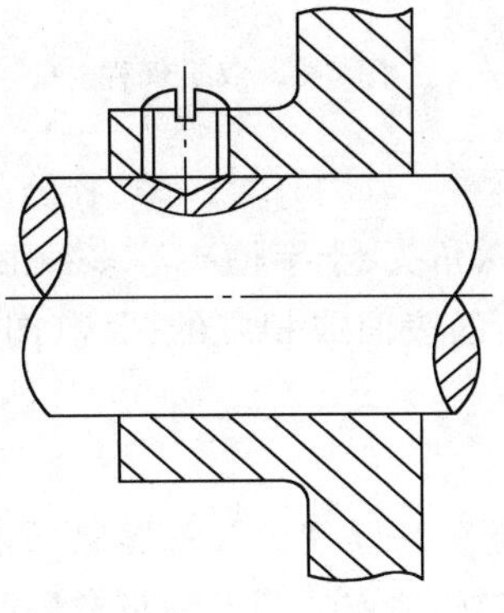

图 4-6　紧定螺钉连接

(2) 螺纹紧固件

螺纹紧固件的种类很多,大都已标准化,这里只做简要介绍。它是一种商品性零件,经合理选择其规格、型号后,可直接到五金商店购买。

① 螺栓

螺栓的头部形状很多,最常用的有六角头和小六角头两种(图 4-7)。冷镦工艺生产的小六角头螺栓具有材料利用率高、生产率高、力学性能高和成本低等优点,但由于其头部尺寸较小,不宜用于装拆频繁、被连接件强度低和易锈蚀的地方。螺栓也应用于螺钉连接中。

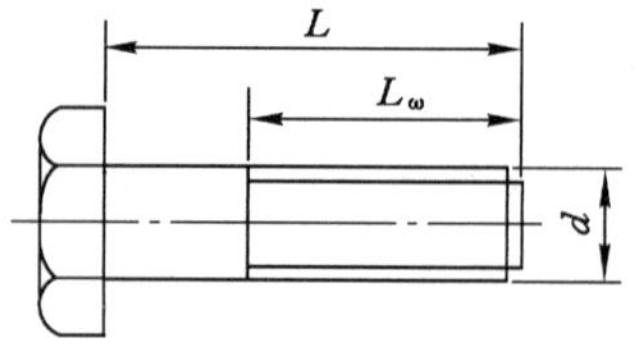

(a) 六角头螺栓

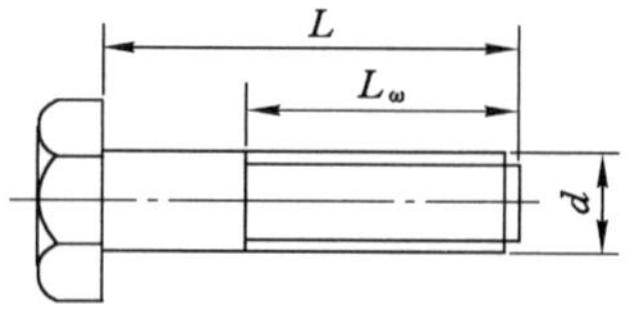

(b) 小六角头螺栓

图 4-7 螺栓

② 双头螺柱

双头螺柱(图 4-8)旋入被连接件螺纹孔的一端称为座端,另一端称为螺母端。双头螺柱公称长度为 L。

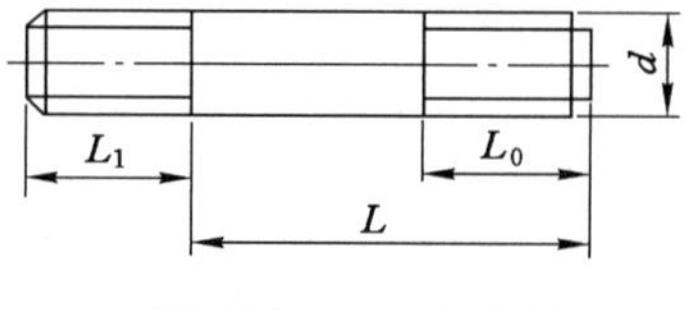

L_1—座端长度;L_0—螺母端长度。

图 4-8 双头螺柱

③ 螺钉、紧定螺钉

螺钉、紧定螺钉的头部有内六角头、十字槽头等多种形式,以适应不同的拧紧程度。紧定螺钉末端要顶住被连接件之一的表面或相应的凹坑(图 4-6),其末端具有平端、锥端、圆尖端等各种形状。

④ 螺母

螺母的形状有六角形、圆形(图 4-9)等。六角形螺母依厚度不同分为标准型和薄型两种,其中薄型螺母用于尺寸受限制的地方。圆形螺母常用于轴上零件的轴向固定。

⑤ 垫圈

垫圈的作用是增大被连接件的支承面积以减小接触处的挤压应力(尤其当被连接件材

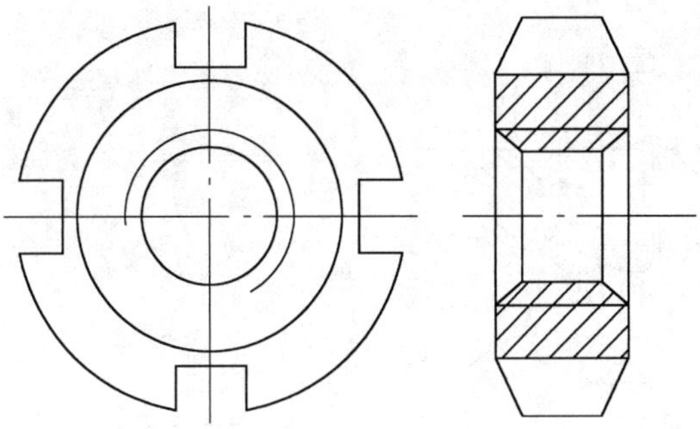

图 4-9 圆螺母

料强度较低时)和避免拧紧螺母时擦伤被连接件的表面。常用的平垫圈呈环状,有防松作用的垫圈见 4.1.3 节。

螺纹紧固件按制造精度分为 A、B、C 三级,其中 A 级精度最高。A 级螺栓、螺母、垫圈组合可用于装备精度要求高、受冲击或变载荷的连接;B 级螺栓、螺母、垫圈组合用于较大尺寸紧固件的连接;C 级螺栓、螺母、垫圈组合用于一般螺栓连接。

4.1.3 螺纹连接的预紧和防松

除个别情况外,螺纹连接在装配时都必须拧紧,这时螺纹连接受到预紧力的作用。对于重要的螺纹连接,应控制其预紧力,因为预紧力的大小对螺纹连接的可靠性、强度和密封性均有很大的影响。

(1) 螺纹连接的预紧

螺纹连接的拧紧力矩 T 等于克服螺纹副相对转动的阻力矩 T_1 和螺母支承面上的摩擦阻力矩 T_2 之和(图 4-10),即

$$T = T_1 + T_2 = \frac{F_a d_2}{2}\tan(\psi + \rho') + f_c F_a r_f \tag{4-2}$$

式中 F_a ——轴向力,对于不承受轴向工作载荷的螺纹,F_a 即预紧力,N;

d_2 ——螺纹中径,mm;

f_c ——螺母与被连接件支承面之间的摩擦系数,无润滑时可取 $f_c = 0.15$;

r_f ——支承面摩擦半径,mm,$r_f \approx \dfrac{d_w + d_0}{4}$,其中 d_w 为螺母支承面的外径,d_0 为螺栓孔直径。

对于 M10～M68 的粗牙螺纹,若取 $f' = \tan\rho' = 0.15$ 及 $f_c = 0.15$,则式(4-2)可简化为:

$$T \approx 0.2 F_a d \tag{4-3}$$

式中 d——螺纹公称直径,mm;

F_a——预紧力,N。

F_a 值是由螺纹连接的要求来决定的,为了充分发挥螺栓的工作能力和保证预紧可靠,螺栓的预紧应力一般应为材料屈服极限的 50%～70%。

小直径的螺栓装配时应施加较小的拧紧力矩,否则就容易将螺栓杆拉断。对重要的有

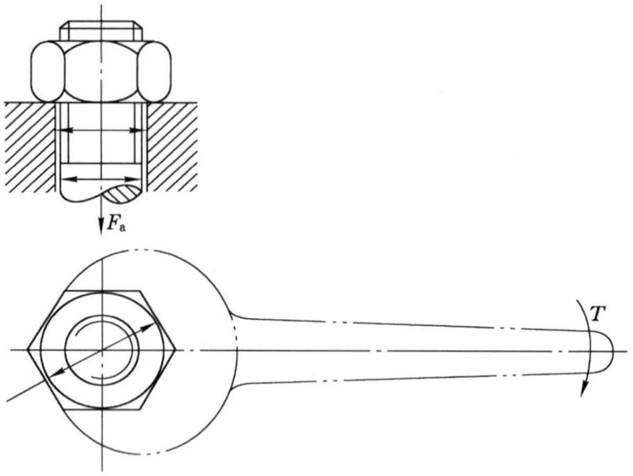

图 4-10　螺纹连接的拧紧力矩

强度要求的螺栓连接，如无控制拧紧力矩的措施，不宜采用小于 M12 的螺栓。

通常螺纹连接拧紧的程度是凭工人经验来确定的。为了能保证质量，重要的螺纹连接应按计算值控制拧紧力矩，用测力矩扳手或定力矩扳手(图 4-11)来获得所要求的拧紧力矩。对于一些更为重要或大型的螺栓连接，可采用控制螺栓在拧紧前后发生的伸长变形量来达到更精确的预紧力控制。

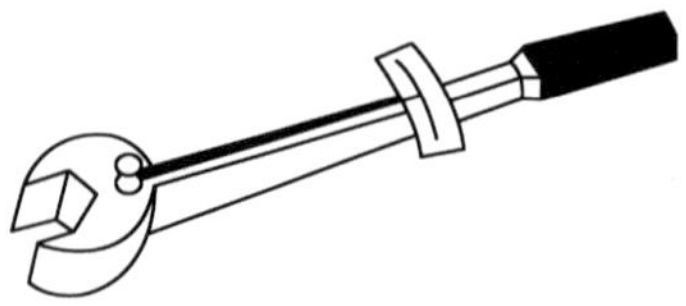

(a) 测力矩扳手

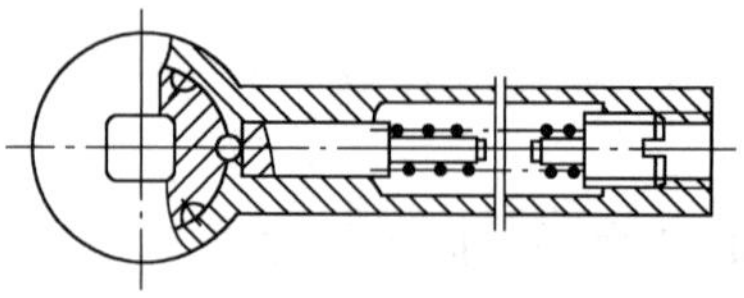

(b) 定力矩扳手

图 4-11　测力矩扳手和定力矩扳手

(3) 螺纹连接的防松

螺纹连接用的三角形螺纹具有自锁性，在静载荷和工作温度变化不大时不会自动松脱。但是在冲击、振动和变载的作用下，预紧力可能在某一瞬间消失，螺纹连接仍有可能松脱。高温的螺纹连接，由于温度变形差异等原因，也可能发生松脱现象，因此设计时必须考虑防松。

螺纹连接防松的根本问题在于防止螺纹副的相对转动。防松的方法很多，常用的方法见表 4-1。

表 4-1 常用的防松方法

利用附加摩擦力防松	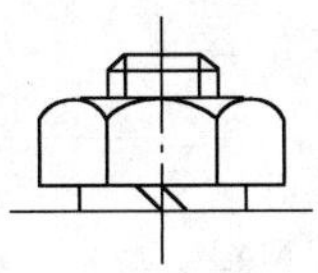 弹簧垫圈 弹簧垫圈材料为弹簧钢，装配后垫圈被压平，其反弹力能使螺纹间保持压紧	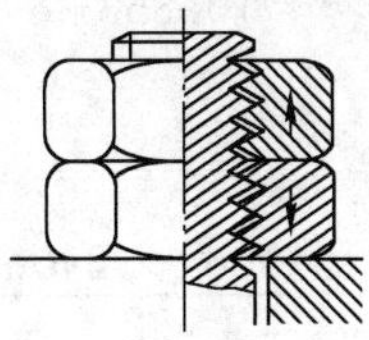 对顶螺母 利用两螺母的对顶作用使螺栓始终受到拉力和附加的摩擦力。对顶螺母结构简单，可用于低速、重载场合	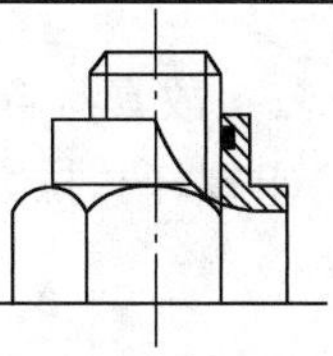 尼龙圈锁紧螺母 螺母中嵌有尼龙圈，拧上后尼龙圈内孔被胀大，箍紧螺栓
	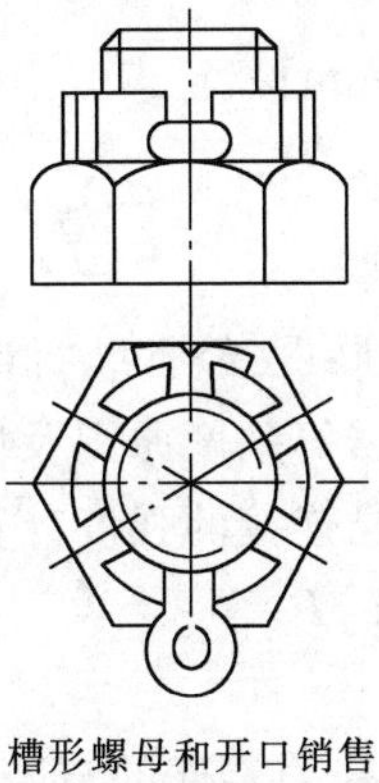 槽形螺母和开口销售 槽形螺母拧紧后，用开口销穿过螺栓尾部小孔和螺母的槽，也可以用普通螺母拧紧后再配钻开口销孔	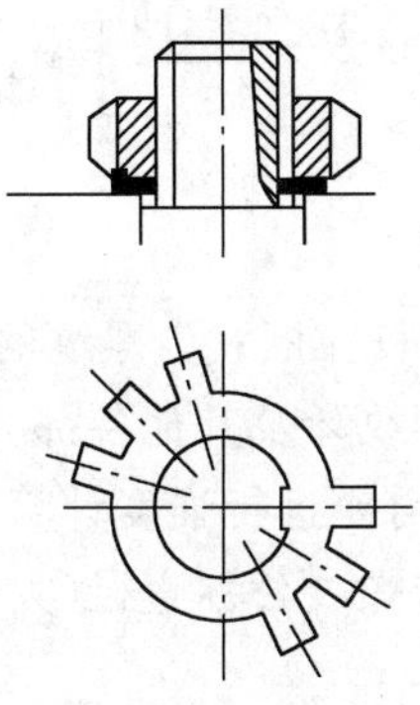 圆螺母用带翅垫片 使垫片内翅嵌入螺栓（轴）的槽内，拧紧螺母后将垫片外翅之一折嵌于螺母的一个槽内	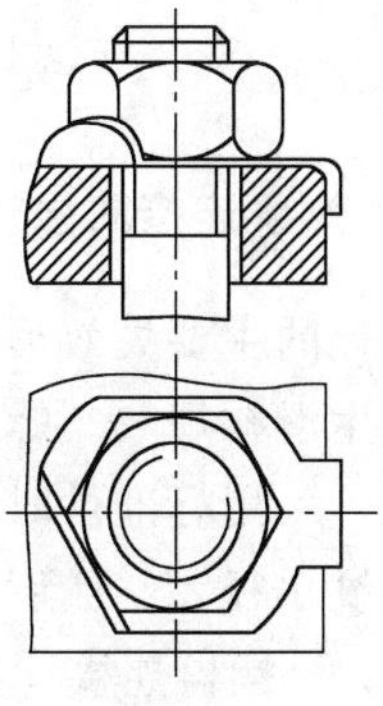 止动垫片 将垫片折边以固定螺母和被连接件的相对位置
其他方法防松	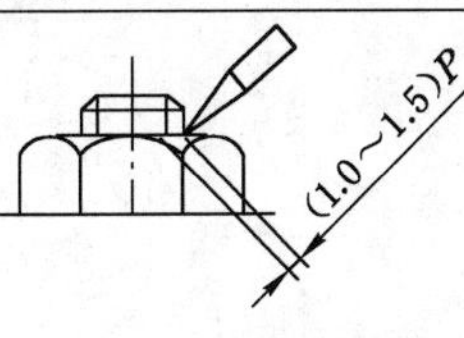 冲点法防松 用冲头冲 2～3 点，图中 P 为螺栓的螺距	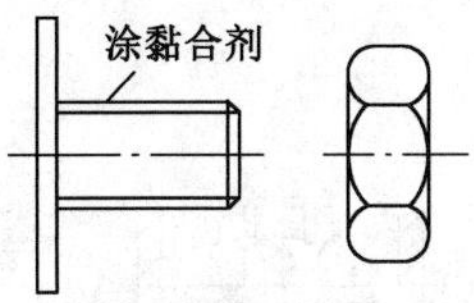 黏合法防松	用黏合剂涂于螺纹旋合表面，拧紧螺母后黏合剂能自行固化，防松效果良好

例 4-1 已知 M12 螺栓用碳素结构钢制成，其屈服极限为 240 MPa，螺纹间的摩擦系数 $f=0.10$，螺母与支承面间的摩擦系数 $f_c=0.15$，螺母支承面外径 $d_w=16.6$ mm，螺栓孔直径 $d_0=13$ mm，欲使螺母拧紧后螺杆的拉应力达到材料屈服极限的 50%，求应施加的拧紧力矩，并验算其能否自锁。

解 (1) 求当量摩擦系数及当量摩擦角

$$f'=\frac{f}{\cos\beta}=\frac{0.10}{\cos 30^\circ}=0.115$$

$$\rho'=\arctan f'=6.59^\circ$$

(2) 求螺纹升角 ψ

由表 4-1 查得，M12 螺纹的 $P=1.75$ mm，$d_2=10.863$ mm，$d_1=10.106$ mm

$$\psi = \arctan \frac{1.75}{10.863\pi} = 2.94^\circ$$

$\psi < \rho'$，故具有自锁性。

(3) 求螺杆总拉力(预紧力) F_a

$$F_a = \frac{\pi d_1^2}{4} \times \frac{\sigma_s}{2} = \frac{10.106^2 \times 240\pi}{4 \times 2} = 9\ 625.36\ (\text{N})$$

(4) 求拧紧力矩 T

依式(4-2),螺纹连接的拧紧力矩为：

$$T = F_a \frac{d_2}{2} \tan(\psi + \rho') + f_c F_a r_f = \left[\frac{9\ 625.36 \times 10.863}{2} \tan(2.94^\circ + 6.59^\circ) + 0.15 \times 9\ 625.36 \times \frac{16.6 + 13}{4}\right] = 19.46\ (\text{N} \cdot \text{mm})$$

4.1.4 螺纹连接的强度计算

螺栓的主要失效形式有：① 螺栓杆拉断；② 螺纹的压溃和剪断；③ 经常装拆时会因磨损而发生滑扣现象。螺栓与螺母的螺纹牙及其他各部分尺寸是根据等强度原则及使用经验规定的。采用标准件时,这部分都不需要进行强度计算。所以,螺栓连接的强度计算主要是确定螺纹小径 d_1，然后按照标准选定螺纹公称直径(大径) d 及螺距 P 等。

(1) 松螺栓连接

松螺栓连接装配时不需要把螺母拧紧,在承受工作载荷前,除有关零件的自身重力(自身重力一般很小,强度计算时可略去)外,连接并不受力。图 4-12 所示吊钩尾部的连接是松螺栓连接的应用实例。当承受轴向工作载荷 F_a 时,其强度条件为：

$$\sigma = \frac{F_a}{\pi d_1^2/4} \leqslant [\sigma] \tag{4-4}$$

式中 d_1 ——螺纹小径,mm；

$[\sigma]$——许用拉应力,MPa。

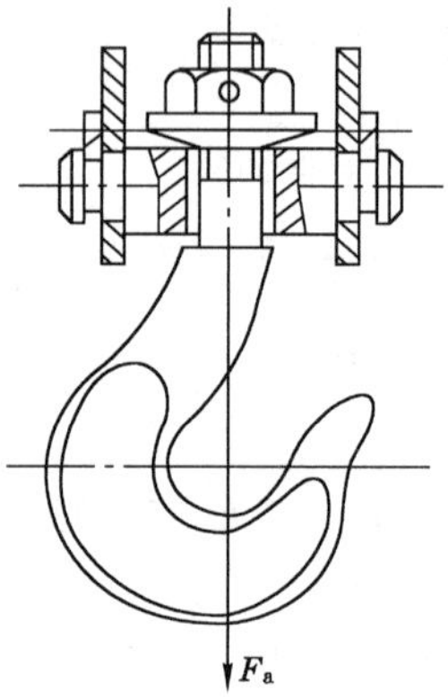

图 4-12 起重吊钩

例 4-2 如图 4-12 所示,已知载荷 F_a =25 kN,吊钩材料为 35 钢,许用拉应力$[\sigma]$=60 MPa,试求吊钩尾部螺纹直径。

解 由式(4-4)可得螺纹小径，即

$$d_1 = \sqrt{\frac{4F_a}{\pi[\sigma]}} = \sqrt{\frac{4\times 25\times 10^3}{60\pi}} = 23.033\ (\text{mm})$$

由表 4-1 查得，$d=27$ mm 时，$d_1=23.752$ mm，比根据强度计算求得的 d_1 值略大，故吊钩尾部螺纹可采用 M27。

(2) 紧螺栓连接

紧螺栓连接装配时需要拧紧，在工作状态下可能还需要补充拧紧。设拧紧螺栓时螺杆承受的轴向拉力为 F_a(对于不承受轴向工作载荷的螺栓，F_a 即预紧力)。这时螺栓危险截面(螺纹小径 d_1 处截面)除受拉应力 $\sigma=\dfrac{F_a}{\pi d_1^2/4}$ 外，还受螺纹力矩 T_1 所引起的扭切应力，即

$$\tau = \frac{T_1}{\pi d_1^3/16} = \frac{F_a\tan(\psi+\rho')d_2/2}{\pi d_1^3/16} = \frac{2d_2}{d_1}\tan(\psi+\rho')\frac{F_a}{\pi d_1^2/4}$$

对于 M10～M68 的普通螺纹，d_2/d_1 和 ψ 均取平均值，并取 $\tan\rho'=f'=0.15$，得 $\tau\approx 0.5\sigma$。按第四强度理论(最大变形能理论)，当量应力 σ_e 为：

$$\sigma_e = \sqrt{\sigma^2+3\tau^2} = \sqrt{\sigma^2+3(0.5\sigma)^2} \approx 1.3\sigma$$

故螺栓螺纹部分的强度条件为：

$$\frac{1.3F_a}{\pi d_1^2/4} \leqslant [\sigma] \tag{4-5}$$

式中 [σ]——螺栓的许用应力，MPa。

① 受横向工作载荷的螺栓强度

如图 4-13 所示的螺栓连接，螺栓与孔之间留有间隙，承受垂直于螺栓轴线的横向工作载荷 F，它靠被连接件间产生的摩擦力保持被连接件无相对滑动。若接合面间的摩擦力不足，在横向载荷作用下发生相对滑动，则认为连接失效。此时，虽然有关连接的各组成件暂时仍完好无损，但被连接件已离开原来规定的正确设计位置(移动量在孔隙范围内)；此外，还会由于其他因素(如机器的起动和停车、正反转、加载和卸载或其他偶然因素等)的影响，造成螺栓和孔的相对位置发生变化，并产生冲击、噪声和磨损等更为严重的后果。为保证被连接件接合面间有足够的摩擦力阻止其发生相对滑动，所需的螺栓轴向压紧力(预紧力)应为：

$$F_a = F_0 \geqslant \frac{CF}{mf} \tag{4-6}$$

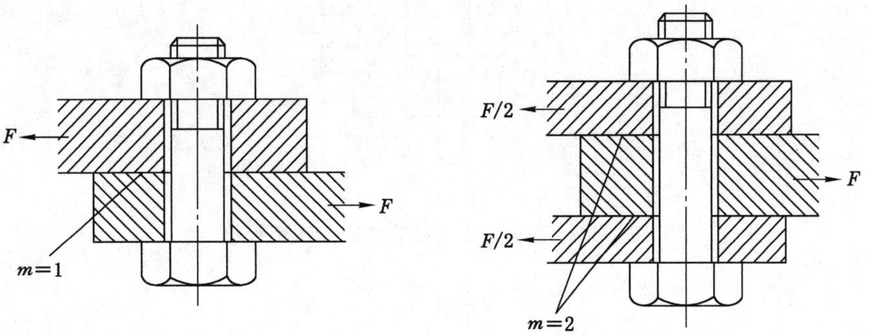

图 4-13 受横向载荷的螺栓连接

式中　F_0——预紧力；

C——可靠性系数，通常取 $C = 1.1 \sim 1.3$；

m——接合面数目；

f——接合面摩擦系数，对于钢或铸铁被连接件，可取 $f = 0.1 \sim 0.15$。

求出 F_a 值后，可按式(4-4)计算螺栓强度。

由式(4-6)可以看出，当 $f = 0.15$、$C = 1.2$、$m = 1$ 时，$F_0 \geqslant 8F$，即预紧力至少为横向工作载荷的 8 倍，所以当螺栓连接靠摩擦力来承担横向载荷时，其尺寸是较大的。

为了避免上述缺点，可用键、套筒或销承担横向工作载荷，而螺栓仅起连接作用(图 4-14)，也可以采用螺杆与孔之间没有间隙的铰制孔用螺栓(图 4-15)来承担横向载荷。这些减载装置中的键、套筒、销和铰制孔用螺栓可按受剪切和受挤压作用进行强度核算。以图 4-15 为例，受横向工作载荷的铰制孔用螺栓强度条件如下：

$$\tau = \frac{F}{m\dfrac{\pi d_0^2}{4}} \leqslant [\tau] \tag{4-7}$$

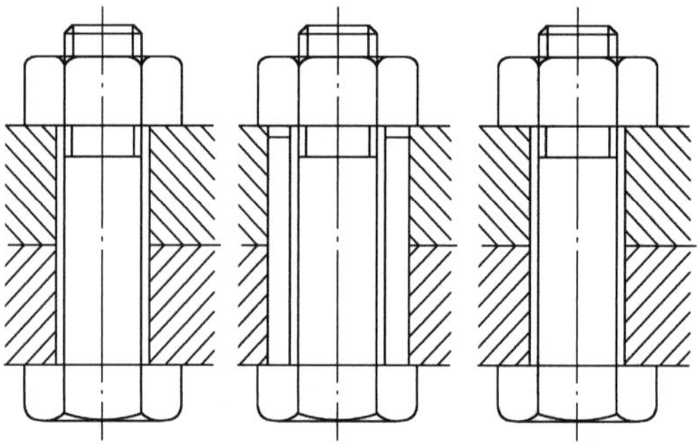

图 4-14　减载装置

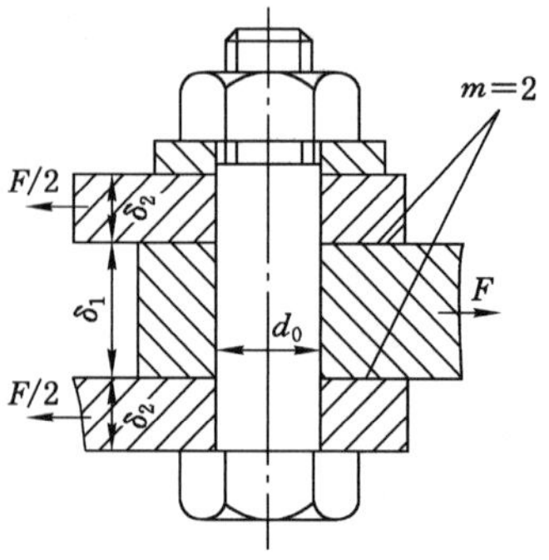

图 4-15　受横向工作载荷的铰制孔用螺栓

$$\sigma_p = \frac{F}{d_0\delta} \leqslant [\sigma_p] \tag{4-8}$$

式中，δ 取 δ_1 和 $2\delta_2$ 两者的较小值。

② 受轴向工作载荷的螺栓强度

在如图 4-16 所示的缸体中，设流体压强为 p，螺栓数为 z，则缸体周围每个螺栓平均承

受的轴向工作载荷 $F_E = \frac{p\pi D^2/4}{z}$。

在受轴向工作载荷的螺栓连接中，螺栓实际承受的总拉伸载荷 F_a 并不等于预紧力 F_0 与 F_E 之和，原因如下：

螺栓和被连接件受载前、后的情况如图 4-17 所示。图 4-17(a)是连接还没有拧紧时的情况，螺栓连接拧紧后，螺栓受到拉力 F_0 作用而伸长了 δ_{b0}；被连接件受到压缩力 F_0 作用而缩短了 δ_{c0}，如图 4-17(b)所示。在连接承受轴向工作载荷 F_E 时，螺栓的伸长量增大 $\Delta\delta$，即伸长量为 $\delta_{b0}+\Delta\delta$，相应的拉力就是螺栓的总拉伸载荷 F_a。与此同时，被连接件则随着螺栓的伸长而弹回，其压缩量减小了 $\Delta\delta$，即压缩量为 $\delta_{c0}-\Delta\delta$，与此相应的压力就是残余预紧力 F_R，如图 4-17(c)所示。

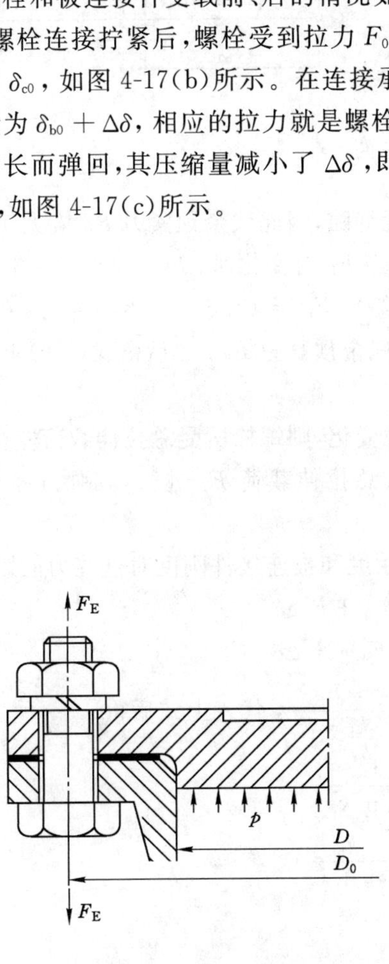

图 4-16 压力容器的螺栓连接

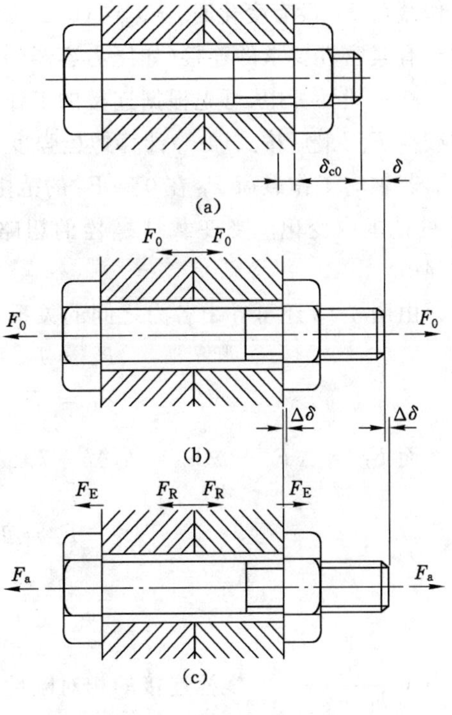

图 4-17 载荷与变形示意图

工作载荷 F_E 和残余预紧力 F_R 一起作用在螺栓上，所以螺栓的总拉伸载荷为：

$$F_a = F_E + F_R \tag{4-9}$$

因残余预紧力 F_R 小于初始预紧力 F_0，故 $F_a \neq F_E + F_0$。

如图 4-18 所示，图 4-18(a)和图 4-18(b)分别表示 F_0 与 δ_{b0} 和 δ_{c0} 的关系。按照此载荷变形图也可得到上式。若零件中的应力没有超过比例极限，由图 4-18 可知，螺栓刚度 $k_b = \frac{F_0}{\delta_{b0}}$，被连接件刚度 $k_c = \frac{F_0}{\delta_{c0}}$。在连接件未承受工作载荷时，螺栓中的拉力和被连接件的压缩力都等于 F_0，所以把图 4-18(a)和图 4-18(b)合并可得图 4-18(c)。

由图 4-18(c)可知，承受工作载荷 F_E 后，螺栓的伸长量为 $\delta_{b0}+\Delta\delta$，相应的总拉伸载荷为 F_a；被连接件的压缩量为 $\delta_{c0}-\Delta\delta$，相应的残余预紧力为 F_R。

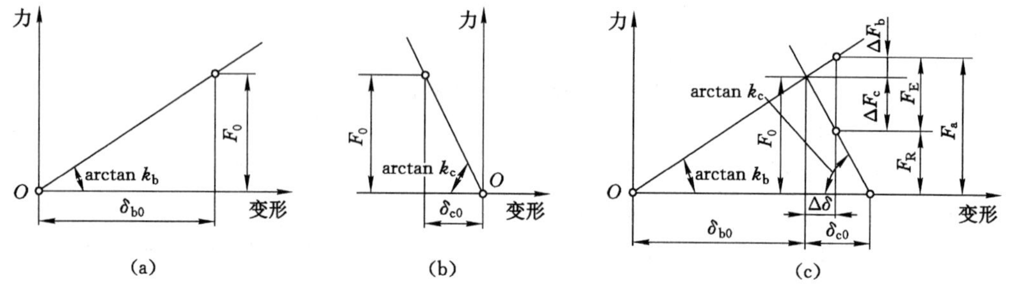

图 4-18　载荷与变形的关系

紧螺栓连接应能保证被连接件的接合面不出现缝隙，因此残余预紧力 F_R 应大于 0。当工作载荷 F_E 没有变化时，$F_R = (0.2 \sim 0.6) F_E$；当 F_E 有变化时，$F_R = (0.6 \sim 1.0) F_E$。对于有紧密性要求的连接（如压力容器的螺栓连接等），$F_R = (1.5 \sim 1.8) F_E$。

在一般计算中，可先根据连接的工作要求规定残余预紧力 F_R，然后由式(4-9)求出总拉伸载荷 F_a，最后按式(4-5)计算螺栓强度。

若轴向工作载荷 F_E 在 $0 \sim F_E$ 的范围内周期性变化，则螺栓所受总拉伸载荷应在 $F_0 \sim F_a$ 的范围内变化。受变载荷螺栓的粗略计算可按总拉伸载荷 F_a 进行，其强度条件仍为式(4-5)。

由图 4-18 还可导出各力之间的关系以及螺栓刚度和被连接件刚度对这些力的影响，即

$$\begin{cases} F_a = F_0 + \Delta F_b = F_0 + k_b \Delta\delta \\ F_R = F_0 - \Delta F_c = F_0 - k_c \Delta\delta \end{cases} \tag{4-10}$$

而 $F_E = \Delta F_b + \Delta F_c = k_b \Delta\delta + k_c \Delta\delta$，即 $\Delta\delta = \dfrac{F_E}{k_b + k_c}$，代入上式后得：

$$F_a = F_0 + F_E \frac{k_b}{k_b + k_c} \tag{4-11}$$

$$F_R = F_0 - F_E\left(1 - \frac{k_b}{k_b + k_c}\right) \tag{4-12}$$

式中　$\dfrac{k_b}{k_b + k_c}$ ——螺栓连接的相对刚性系数。

螺栓连接的相对刚性系数的大小与螺栓及被连接件的材料、尺寸和结构有关，其值在 0～1 的范围内变化，一般可按表 4-2 选取。

表 4-2　螺栓连接的相对刚性系数

垫片类别	金属垫片或无垫片	皮革垫片	铜皮石棉垫片	橡胶垫片
$\dfrac{k_b}{k_b + k_c}$	0.2～0.3	0.7	0.8	0.9

习　题

4.1-1　试计算 M20、M20×1.5 螺纹的螺纹升角，并指出哪种螺纹的自锁性较好。

4.1-2 气缸盖连接结构如图 4-19 所示，气缸内径 $D=250$ mm，为保证气密性要求采用 12 个 M18 的螺栓，螺纹小径为 15.294 mm、中径为 16.376 mm，许用拉应力为 120 MPa，取残余预紧力为工作拉力的 1.5 倍，求气缸所能承受的最大压强。

4.1-3 如图 4-20 所示，用两个 M12（小径 $d_1=10.106$ mm，中径 $d_2=10.863$ mm）的螺钉固定一牵引钩。若螺钉材料为 Q235 钢，屈服极限为 240 MPa，装配时控制预紧力（安全系数取 $S=1.5$），考虑摩擦传力的可靠性系数（防滑系数），接合面摩擦系数为 0.3，求其允许的牵引力。

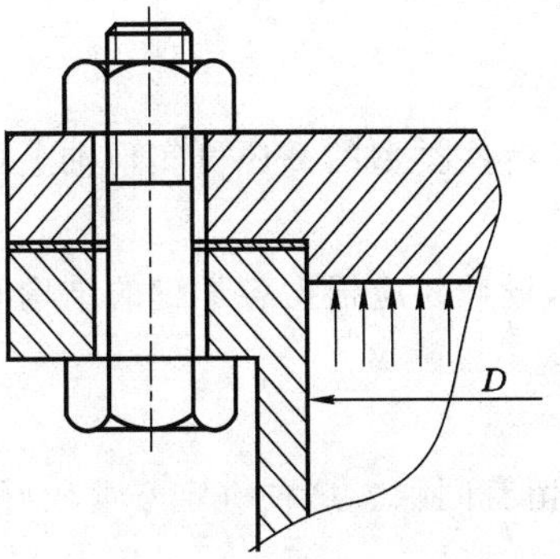

图 4-19 题 4.1-2 图

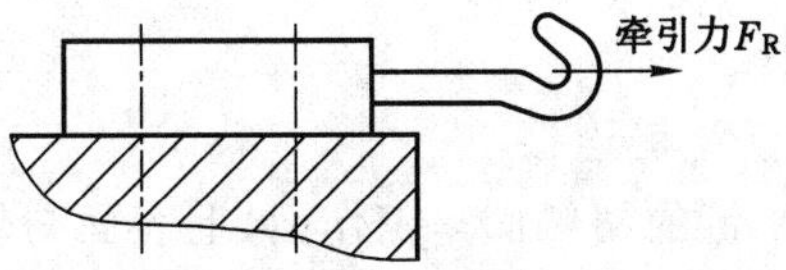

图 4-20 题 4.1-3 图

4.1-4 根据防松原理的不同，螺纹连接防松方法可分为哪几种？

4.2 键连接和花键连接

【教学要求】

● 知识目标

(1) 了解半圆键连接、花键连接、楔键连接的特点。

(2) 理解键连接的功用及类型。

(3) 掌握平键连接的特点和种类。

● 能力目标

(1) 掌握键连接的画法。

(2) 能够根据轴径的尺寸正确选择键的尺寸和公差。

● 素质目标

(1) 培养学生分析问题和解决问题的能力。

(2) 培养认真、严谨、仔细的工作作风，能够准确查找国家标准，选择正确的数值。

● 学习重点与难点

(1) 学习重点：平键连接。

(2) 学习难点：键连接的功用和平键连接的特点。

【行业案例】

电子类产品大都使用吸塑盘周转物料，相关的自动化设备很多都是靠吸塑盘上下料，不同规格的产品吸塑盘规格比较难做到统一，故要求平皮带能传送吸塑盘，平皮带间距根据需要可调。平皮带间距可调结构使用的是伺服电机和正反牙梯形丝杠，此处不再过多阐述。传动轴部分要求平皮带的传动轮跟随平皮带间距可调，同时又可在任意位置传递动力，因此可考虑使用花键轴作为传动轴。花键的特征是轴与轴套可沿轴向任意滑动，又可同时传递动力，很符合传动轴的设计要求。花键分为矩形花键和渐开线花键两大类。矩形花键加工简单，能用磨削方法获得较高的精度，适用于一般机械传动装置中。此处仅用于传递吸塑盘，要求传动力矩不大，且传动精度要求不高，故选用矩形花键。

4.2.1 键连接

(1) 键连接的类型

键主要用来实现轴和轴上零件之间的周向固定。有些类型的键还可实现轴上零件的轴向固定或轴向移动。

键是标准件，分为平键、半圆键、楔键和切向键等，设计时应根据各类键的结构和特点进行选择。

① 平键连接

平键的两侧面是工作面，上表面与轮毂槽底之间留有间隙。这种键定心性较好，装拆方便。常用的平键有普通平键和导向平键两种，如图 4-19 所示。

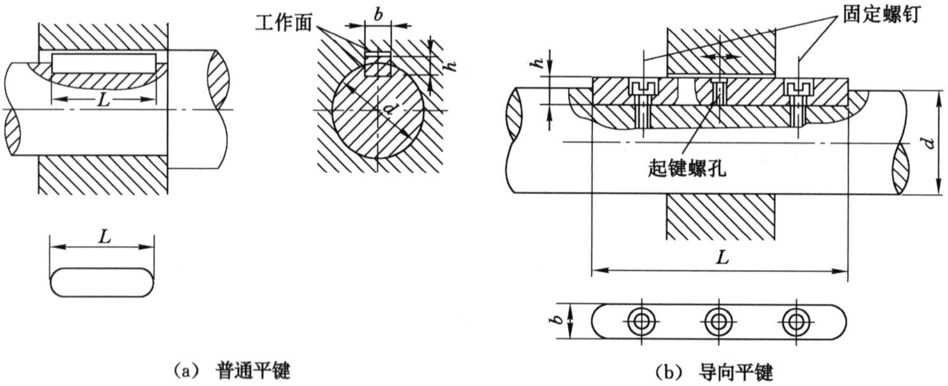

图 4-19 平键连接

普通平键的端部形状可制成圆头(A 型)、方头(B 型)或单圆头(C 型)，见表 4-3。其中，圆头普通平键的轴槽用指形铣刀加工，键在槽中固定良好，但轴上键槽端部的集中应力较大；方头普通平键的轴槽用盘形铣刀加工，轴的集中应力较小。单圆头普通平键常用于轴端，圆头普通平键应用最广。

表 4-3 普通平键和键槽的尺寸 单位：mm

轴的直径 d	键的尺寸				键槽		
	b	h	半径	L	轴槽深度 t_1	毂槽深度 t_2	半径 r
6～8	2	2	0.16～0.25	6～20	1.2	1.0	0.08～0.16
>8～10	3	3		6～36	1.8	1.4	
>10～12	4	4		8～45	2.5	1.8	

表 4-3(续)

轴的直径 d	键的尺寸				键槽		
	b	h	半径	L	轴槽深度 t_1	毂槽深度 t_2	半径 r
>12～17	5	5	0.25～0.40	10～56	3.0	2.3	0.16～0.25
>17～22	6	6		14～70	3.5	2.8	
>22～30	8	7		18～90	4.0	3.3	
>30～38	10	8	0.4～0.6	22～110	5.0	3.3	0.25～0.40
>38～44	12	8		28～140	5.0	3.3	
>44～50	14	9		36～160	5.5	3.8	
>50～58	16	10		45～180	6.0	4.3	
>58～65	18	11		50～200	7.0	4.4	
>65～75	20	12	0.5～0.8	56～220	7.5	4.9	0.4～0.6
>75～85	22	14		63～250	9.0	5.4	

注:数据摘自《平键 键槽的剖面尺寸》(GB/T 1095—2003)、《普通型平键》(GB/T 1096—2003)。

导向平键较长,需用螺钉固定在轴槽中,为便于装拆,在键上制出起键螺孔,如图 4-19(b)所示。这种键能实现轴上零件的轴向移动,构成动连接。如变速箱的滑移齿轮就采用的是导向平键。

② 半圆键连接

半圆键也以两侧面为工作面(图 4-20),它与平键一样具有定心性较好的优点。半圆键能在轴槽中摆动以适应毂槽底面,装配方便。它的缺点是键槽对轴的活动影响较大,只适用于轻载连接。锥形轴端采用半圆键连接在工艺上较为方便。

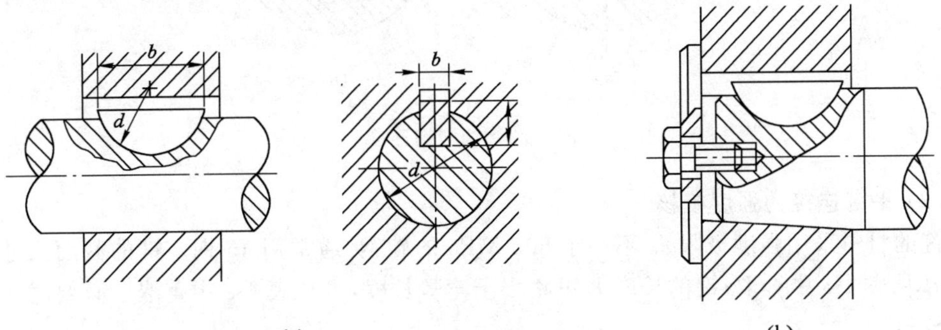

(a)　　　　　　(b)

图 4-20　半圆键连接

③ 楔键连接和切向键连接

楔键的上、下面是工作面(图 4-21),键的上表面有 1∶100 的斜度,轮毂键槽的底面也有 1∶100 的斜度,把楔键打入轴和毂槽时,其工作面上产生很大的预紧力 F_n。工作时,主要靠摩擦力 fF_n(f 为接触面间的摩擦系数)传递转矩 T,并能承受单方向的轴向力。

由于楔键打入时迫使轴和轮毂产生偏心距 e(图 4-21),因此楔键仅适用于定心精度要求不高、载荷平稳和低速场合的连接。

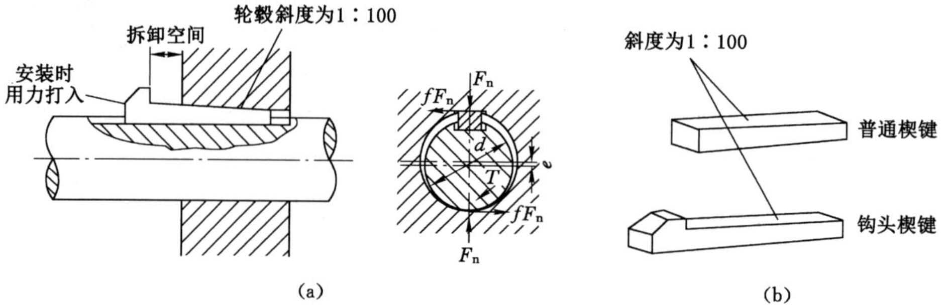

图 4-21　楔键连接

楔键分为普通楔键和钩头楔键两种(图 4-21)。其中,钩头楔键的钩头是为拆键用的。

此外,在重型机械中常采用切向键连接。切向键由一对楔键组成,如图 4-22(a)所示,装配时将两键楔紧。键的窄面是工作面,工作面上的压力沿轴的切线方向作用,能传递很大的转矩。当双向传递转矩时,需用两对切向键并呈 120°～130°布置,如图 4-22(b)所示。

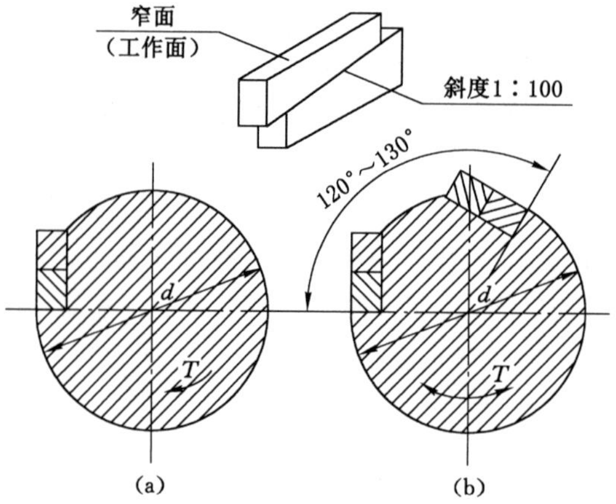

图 4-22　切向键连接

(2) 平键连接的强度校核

键的材料采用强度极限 σ_B 不小于 600 MPa 的碳钢,通常用 45 钢。键的截面尺寸应按轴径 d 从表 4-3 中查取;键的长度 L 可略小于轮毂长度,也从表 4-3 中查取。必要时应进行强度校核。

平键连接的主要失效形式是工作面的压溃和磨损(对于动连接)。除非有严重过载,一般不会出现键的剪断。

设载荷为均匀分布,由平键连接的受力情况(图 4-23)可得到平键连接的挤压强度条件,即

$$\sigma_P = \frac{4T}{d\hbar l} \leqslant [\sigma_P] \tag{4-13}$$

对于导向平键连接(动连接),其挤压强度条件为:

$$p = \frac{4T}{d\hbar l} \leqslant [p] \tag{4-14}$$

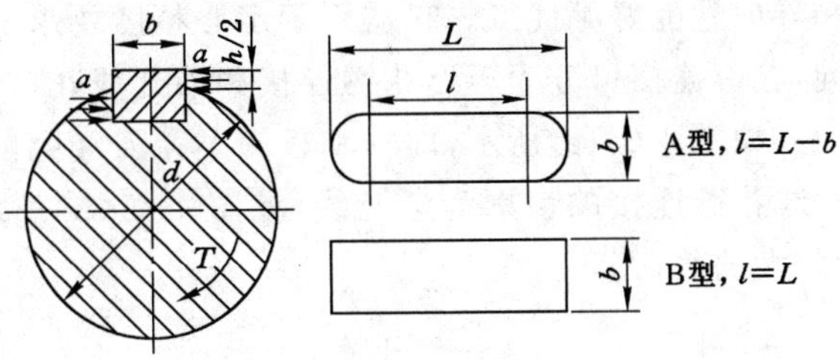

图 4-23 平键连接受力情况

式中 T——转矩，N·mm；

d——轴径，mm；

h ——键的高度，mm；

l——键的工作长度，mm；

$[\sigma_P]$——许用挤压应力，MPa；

$[p]$——许用压强，MPa。

连接件的许用挤压应力和许用压强见表 4-4。

表 4-4 连接件的许用挤压应力和许用压强 单位：MPa

许用值	轮毂材料	载荷性质		
		静载荷	轻微冲击	冲击
$[\sigma_P]$	钢	125～150	100～120	60～90
	铸铁	70～80	50～60	30～45
$[p]$	钢	50	40	30

注：在键连接的组成零件（轴、键、轮毂）中，轮毂材料较脆弱。

若强度不够，可采用两个平键相隔 180°布置，如图 4-24 所示。考虑到载荷分布的不均匀性，在强度校核中可按 1.5 个键计算。

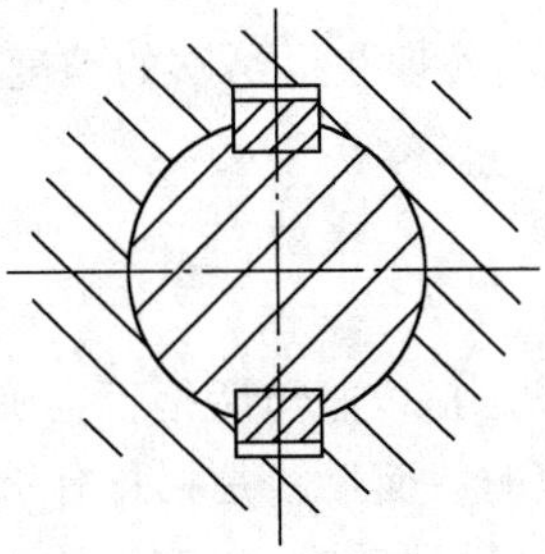

图 4-24 两个平键组成的连接

4.2.2 花键连接

轴和轮毂孔周向均布的多个键齿构成的连接称为花键连接。齿的侧面是工作面。由于花键连接是多齿传递载荷，所以其比平键连接具有承载能力强、对轴的削弱程度低（齿浅、集中应力小)、定心性好和导向性能好等优点。它适用于定心精度要求高、载荷大或经常滑移的连接。按齿形的不同,花键连接可分为矩形花键连接和渐开线花键连接。矩形花键连接应用广泛,它靠小径定心,如图 4-25(a)所示,即轴和毂的小径需经磨削形成配合面,这样可使定心精度较高。渐开线花键连接的齿廓为渐开线,如图 4-25(b)所示,它靠齿廓定心,使各齿受力均匀,能承受较大的载荷。

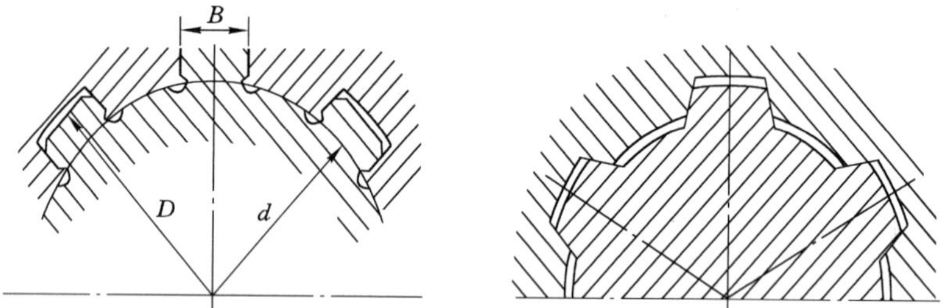

(a) 矩形花键连接　　(b) 渐开线花键连接

图 4-25　花键连接

花键连接可以是静连接,也可以是动连接,一般只需验算挤压强度和耐磨性即可。以矩形花键为例,由相关标准可查得大径 D、小径 d、键宽 B 和齿数 z,设各齿压力的合力作用在平均半径r_m处,载荷不均匀系数 $K=0.7\sim0.8$,则连接所能传递的扭矩 T 为:

$$\begin{cases} T = Kzhl'r_m[\sigma_P] & \text{(静连接)} \\ T = Kzhl'r_m[p] & \text{(动连接)} \end{cases} \tag{4-15}$$

式中　l'——齿的接触长度,mm;

h——齿面工作高度,mm;

$[\sigma_P]$——许用挤压应力,MPa;

$[p]$——许用压强,MPa。

对于矩形花键,$h=\dfrac{D-d}{2}-2C$,$r_m=\dfrac{D+d}{4}$,其中 C 为齿顶的倒圆半径。

花键连接的零件多用强度极限不低于 600 MPa 的钢料制造,多数需热处理,特别是在载荷下频繁移动的花键齿,应通过热处理获得足够的硬度以减小磨损。

习　题

4.2-1　普通平键的工作面是两侧面,这句话是否正确?

4.2-2　在键连接的设计中,键的截面尺寸是根据什么来选择的?

4.2-3　当要求轮毂在轴上沿键槽移动时,应选用什么键?

4.3 销　连　接

【教学要求】

● 知识目标

了解销连接的作用及画法。

● 能力目标

(1) 了解销连接的画法。

(2) 能够根据工作环境正确选用销。

● 素质目标

(1) 培养学生严谨的工作、学习作风。

(2) 培养学生分析问题的能力。

● 学习重点与难点

销连接的特点。

【行业案例】

在机械工程中，销连接可以用于连接两个或多个机械零件。例如，连接一个轮轴和一个齿轮，或连接一个摆臂和一个驱动杆等。销连接允许这些部件相对旋转或移动，同时保持它们的相对位置和方向不变，从而实现机械系统的正常运转。

在建筑中，销连接可以用于连接两个或多个建筑结构，如连接两根钢梁或连接一个桥梁的支撑结构等。销连接允许这些结构相对移动。例如，这些结构在风中摇晃时，销连接可保持它们的相对位置和方向不变，从而保证这些结构的安全性和稳定性。

在玩具制造中，销连接可以用于连接不同部分的玩具，如连接玩具车的车轮和车身等。销连接允许这些部件相对移动。例如，这些部件在地面上行驶时，销连接可保持它们的相对位置和方向不变，从而实现玩具的运作。

履带式拖拉机的履带，自行车中轴与曲柄的连接，门与门框之间的连接等均存在销连接。

销的主要用途是固定零件之间的相对位置，并可传递不大的载荷。

销的基本形式为圆柱销[图 4-26(a)]和圆锥销[图 4-26(b)]。圆柱销经过多次装拆，其定位精度会降低。圆锥销有 1∶50 的锥度，安装比圆柱销方便，多次装拆对定位精度的影响也较小。

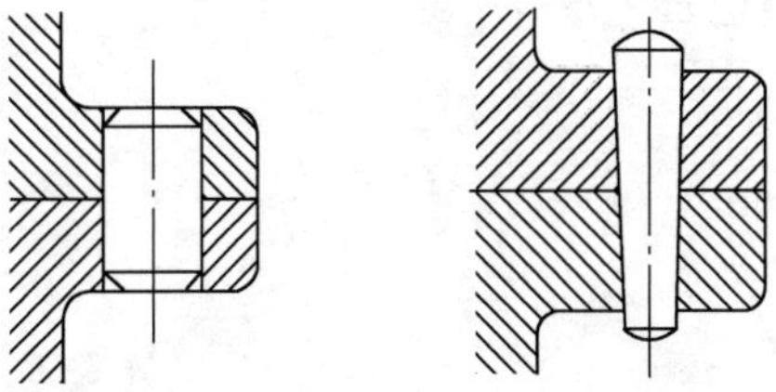

(a) 圆柱销　　(b) 圆锥销

图 4-26　圆柱销和圆锥销

销的常用材料为 35 钢、45 钢。

此外，销还有许多特殊形式。图 4-27(a)所示是大端具有外螺纹的圆锥销，其便于拆卸，可用于盲孔；图 4-27(b)所示是小端带外螺纹的圆锥销，其可用螺母锁紧，适用于有冲击的场合。图 4-28(a)所示是带槽的圆柱销，销上有三条压制的纵向沟槽。图 4-28(b)所示是其放大的俯视图，图中细线表示打入销孔前的形状，粗线表示打入后变形的结果，这使销与孔壁压紧，不易松脱，能承受振动和变载荷。使用这种销连接时，销孔不需要铰制，且可多次装拆。

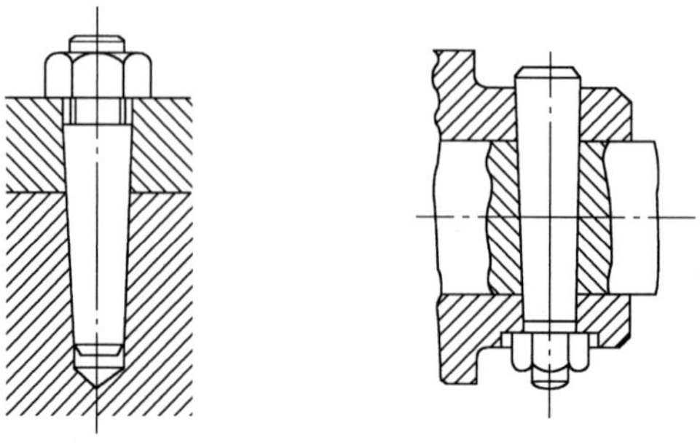

(c) 大端带外螺纹　　(d) 小端带外螺纹

图 4-27　带外螺纹的圆锥销

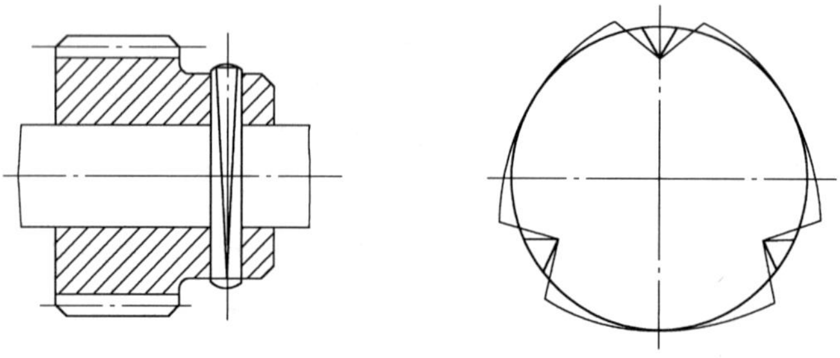

(a)　　(b)

图 4-28　带槽圆柱销

习　　题

4.3-1　销的主要用途有哪些？

4.3-2　销的常用材料有哪些？

5 传动件设计

5.1 带 传 动

【教学要求】

● 知识目标

(1) 了解带传动的类型、工作原理、特点及应用。

(2) 掌握带传动的应力分析方法与设计计算。

(3) 了解带传动的安装与维护常识。

● 能力目标

(1) 能够进行带传动的设计。

(2) 能够进行带传动张紧、安装与维护。

● 素质目标

(1) 培养学生规范操作、严谨细致的职业素养。

(2) 强化目标意识、质量意识。

● 学习重点与难点

(1) 学习重点:普通 V 带的结构,带传动的安装、张紧和维护。

(2) 学习难点:带传动的设计方法。

● 行业案例

煤炭输送系统是煤矿掘进的重要系统,同时也是制约生产力的一个关键系统。带式输送机是煤矿高产高效的主要输送设备,其结构简单、成本低廉,使用和维护方便,承载能力强。

带传动通常由主动轮 1、从动轮 2 和张紧在两轮上的环形带 3 所组成(图 5-1)。安装时带被张紧在带轮上,这时带所受的拉力称为初拉力,它使带与带轮的接触面间产生压力。主动轮 1 回转时,依靠带与带轮接触面间的摩擦力拖动从动轮 2 一起回转,从而传递一定的运动和动力。

5.1.1 带传动的类型、应用

带传动按传动原理可分为摩擦型带传动和啮合型带传动两大类,其中最常见的是摩擦型带传动。摩擦型带传动靠带与带轮接触面上的摩擦来传递运动和动力。啮合型带传动靠带齿与带轮齿之间的啮合来传递运动和动力,这种带传动也称为同步带传动。

摩擦型带传动的传动带,按横截面形状可分为平带、V 带、多楔带和圆带等。平带的横截面为扁平矩形,工作时带的环形内表面与轮缘相接触,如图 5-2(a)所示。V 带的横截面为

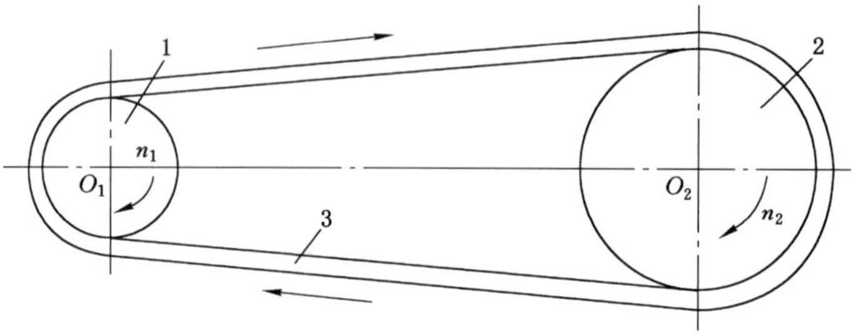

1—主动轮；2—从动轮；3—环形带。

图 5-1　带传动简图

等腰梯形，工作时其两侧面与轮槽的侧面相接触，而 V 带与轮槽槽底并不接触，如图 5-2(b)所示。由于轮槽的楔形效应，当初拉力相同时，V 带传动较平带传动能产生更大的摩擦力，故 V 带传动具有较强的牵引能力。多楔带以其扁平部分为基体，下面有几条等距纵向槽，其工作面是楔的侧面，如图 5-2(c)所示。圆带的截面形状为圆形，如图 5-2(d)所示，其传动能力较弱，常用于小功率传动，如缝纫机牙科医疗、器械等低速小功率场合。

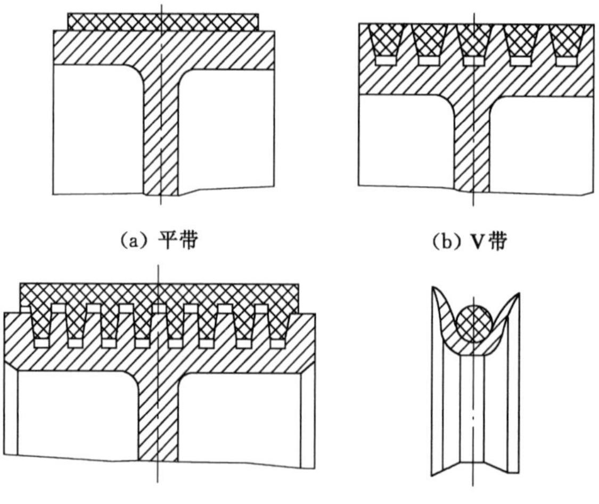

(a) 平带　(b) V带　(c) 多楔带　(d) 圆带

图 5-2　带的横截面形状

同步带(曾称为同步齿形带)以钢丝为抗拉体，外面包覆聚氨酯或橡胶。它是横截面为矩形、工作面具有等距横向齿的环形传动带(图 5-3)。带轮轮面也制成相应的齿形，工作时靠带齿与轮齿啮合传动。由于带与带轮无相对滑动，能保持两轮的圆周速度同步，故称为同步带传动。它具有如下优点：① 传动比恒定；② 结构紧凑；③ 带薄而轻、抗拉体强度高，带速可达 40 m/s，传动比可达 10，传递功率可达 200 kW；④ 效率较高，约为 0.98，应用广泛。它的缺点是带及带轮价格较高，对制造、安装要求高。

带传动主要用于两轴平行且回转方向相同的场合，这种传动称为开口传动。如图 5-4 所示，当带的张紧力为规定值时，两带轮轴线间的距离 a 称为中心距。带被张紧时，带与带轮接触弧所对的圆心角称为包角。包角是带传动的一个重要参数，其计算公式为：

$$\alpha = \pi \pm 2\theta \tag{5-1}$$

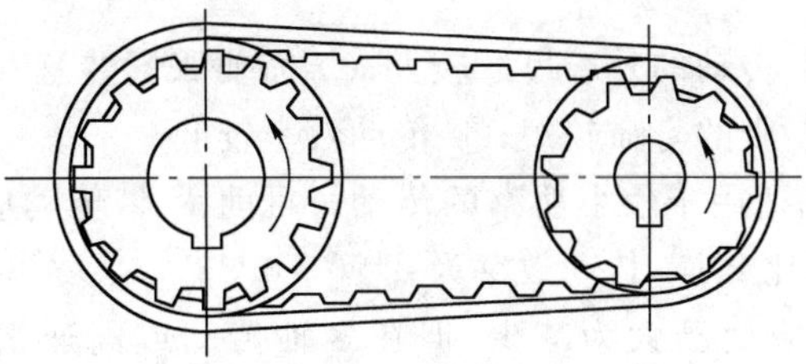

图 5-3 同步带传动

因 θ 角较小，以 $\theta \approx \sin\theta = \dfrac{d_2 - d_1}{2a}$ 代入上式得：

$$\alpha = 180° \pm \frac{d_2 - d_1}{a} \times 57.3° \tag{5-2}$$

式中 α ——带轮的包角，(°)；

d_1 ——小带轮直径，mm；

d_2 ——大带轮直径，mm；

a ——中心距，mm。

式(5-2)中的“+”号适用于大带轮包角 α_2，“—”号适用于小带轮包角 α_1。

由图 5-4 可知，带长 L 为：

$$L = 2AB + \overset{\frown}{BC} + \overset{\frown}{AD}$$

$$= 2a\cos\theta + \frac{\pi}{2}(d_1 + d_2) + \theta(d_2 - d_1) \tag{5-3}$$

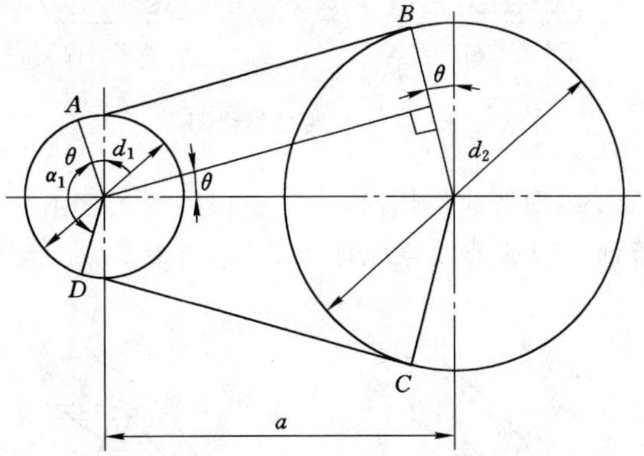

图 5-4 开口传动的几何关系

将 $\cos\theta \approx 1 - \dfrac{1}{2}\theta^2$ 及 $\theta \approx \dfrac{d_2 - d_1}{2a}$ 代入上式得：

$$L \approx 2a + \frac{\pi}{2}(d_1 + d_2) + \frac{(d_2 - d_1)^2}{4a} \tag{5-4}$$

带传动的优点是：① 适用于中心距较大的传动；② 带具有良好的挠性，可缓和冲击、吸收振动；③ 过载时带与带轮间会出现打滑，打滑虽使传动失效，但可防止损坏其他零件；④

结构简单,成本低廉。

带传动的缺点是:① 传动的外廓尺寸较大;② 需要张紧装置;③ 带的滑动导致不能保证固定不变的传动比;④ 带的寿命较短;⑤ 传动效率较低。

通常情况下,带传动适用于较小功率的传动。目前 V 带传动应用最广,一般情况下其带速为 5～30 m/s,传动比 $i \leqslant 7$,传动效率为 0.90～0.95。

近年来平带传动的应用已大为减少,但在多轴传动或高速情况下,平带传动仍然很有效。

5.1.2 V 带和带轮的结构

(1) V 带的类型与结构

V 带分为普通 V 带、窄 V 带、宽 V 带、大楔角 V 带、汽车 V 带等多种类型,其中普通 V 带和窄 V 带应用较广,本小节主要讨论普通 V 带传动。

V 带由抗拉体、顶胶、底胶和包布组成,如图 5-5 所示。抗拉体是承受负载拉力的主体;顶胶和底胶分别承受带弯曲时的拉伸和压缩作用;包布主要起保护作用。抗拉体由帘布或线绳组成,绳芯结构柔软易弯,有利于提高寿命。抗拉体的材料可采用化学纤维或棉织物,前者的承载能力较强。

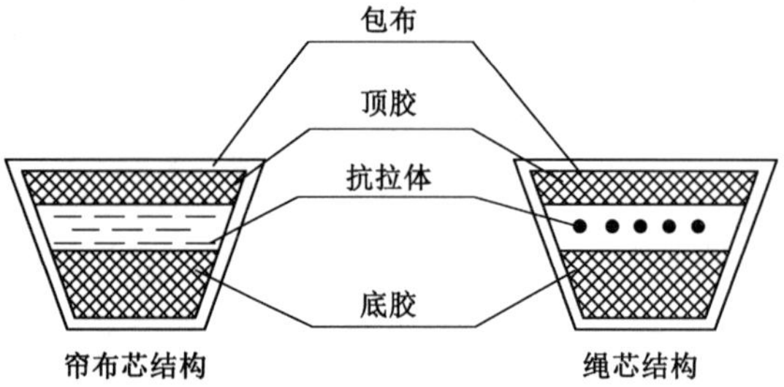

图 5-5 V 带的结构图

如图 5-6 所示,当带受纵向弯曲作用时,在带中保持原长度不变的周线称为节线;由全部节线构成的面称为节面。带的节面宽度称为节宽,当带受纵向弯曲作用时,该宽度保持不变。

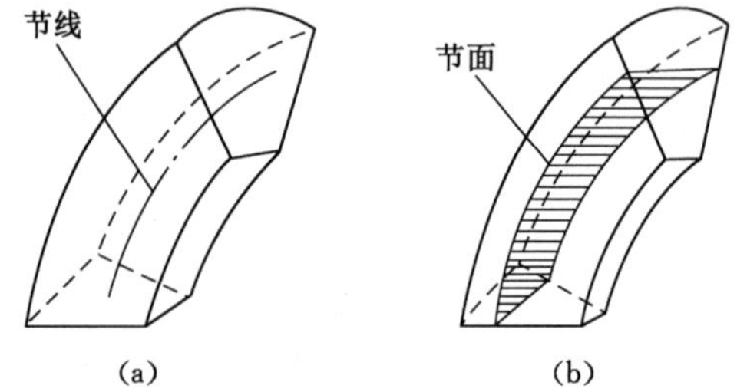

图 5-6 V 带的节线和节面

按截面尺寸的不同,普通 V 带有七种型号,窄 V 带有四种型号,它们的截面尺寸见表 5-1。

表 5-1 V 带截面尺寸

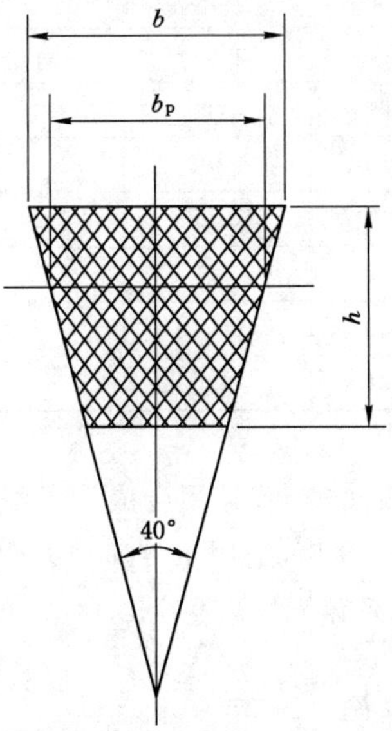

型号		节宽	顶宽	高度	单位长度质量
普通 V 带	窄 V 带	b_p/mm	b/mm	h/mm	q/(kg/m)
Y 型		5.3	6.0	4.0	0.023
Z 型		8.5	10.0	6.0	0.060
	SPZ 型	8.5	10.0	8.0	0.072
A 型		11.0	13.0	8.0	0.105
	SPA 型	11.0	13.0	10.0	0.112
B 型		14.0	17.0	11.0	0.170
	SPB 型	14.0	17.0	14.0	0.192
C 型		19.0	22.0	14.0	0.300
	SPC 型	19.0	22.0	18.0	0.370
D 型		27.0	32.0	19.0	0.630
E 型		32.0	38.0	23.0	0.970

在 V 带轮上，与所配用 V 带的节面宽度 b_p 相对应的带轮直径称为基准直径 d 。V 带在规定的张紧力下，位于带轮基准直径上的周线长度称为基准长度 L_d。普通 V 带基准长度和带长修正系数见表 5-2。

表 5-2 普通 V 带基准长度 L_d 和带长修正系数 K_L

Z 型		A 型		B 型		C 型	
L_d/mm	K_L	L_d/mm	K_L	L_d/mm	K_L	L_d/mm	K_L
405	0.87	630	0.81	930	0.83	1 565	0.82
475	0.90	700	0.83	1 000	0.84	1 760	0.85
530	0.93	790	0.85	1 100	0.86	1 950	0.87
625	0.96	890	0.87	1 210	0.87	2 195	0.90
700	0.99	990	0.89	1 370	0.90	2 420	0.92
780	1.00	1 100	0.91	1 560	0.92	2 715	0.94
920	1.04	1 250	0.93	1 760	0.94	2 880	0.95
1 080	1.07	1 430	0.96	1 950	0.97	3 080	0.97
1 330	1.13	1 550	0.98	2 180	0.99	3 520	0.99
1 420	1.44	1 640	0.99	2 300	1.01	4 060	1.02
1 540	1.54	1 750	1.00	2 500	1.03	4 600	1.05
		1 940	1.02	2 700	1.04	5 380	1.08
		2 050	1.04	2 870	1.05	6 100	1.11
		2 200	1.06	3 200	1.07	6 815	1.14

表 5-2(续)

Z 型		A 型		B 型		C 型	
L_d/mm	K_L	L_d/mm	K_L	L_d/mm	K_L	L_d/mm	K_L
		2 300	1.07	3 600	1.09	7 600	1.17
		2 480	1.09	4 060	1.13	9 100	1.21
		2 700	1.10	4 430	1.15	10 700	1.24
				4 820	1.17		
				5 370	1.20		
				6 070	1.24		

与普通 V 带相比，当顶宽相同时，窄 V 带的高度较大，摩擦面较大，且用合成纤维绳或钢丝绳作抗拉体，故窄 V 带承载能力比普通 V 带可提高 1.5～2.5 倍，适用于传递动力大且要求传动装置紧凑的场合。窄 V 带的基准长度 L_d 和带长修正系数 K_L 见表 5-3。

表 5-3　窄 V 带基准长度 L_d 和带长修正系数 K_L

L_d/mm	K_L			
	SPZ 型	SPA 型	SPB 型	SPC 型
630	0.82			
710	0.84			
800	0.86	0.81		
900	0.88	0.83		
1 000	0.90	0.85		
1 120	0.93	0.87		
1 250	0.94	0.89	0.82	
1 400	0.96	0.91	0.84	
1 600	1.00	0.93	0.86	
1 800	1.01	0.95	0.88	
2 000	1.02	0.96	0.90	0.81
2 240	1.05	0.98	0.92	0.83
2 500	1.07	1.00	0.94	0.86
2 800	1.09	1.02	0.96	0.88
3 150	1.11	1.04	0.98	0.90
3 550	1.13	1.06	1.00	0.92
4 000		1.08	1.02	0.94
4 500		1.09	1.04	0.96
5 000			1.06	0.98
5 600			1.08	1.00
6 300			1.10	1.02
7 100			1.12	1.04
8 000			1.14	1.06

(2) 普通 V 带轮的材料与结构

带轮材料常用铸铁，有时也采用钢或非金属材料（如塑料、木材等）。铸铁带轮（HT150、HT200）允许的最大圆周速度为 30 m/s。当该速度要求较高时，可采用铸钢或钢板冲压后焊接带轮。塑料带轮的质量小、摩擦系数大，常用于机床中。

带轮直径较小时可采用实心式带轮，如图 5-7(a)所示；中等直径的带轮可采用腹板式带轮，如图 5-7(b)所示；直径大于 350 mm 时可采用轮辐式带轮(图 5-8)。各种型号 V 带轮的轮缘宽度 B、轮毂孔径 d_s 和轮毂长度 L 的尺寸，可查阅机械设计手册。

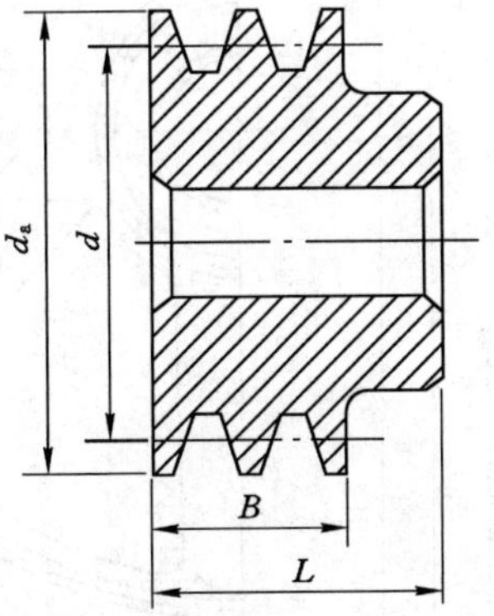

(a) 实心式带轮

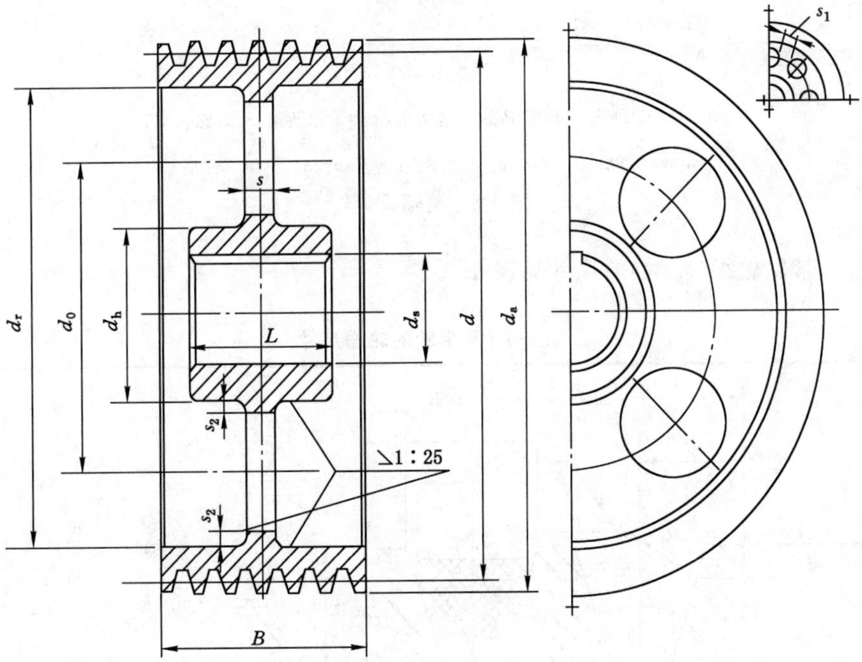

(b) 腹板式带轮

$d_h = (1.8 \sim 2.0)d_s$；$d_0 = \dfrac{d_h + d_r}{2}$；$d_r = d_a - 2(H + \delta)$，其中 H、δ 见表 5-4；

$s = (0.2 \sim 0.3)B$；$s_1 \geqslant 1.5s$，$s_2 \geqslant 0.5s$；$L = (1.5 \sim 2.0)d_s$。

图 5-7　实心式带轮和腹板式带轮

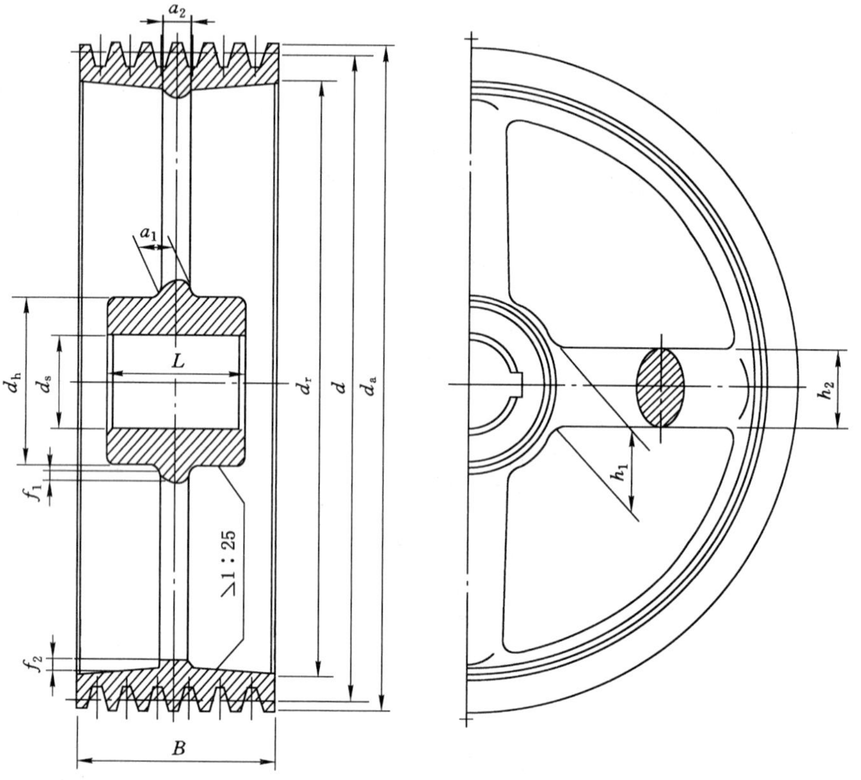

$h_1 = 290\sqrt[3]{\dfrac{P}{nA}}$，其中 P 为传递功率，n 为带轮转速，A 为轮辐数；

$h_2 = 0.8h_1$；$a_1 = s_1$；$a_2 = 0.8a_1$；$f_1 = 0.2h_1$；$f_2 = 0.2h_2$。

图 5-8　轮辐式带轮

普通 V 带轮轮缘(轮槽)的尺寸见表 5-4。

表 5-4　V 带轮的轮槽尺寸

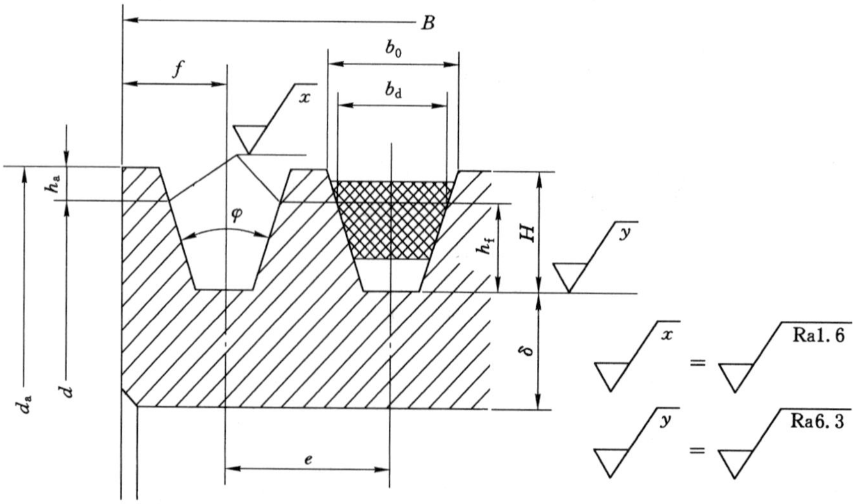

表 5-4(续)

槽型			Y 型	Z 型(SPZ 型)	A 型(SPA 型)	B 型(SPB 型)	C 型(SPC 型)
基准宽度 b_d/mm			5.3	8.5	11.0	14.0	19.0
基准线上槽深 h_{amin}/mm			1.60	2.00	2.75	3.50	4.80
槽间距 e/mm			8±0.3	12±0.3	15±0.3	19±0.4	25.5±0.5
槽边距 f_{min}/mm			6.0	7.0	9.0	11.5	16.0
基准线下槽深 h_{fmin}/mm			4.7	7.0/9.0	8.7/11.0	10.8/14.0	14.3/19.0
δ_{min}/mm			5.0	5.5	6.0	7.5	10.0
轮槽角 φ/(°)	32	对应的 d/mm	≤60	—	—	—	—
	34		—	≤80	≤118	≤190	≤315
	36		>60	—	—	—	—
	38		—	>80	>118	>190	>315

注：δ_{min} 是轮缘最小壁厚推荐值。

V 带两侧面的夹角均为 40°，但在带轮弯曲时，由于截面变形将使其夹角变小。为了使胶带仍能紧贴轮槽两侧，将 V 带轮的轮槽角规定为 32°、34°、36°和 38°，具体大小随带轮直径而定。

5.1.3　带传动的工作情况分析

(1) 带传动的受力分析

如前所述，带必须以一定的初拉力张紧在带轮上。当传动带静止时，带两边的拉力都等于初拉力，如图 5-9(a)所示；当传动带工作时，由于带与轮面间摩擦力的作用，带两边的拉力不再相等，如图 5-9(b)所示。绕进主动轮的一边带，其拉力由 F_0 增大到 F_1，称为紧边，F_1 为紧边拉力；而另一边带的拉力由 F_0 减小到 F_2，称为松边，F_2 为松边拉力。设环形带的总长度不变，则紧边拉力的增加量 $F_1 - F_0$ 应等于松边拉力的减小量 $F_0 - F_2$，即

$$F_0 = \frac{1}{2}(F_1 + F_2) \tag{5-3}$$

紧边、松边的拉力差等于两接触面间摩擦力的总和 F_f，其称为带传动的有效拉力，也就是带所传递的圆周力 F，即

$$F = F_1 - F_2 = F_f \tag{5-4}$$

由式(5-3)和式(5-4)可得：

$$\begin{cases} F_1 = F_0 + \dfrac{F}{2} \\ F_2 = F_0 - \dfrac{F}{2} \end{cases} \tag{5-5}$$

圆周力 F、带速 v 和传递功率 P 之间的关系为：

$$P = \frac{Fv}{1\,000} \tag{5-6}$$

由上式可知，若带速不变，则带传动所传递的功率大小取决于带与带轮间的摩擦力 F_f。在一定条件下，当 F_f 达到极限值 F_{flim} 时，紧边拉力与松边拉力的关系可用挠性体摩擦的欧

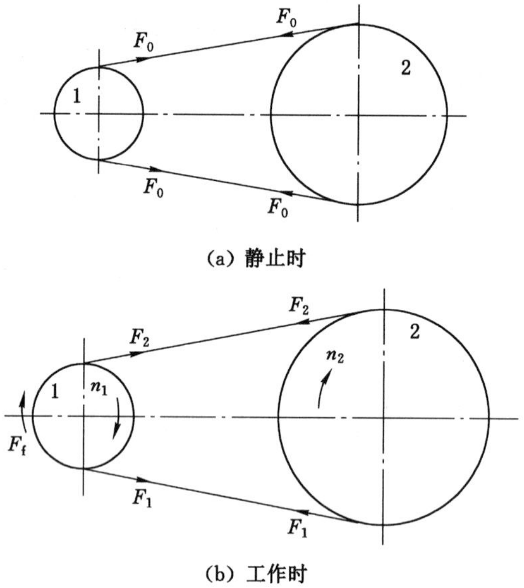

图 5-9　带传动的受力情况

拉公式来表示，即

$$\frac{F_1}{F_2} = e^{f\alpha} \tag{5-7}$$

式中　e——自然对数的底，e ≈ 2.718；

f——摩擦因数，对于 V 带，用当量摩擦因数 f' 代替 f；

α——带在带轮上的包角，rad。

联立 $F = F_1 - F_2$ 和式(5-7)可得：

$$\begin{cases} F_1 = F\dfrac{e^{f\alpha}}{e^{f\alpha}-1} \\ F_2 = F\dfrac{1}{e^{f\alpha}-1} \\ F_{flim} = 2F_0\dfrac{e^{f\alpha}-1}{e^{f\alpha}+1} \end{cases} \tag{5-8}$$

带在正常传动的情况下，必须使有效圆周力 $F < F_{flim}$。由式(5-8)可知，F_{flim} 与下列几个因素有关：

① 初拉力 F_0。F_{flim} 与 F_0 成正比。带与带轮之间的正压力越大，传动时的摩擦力也就越大。若 F_0 过小，则带的传动能力不能充分发挥，容易发生打滑。但若 F_0 过大，带的寿命将会降低，轴和轴承的受力将会增大。

② 包角 α。α 越大，F_{flim} 越大。因为 α 增大时，带与带轮接触弧间的摩擦力总和也会增大，从而提高其承载能力。

③ 摩擦系数 f。f 越大，F_{flim} 越大。摩擦系数与带和带轮的材料、表面状况及工作环境有关。

(2) 带传动的应力分析

带传动时，带中应力由以下三部分组成。

① 紧边拉力和松边拉力产生的拉应力

$$\begin{cases}\sigma_1 = \dfrac{F_1}{A} \\ \sigma_2 = \dfrac{F_2}{A}\end{cases} \tag{5-9}$$

式中　σ_1, σ_2——紧边拉应力和松边拉应力，MPa；

F_1——紧边拉力，N；

F_2——松边拉力，N；

A——传动带的横截面积，mm^2。

② 离心力产生的拉应力

当带沿带轮的轮缘做圆周运动时，带自身的质量使带上每一个质点都受到离心力作用。离心力所引起的带的拉力总和 F_c 作用于整个传动带，因此由离心拉力所产生的离心拉应力 σ_c 为：

$$\sigma_c = \frac{F_c}{A} = \frac{qv^2}{A} \tag{5-10}$$

式中　σ_c——离心拉应力，MPa。

q——带的线密度，kg/m；

v——带速，m/s；

A——传动带的横截面积，mm^2。

图 5-10 为带工作时的应力分布情况。带中可能产生的瞬时最大应力发生在带的紧边进入小带轮时，此时的最大应力可近似地表示为：

$$\sigma_{max} \approx \sigma_1 + \sigma_{b1} + \sigma_c \tag{5-11}$$

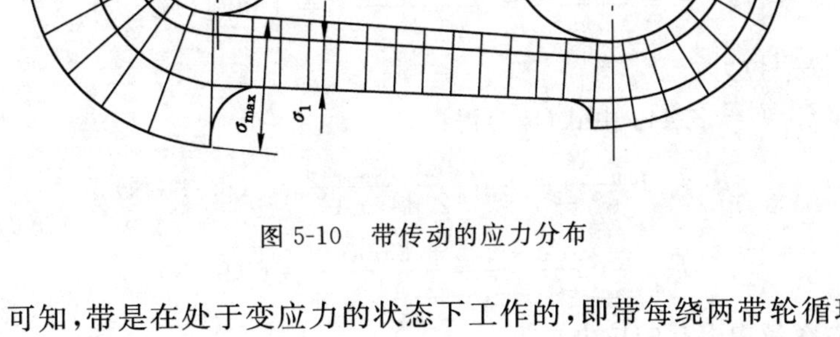

图 5-10　带传动的应力分布

由图 5-10 可知，带是在处于变应力的状态下工作的，即带每绕两带轮循环一周时，作用在带上某点的应力是变化的。当应力循环次数达到一定数值后，带将产生疲劳破坏。

③ 弯曲应力

带绕过带轮时，因弯曲而产生弯曲应力。V 带中的弯曲应力如图 5-11 所示。由材料力学公式得到的带的弯曲应力为：

$$\sigma_b \approx \frac{2yE}{d} \tag{5-12}$$

式中 σ_b——弯曲应力，MPa。

y——带的中性层到最外层的距离，mm；

E——带的弹性模量，MPa；

d——带轮的基准直径，mm。

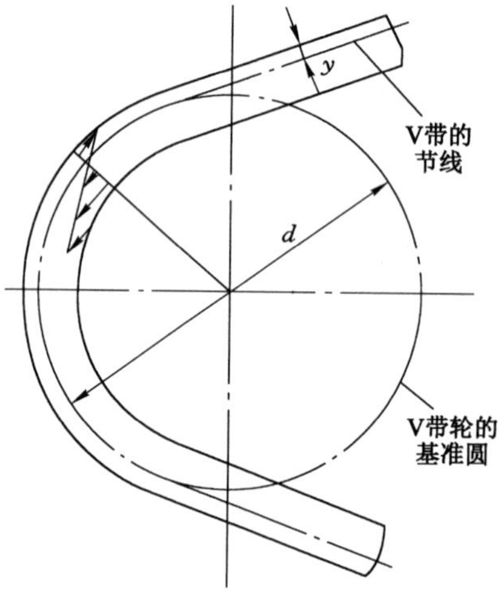

图 5-11 V 带弯曲应力

显然，当带轮的基准直径越小、带越厚时，带的弯曲应力越大。为避免弯曲应力过大，带轮的基准直径不能过小。

例 5-1 一平带传动，传递功率 $P=15$ kW，带速 $v=15$ m/s，带在小带轮上的包角 $\alpha=170°$(2.97 rad)，带的厚度 $\delta=4.8$ mm、宽度 $b=100$ mm，带的密度 $\rho=1\times10^3$ kg/cm³，带与轮面间的摩擦系数 $f=0.3$。试求：① 传递的圆周力；② 紧边、松边拉力；③ 离心力在带中引起的拉力；④ 所需的初拉力；⑤ 作用在轴上的压力。

解 (1) 传递的圆周力

$$F=\frac{1\ 000P}{v}=\frac{1\ 000\times15}{15}=1\ 000\ (\text{N})$$

(2) 紧边、松边拉力

因 $e^{f\alpha}=e^{0.3\times2.97}=2.44$，由式(5-8)得：

$$F_1=F\frac{e^{f\alpha}}{e^{f\alpha}-1}=\frac{1\ 000\times2.44}{2.44-1}=1\ 694\ (\text{N})$$

$$F_2=F\frac{e^{f\alpha}}{e^{f\alpha}-1}=\frac{1\ 000}{2.44-1}=694\ (\text{N})$$

(3) 离心力在带中引起的拉力

平带单位长度质量为：

$$q=100b\delta\rho=100\times10\times0.48\times1\times10^{-3}=0.48(\text{kg/m})$$

如前所述，离心力引起的拉力为：

$$F_c=qv^2=0.48\times15^2=108\ (\text{N})$$

(4) 所需的初拉力

由式(5-3)可知：

$$F_0 = \frac{1}{2}(F_1 + F_2)$$

带的离心力使带与轮面间的压力减小、传动能力降低。为了补偿这种影响，所需初拉力应为：

$$F_0 = \frac{1}{2}(F_1 + F_2) + F_c = (\frac{1\ 694 + 694}{2} + 108) = 1\ 302\ (\mathrm{N})$$

此结果表明，传递圆周力为 1 000 N 时，为防止打滑所 需的初拉力不得小于 1 302 N

(5) 作用在轴上的压力

如图 5-12 所示，静止时轴上压力为：

$$F_Q = 2F_0 \sin\frac{\alpha_1}{2} = 2 \times 1\ 032 \times \sin\frac{170}{2} = 2\ 595\ (\mathrm{N})$$

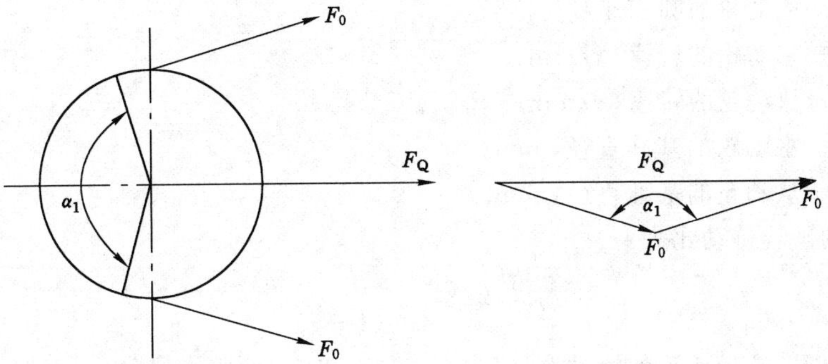

图 5-12　作用在轴上的力

5.1.4　V 带传动的设计计算

本节主要介绍普通 V 带和窄 V 带传动的设计计算。计算所用的表格数据均摘自《普通和窄 V 带传动 第 1 部分：基准宽度制》(GB/T 13575.1—2022)。

(1) V 带传动的主要失效形式和设计准则

① 带传动的弹性滑动与打滑现象

带是弹性体，在受力的情况下会产生弹性变形。如图 5-13 所示，当带的紧边进入与主动轮的接触点 A 时，带速与主动轮的圆周速度是相等的，当带绕过主动轮时，其所受拉力由 F_1 减小至 F_2，故带的弹性伸长量将逐渐减小，即相当于带速在逐渐减小，逐渐小于主动轮的圆周速度 v_1，而在带绕过从动轮时，其所受拉力由 F_2 增大至 F_1，使带的弹性伸长量逐渐增大，因而带在从动轮轮缘上产生向前的相对滑动，导致从动轮的圆周速度 v_2 逐渐小于带速，即 $v_1 > v_2$，这就是带传动的弹性滑动现象。对于带传动，弹性滑动是不可避免的，故对传动比要求较高的场合，一般是不可采用带传动的。

弹性滑动的圆周速度降幅可用滑动率 ε 来表示，即

$$\varepsilon = \frac{v_1 - v_2}{v_1} = \frac{\pi d_1 n_1 - \pi d_2 n_2}{\pi d_1 n_1} \tag{5-13}$$

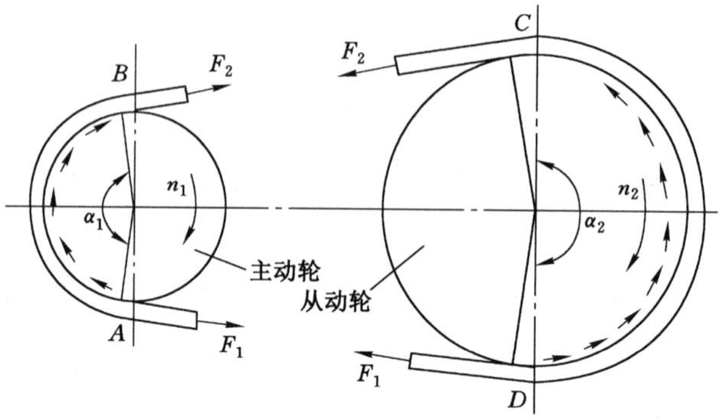

图 5-13　带传动的弹性滑动

式中　v_1 ——主动轮的圆周速度，m/s；

v_2 ——从动轮的圆周速度，m/s；

n_1 ——主动轮的转速，r/min；

n_2 ——从动轮的转速，r/min；

d_1 ——主动轮的基准直径，mm；

d_2 ——从动轮的基准直径，mm。

带传动的平均传动比为：

$$i=\frac{n_1}{n_2}=\frac{d_2}{d_1(1-\varepsilon)} \tag{5-14}$$

一般情况下，V 带传动的滑动率 $\varepsilon=0.01\sim0.02$，该值很小，所以在一般工业传动中可忽略不计。因此传动比为：

$$i=\frac{n_1}{n_2}\approx\frac{d_2}{d_1} \tag{5-15}$$

当外载荷所需的圆周力大于带与主动轮轮缘间的极限摩擦力时，带与轮缘表面将产生显著的相对滑动，这一现象称为打滑。因带在小带轮上的包角较小，故打滑多发生在小带轮上。打滑将使带的磨损加剧，导致传动失效，在设计时就应当考虑避免产生打滑。不过，过载时产生的打滑现象却可以避免机器因过载而损坏。

② 主要失效形式

a. 打滑。当传递的圆周力 F 大于带与带轮之间摩擦力总和的极限时，就会发生过载打滑，使传动失效。

b. 疲劳破坏。传动带在变应力的反复作用下会产生裂纹、脱层、松散直至断裂。

③ 设计准则

带传动的设计准则是在保证带传动不发生打滑的前提下，充分发挥带传动的能力，并使传动带具有一定的疲劳强度和寿命。

(2) V 带传动的设计步骤

① 单根普通 V 带的许用功率

为了保证带传动不出现打滑，由式(5-8)，并以 f' 代替 f，可得单根普通 V 带能传递的功率，即

$$P_0 = F_1(1-\frac{1}{e^{f'\alpha}})\frac{v}{1\,000} = \sigma_1 A(1-\frac{1}{e^{f'\alpha}})\frac{v}{1\,000} \tag{5-16}$$

式中 P_0 ——单根普通 V 带能传递的功率,kW;

F_1 ——紧边拉力,N;

f' ——当量摩擦因数;

α ——带在带轮上的包角,rad;

e ——自然对数的底,e≈2.718。

A ——单根普通 V 带的横截面积,mm^2;

v ——带速,m/s。

为了使带具有一定的疲劳寿命,应使 $\sigma_{max} = \sigma_1 + \sigma_b + \sigma_c \leqslant [\sigma]$,即

$$\sigma_1 \leqslant [\sigma] - \sigma_b - \sigma_c \tag{5-17}$$

式中 $[\sigma]$ ——带的许用应力,MPa;

σ_c ——离心拉应力,MPa;

σ_b ——弯曲应力,MPa。

将式(5-17)代入式(5-16),可得带传动在既不发生打滑又有一定寿命时单根 V 带能传递的功率,即

$$P_0 = ([\sigma] - \sigma_b - \sigma_c)(1-\frac{1}{e^{f'\alpha}})\frac{Av}{1\,000} \tag{5-18}$$

在载荷平稳、包角 $\alpha = \pi$(即 $i = 1$)、带长 L_d 为特定长度、抗拉体为化学纤维绳芯结构的条件下,由式(5-18)可求得单根普通 V 带所能传递的功率(表 5-5)和单根窄 V 带所能传递的功率(表 5-6)。

表 5-5 单根普通 V 带所能传递的功率 单位:kW

型号	小带轮基准直径 d_1/mm	小带轮转速 n_1/(r/min)															
		200	400	800	950	1 200	1 450	1 600	1 800	2 000	2 400	2 800	3 200	3 600	4 000	5 000	6 000
Z 型	50	0.04	0.06	0.10	0.12	0.14	0.16	0.17	0.19	0.20	0.22	0.26	0.28	0.30	0.32	0.34	0.31
	56	0.04	0.06	0.12	0.14	0.17	0.19	0.20	0.23	0.25	0.30	0.33	0.35	0.37	0.39	0.41	0.40
	63	0.05	0.08	0.15	0.18	0.22	0.25	0.27	0.30	0.32	0.37	0.41	0.45	0.47	0.49	0.50	0.48
	71	0.06	0.09	0.20	0.23	0.27	0.30	0.33	0.36	0.39	0.46	0.50	0.54	0.58	0.61	0.62	0.56
	80	0.10	0.14	0.22	0.26	0.30	0.35	0.39	0.42	0.44	0.50	0.56	0.61	0.64	0.67	0.66	0.61
	90	0.10	0.14	0.24	0.28	0.33	0.36	0.40	0.44	0.48	0.54	0.60	0.64	0.68	0.72	0.73	0.56
A 型	75	0.15	0.26	0.45	0.51	0.60	0.68	0.73	0.79	0.84	0.92	1.00	1.04	1.08	1.09	1.02	0.80
	90	0.22	0.39	0.68	0.77	0.93	1.07	1.15	1.25	1.34	1.50	1.64	1.75	1.83	1.87	1.82	1.50
	100	0.26	0.47	0.83	0.95	1.14	1.32	1.42	1.58	1.66	1.87	2.05	2.19	2.28	2.34	2.25	1.80
	112	0.31	0.56	1.00	1.15	1.39	1.61	1.74	1.89	2.04	2.30	2.51	2.68	2.78	2.83	2.64	1.96
	125	0.37	0.67	1.19	1.37	1.66	1.92	2.07	2.26	2.44	2.74	2.98	3.15	3.26	3.28	2.91	1.87
	140	0.43	0.78	1.41	1.62	1.96	2.28	2.45	2.66	2.87	3.22	3.48	3.65	3.72	3.67	2.99	1.37
	160	0.51	0.94	1.69	1.95	2.36	2.73	2.54	2.98	3.42	3.80	4.06	4.19	4.17	3.98	2.67	
	180	0.59	1.09	1.97	2.27	2.74	3.16	3.40	3.67	3.93	4.32	4.54	4.58	4.40	4.00	1.81	

表 5-5(续)

型号	小带轮基准直径 d_1 /mm	小带轮转速 n_1/(r/min)															
		200	400	800	950	1 200	1 450	1 600	1 800	2 000	2 400	2 800	3 200	3 600	4 000	5 000	6 000
B型	125	0.48	0.84	1.44	1.64	1.93	2.19	2.33	2.50	2.64	2 85	2.96	2.94	2.80	2.61	1.09	
	140	0.59	1.05	1.82	2.08	2.47	2.82	3.00	3.23	3.42	3.70	3.85	3.83	3.63	3.24	1.29	
	160	0.74	1.32	2.32	2.66	3.17	3.62	3.86	4.15	4.40	4.75	4.89	4.80	4.46	3.82	0.81	
	180	0.88	1.59	2.81	3.22	3.85	4.39	4.68	5.02	5.30	5.67	5.76	5.52	4.92	3.92		
	200	1.02	1.85	3.30	3.77	4.50	5.13	5.46	5.83	6.13	6.47	6.43	5.95	4.98	3.47		
	224	1.19	2.17	3.86	4.42	5.26	5.97	6.33	6.73	7.02	7.25	6.95	6.05	4.47	2.14		
	250	1.37	2.50	4.46	5.10	6.04	6.82	7.20	7.63	7.87	7.89	7.14	5.60	5.12			
	280	1.58	2.89	5.13	5.85	6.90	7.76	8.13	8.46	8.60	8.22	6.80	4.26				
C型	200	1.39	2.41	4.07	4.58	5.29	5.84	6.07	6.28	6.40	6.02	5.01	3.23				
	224	1.70	2.99	5.12	5.78	6.71	7.45	7.75	8.00	8.06	7.57	6.08	3.57				
	250	2.03	3.62	6.23	7.04	8.21	9.08	9.38	9.63	9.62	8.75	6.56	2.93				
	280	2.42	4.32	7.52	8.49	9.81	10.72	11.06	11.22	11.04	9.50	6.13					
	315	2.84	5.14	8.92	10.05	11.53	12.46	12.72	12.67	12.14	9.43	4.16					
	355	3.36	6.05	10.46	11.73	13.31	14.12	14.19	13.73	12.59	7.98						
	400	3.91	7.06	12.10	13.48	15.04	15.53	15.24	14.08	11.95	4.34						
	450	4.51	8.20	13.80	15.23	16.59	16.47	15.57	13.29	9.64							

注:本表摘自《普通和窄 V 带传动 第 1 部分:基准宽度制》(GB/T 13575.1—2022)。为了精简篇幅,表中未列出 Y 型、D 型和 E 型的数据。

表 5-6　单根窄 V 带所能传递的功率　　单位:kW

型号	小带轮基准直径 d_1/mm	小带轮转速 n_1/(r/min)									
		400	700	800	950	1 200	1 450	1 600	2 000	2 400	2 800
SPZ 型	63	0.35	0.54	0.60	0.68	0.81	0.93	1.00	1.17	1.32	1.45
	71	0.44	0.70	0.78	0.90	1.08	1.25	1.35	1.59	1.81	2.03
	80	0.55	0.88	0.99	1.44	1.38	1.60	1.73	2.05	2.34	2.61
	100	0.79	1.28	1.44	1.66	2.02	2.36	2.55	3.05	3.49	3.90
	125	1.09	1.77	1.91	2.30	2.80	3.28	3.55	4.24	4.85	5.40
SPA 型	90	0.75	1.17	1.30	1.48	1.76	2.02	2.16	2.49	2.77	3.00
	100	0.94	1.49	1.65	1.89	2.27	2.61	2.80	3.27	3.67	3.99
	125	1.40	2.25	2.52	2.90	3.50	4.06	4.38	5.15	5.80	6.34
	160	2.04	3.30	3.70	4.27	5.17	6.01	6.47	7.60	8.53	9.24
	200	2.75	4.47	5.01	5.79	7.00	8.10	8.72	10.13	11.22	11.92

表 5-6(续)

型号	小带轮基准直径 d_1/mm	小带轮转速 n_1/(r/min)									
		400	700	800	950	1 200	1 450	1 600	2 000	2 400	2 800
SPB 型	140	1.92	3.02	3.35	3.83	4.55	5.19	5.54	6.31	6.86	7.15
	180	3.01	4.82	5.37	6.16	7.38	8.46	9.05	10.34	11.21	11.62
	200	3.54	5.69	6.35	7.30	8.74	10.02	10.70	12.18	13.11	13.41
	250	4.86	7.84	8.75	10.04	11.99	13.60	14.51	16.19	16.89	16.44
	315	6.53	10.51	11.71	13.40	15.84	17.79	18.70	20.00	19.44	16.71
SPC 型	224	5.19	8.13	8.99	10.19	11.89	13.22	13.81	14.58	14.01	11.89
	280	7.59	12.01	13.31	15.10	17.60	19.44	20.20	20.75	10.86	14.11
	310	9.07	14.36	15.90	18.01	20.88	22.87	23.58	23.47	19.98	12.58
	400	12.56	19.79	21.84	24.52	27.33	29.46	29.53	25.81	15.48	
	500	16.52	25.67	28.09	31.04	33.85	33.58	31.70	19.35		

当实际工作条件与上述特定条件不同时，应对 P_0 值加以修正。修正后即得实际工作条件下单根 V 带所能传递的功率，其称为许用功率 $[P_0]$，即

$$[P_0]=(P_0+\Delta P_0)K_\alpha K_L \tag{5-19}$$

式中　$[P_0]$——许用功率，kW；

ΔP_0——功率增量，kW，当传动比 $i\neq 1$ 时，带在大带轮上的弯曲应力较小，故在寿命相同的条件下，可增大传递的功率，普通 V 带的 ΔP_0 值见表 5-7，该表是在包角 $\alpha=\pi$、特定基准长度、载荷平稳的条件下获得的数值，窄 V 带的 ΔP_0 值见表 5-8；

K_α——包角修正系数，考虑 $\alpha_1\neq 180°$ 时对传动能力的影响，其取值见表 5-9；

K_L——带长修正系数，考虑带长不为特定长度时对传动能力的影响，普通 V 带的带长修正系数见表 5-2，窄 V 带的带长修正系数见表 5-3。

表 5-7　单根普通 V 带 $i\neq 1$ 时的 ΔP_0　　单位：kW

型号	传动比 i	小带轮转速 n_1/(r/min)									
		400	730	800	980	1 200	1 460	1 600	2 000	2 400	2 800
Z 型	1.35～1.51	0.01	0.01	0.01	0.02	0.02	0.02	0.02	0.03	0.03	0.04
	1.52～1.99	0.01	0.01	0.02	0.02	0.02	0.02	0.03	0.03	0.04	0.04
	≥2	0.01	0.02	0.02	0.02	0.03	0.03	0.03	0.04	0.04	0.04
A 型	1.35～1.51	0.04	0.07	0.08	0.08	0.11	0.13	0.15	0.19	0.23	0.26
	1.52～1.99	0.04	0.08	0.09	0.10	0.13	0.15	0.17	0.22	0.26	0.30
	≥2	0.05	0.09	0.10	0.11	0.15	0.17	0.19	0.24	0.29	0.34
B 型	1.35～1.51	0.10	0.17	0.20	0.23	0.30	0.36	0.39	0.49	0.59	0.69
	1.52～1.99	0.11	0.20	0.23	0.26	0.34	0.40	0.45	0.56	0.62	0.79
	≥2	0.13	0.22	0.25	0.30	0.38	0.46	0.51	0.63	0.76	0.89

表 5-7(续)

型号	传动比 i	小带轮转速 n_1/(r/min)									
		400	730	800	980	1 200	1 460	1 600	2 000	2 400	2 800
C 型	1.35～1.51	0.27	0.48	0.55	0.65	0.82	0.99	1.10	1.37	1.65	1.92
	1.52～1.99	0.31	0.55	0.63	0.74	0.94	1.14	1.25	1.57	1.88	2.19
	⩾2	0.35	0.62	0.71	0 83	1.06	1.27	1.41	1.76	2.12	2.47

表 5-8 单根窄 V 带 $i \neq 1$ 时的 ΔP_0 单位:kW

型号	传动比 i	小带轮转速 n_1/(r/min)									
		400	700	800	950	1 200	1 450	1 600	2 000	2 400	2 800
SPZ 型	1.05	0.02	0.04	0.04	0.05	0.06	0.08	0.09	0.10	0.12	0.14
	1.2	0.04	0.07	0.08	0.10	0.12	0.15	0.17	0.21	0.25	0.29
	1.5	0.06	0.11	0.12	0.15	0.19	0.23	0.25	0.31	0.37	0.43
	⩾3	0.08	0.14	0.16	0.20	0.25	0.30	0.33	0.41	0.49	0.58
SPA 型	1.05	0.05	0.08	0.08	0.11	0.14	0.16	0.18	0.23	0.28	0.32
	1.2	0.10	0.17	0.19	0.22	0.28	0.33	0.37	0.47	0.56	0.64
	1.5	0.14	0.24	0.28	0.33	0.42	0.50	0.55	0.70	0.83	0.96
	⩾3	0.19	0.33	0.37	0.44	0.56	0.67	0.74	0.93	1.11	1.29
SPB 型	1.05	0.10	0.17	0.20	0.23	0.29	0.36	0.39	0.49	0.58	0.69
	1.2	0.20	0.33	0.39	0.46	0.59	0.71	0.78	0.98	1.17	1.37
	1.5	0.29	0.51	0.59	0.69	0.88	1.06	1.17	1.39	1.75	2.05
	⩾3	0.39	0.68	0.78	0.93	1.17	1.42	1.86	1.95	2.34	2.74
SPC 型	1.05	0.24	0.42	0.48	0.57	0.72	0.87	0.96	1.20	1.43	1.68
	1.2	0.48	0.84	0.96	1.14	1.44	1.73	1.92	2.40	2.87	3.36
	1.5	0.72	1.26	1.44	1.71	2.16	2.60	2.88	3.59	4.31	5.03
	⩾3	0.96	1.68	1.92	2.28	2.88	3.47	3.84	4.79	5.74	6.71

注:本表由《普通和窄 V 带传动 第 1 部分:基准宽度制》(GB/T 13575.1—2022)归纳而成。

表 5-9 包角修正系数 K_α

包角 α_1/(°)	180	174	169	163	157	151	145	139	133	127	120	113	106	99	91	83
K_α	1.00	0.99	0.97	0.96	0.94	0.93	0.91	0.89	0.87	0.85	0.82	0.80	0.77	0.73	0.70	0.65

② 带的型号和根数的确定

计算功率为:

$$P_c = K_A P \tag{5-20}$$

式中 P_c ——计算功率,kW;

P ——传动的额定功率,kW;

K_A ——工作情况系数,见表 5-10。

表 5-10 工作情况系数 K_A

载荷性质	工作机	原动机					
		电动机(交流起动、三角起动、直流并励)、四缸以上的内燃机			电动机(联机交流起动、直流复励或串励)、四缸以下的内燃机		
		每天工作小时数/h					
		<10	10~16	>16	<10	10~16	>16
载荷变动很小	液体搅拌机、通风机、鼓风机(功率不大于7.5 kW)、离心式水泵、压缩机、轻负荷输送机等	1.0	1.1	1.2	1.1	1.2	1.3
载荷变动较小	带式输送机(不均匀负荷)、通风机(功率大于7.5 kW)、旋转式水泵和压缩机(非离心式)、发电机、金属切削机床、印刷机、旋转筛、锯木机、木工机械等	1.1	1.2	1.3	1.2	1.3	1.4
载荷变动较大	制砖机、斗式提升机、往复式水泵、压缩机、起重机、磨粉机、冲剪机床、橡胶机械、振动筛、纺织机械、重载输送机等	1.2	1.3	1.4	1.4	1.5	1.6
载荷变动很大	破碎机(如旋转式、颚式破碎机等)、磨碎机(如球磨机、棒磨机等)等	1.3	1.4	1.5	1.5	1.6	1.8

根据计算功率 P_c 和小带轮转速 n_1，按图 5-14 或图 5-15 的推荐选择普通 V 带或窄 V 带的型号。图中以粗斜直线划定型号区域，若工况坐标点临近两种型号的交界线，可按两种型号同时计算，并做分析比较决定取舍。当带的横截面积较小时，带轮直径也较小，但根数较多。V 带根数按下式计算：

$$z=\frac{P_c}{[P_0]}=\frac{P_c}{(P_0+\Delta P_0)K_\alpha K_L} \tag{5-21}$$

式中 z——V 带根数，z 应取整数，为了使每根 V 带受力均匀，V 带根数不宜太多，通常 $z<10$；

$[P_0]$——许用功率，kW；

P_c——计算功率，kW；

ΔP_0——功率增量，kW；

K_α——包角修正系数；

K_L——带长修正系数；

P_0——单根 V 带的基本额定功率，kW。

③ 主要参数的选择

带轮直径和带速

小带轮的基准直径 d_1 应等于或大于表 5-11 所列的 d_{min}。若 d_1 过小，则带的弯曲应力过大而导致带的寿命降低；反之，虽能延长带的寿命，但带传动的外廓尺寸随之增大。

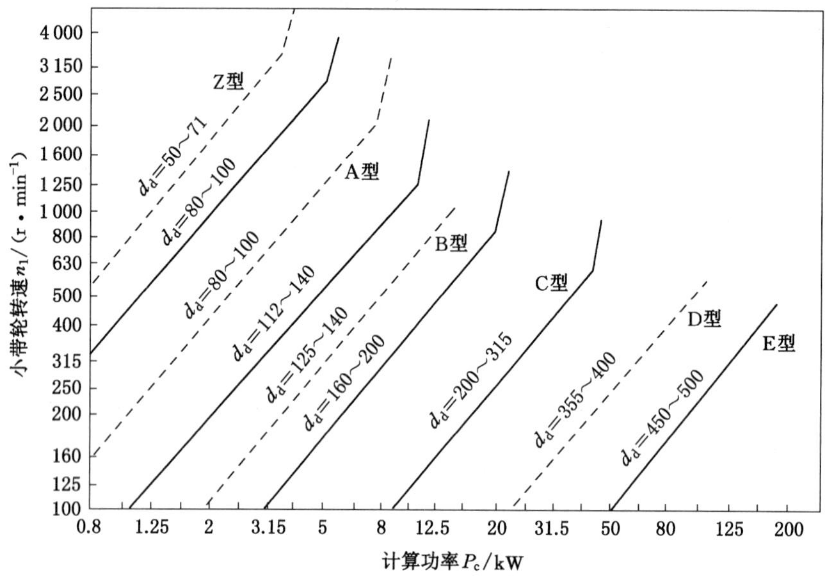

图 5-14　普通 V 带选型

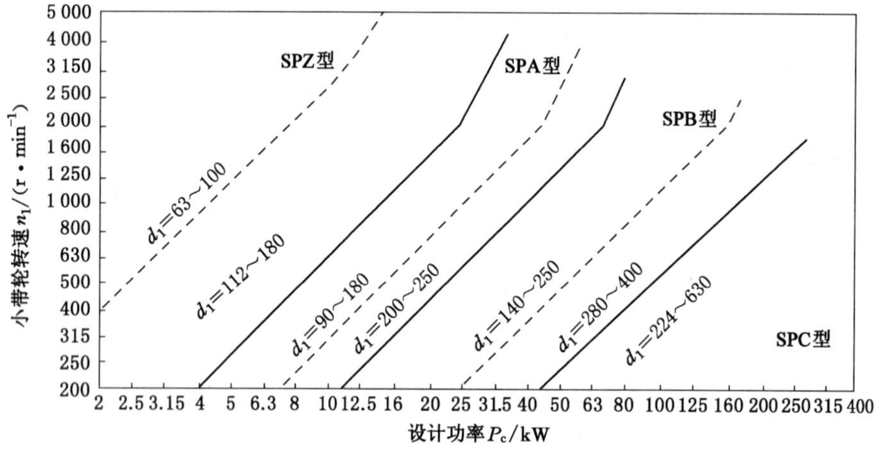

图 5-15　窄 V 带选型

表 5-11　V 带轮最小基准直径

型号	Y 型	Z 型	SPZ 型	A 型	SPA 型	B 型	SPB 型	C 型	SPC 型	D 型	E 型
d_{min} /mm	20	50	63	75	90	125	140	200	224	355	500

由式(5-14)可得大带轮的基准直径 d_2，即

$$d_2 = \frac{n_1}{n_2} d_1 (1 - \varepsilon) \tag{5-22}$$

d_1、d_2 应符合带轮基准直径尺寸系列。

带速为：

$$v=\frac{\pi d_1 n_1}{60\times 1\ 000} \tag{5-23}$$

对于普通 V 带，一般应使 v 在 5～30 m/s 的范围内；对于窄 V 带，v 可达 40 m/s。带速过小则传递的功率较小，过大则离心力较大。

② 中心距、带长和包角

一般推荐按下式初步确定中心距 a_0：

$$0.7(d_1+d_2)<a_0<2(d_1+d_2) \tag{5-24}$$

由式(5-4)可知，初定的 V 带基准长度为：

$$L_0=2a_0+\frac{\pi}{2}(d_1+d_2)+\frac{(d_2-d_1)^2}{4a_0} \tag{5-25}$$

根据初定的 L_0，由表 5-2 选取接近的基准长度 L_d，再按下式近似计算所需的中心距：

$$a\approx a_0+\frac{L_d-L_0}{2} \tag{5-26}$$

考虑带传动的安装、调整和 V 带张紧的需要，中心距变动范围为 $(a-0.015L_d)\sim(a+0.03L_d)$

小带轮包角由式(5-2)计算，即

$$\alpha_1=180°-\frac{d_2-d_1}{a}\times 57.3° \tag{5-27}$$

一般应使 $\alpha_1\geqslant 120°$，否则可加大中心距或增设张紧轮。

③ 初拉力

保持适当的初拉力是带传动正常工作的首要条件。若初拉力不足，则会出现打滑现象；若初拉力过大，则会增大轴和轴承上的压力，降低带的寿命。

合适的单根普通 V 带初拉力可按下式计算：

$$F_0=\frac{500P_c}{zv}\left(\frac{2.5}{K_\alpha}-1\right)+qv^2 \tag{5-28}$$

式中 P_c ——计算功率，kW；

z ——V 带根数；

v ——V 带速度，m/s；

K_α ——包角修正系数，见表 5-9；

q ——V 带单位长度质量，kg/m，见表 5-1。

④ 作用在带轮轴上的压力 F_Q

设计支承带轮的轴和轴承时，需要计算 F_Q。由图 5-12 可知：

$$F_Q=2zF_0\sin\frac{\alpha_1}{2} \tag{5-29}$$

式中 z ——V 带根数；

α_1 ——小带轮包角，rad；

设计带传动时，一般要先了解传动用途、载荷性质、传递的功率、带轮的转速以及对传动外廓尺寸的要求等。V 带传动设计计算的主要任务是：选择合理的传动参数，确定 V 带的型号、长度和根数，以及确定带轮的材料、结构和尺寸。

5.1.5 V带传动的张紧、使用和维护

(1) 带传动的张紧

普通V带不是完全的弹性体,在工作一段时间后,由于发生塑性变形而松弛,使初拉力减小,传动能力下降,因此必须要对普遍V带重新张紧。

带传动常见的张紧方法是调节中心距或加张紧轮。

① 调节中心距

a. 定期张紧。定期张紧即定期调节中心距以恢复张紧力。常见的带的定期张紧装置有滑道式[图5-16(a)]和摆架式[图5-16(b)]两种。

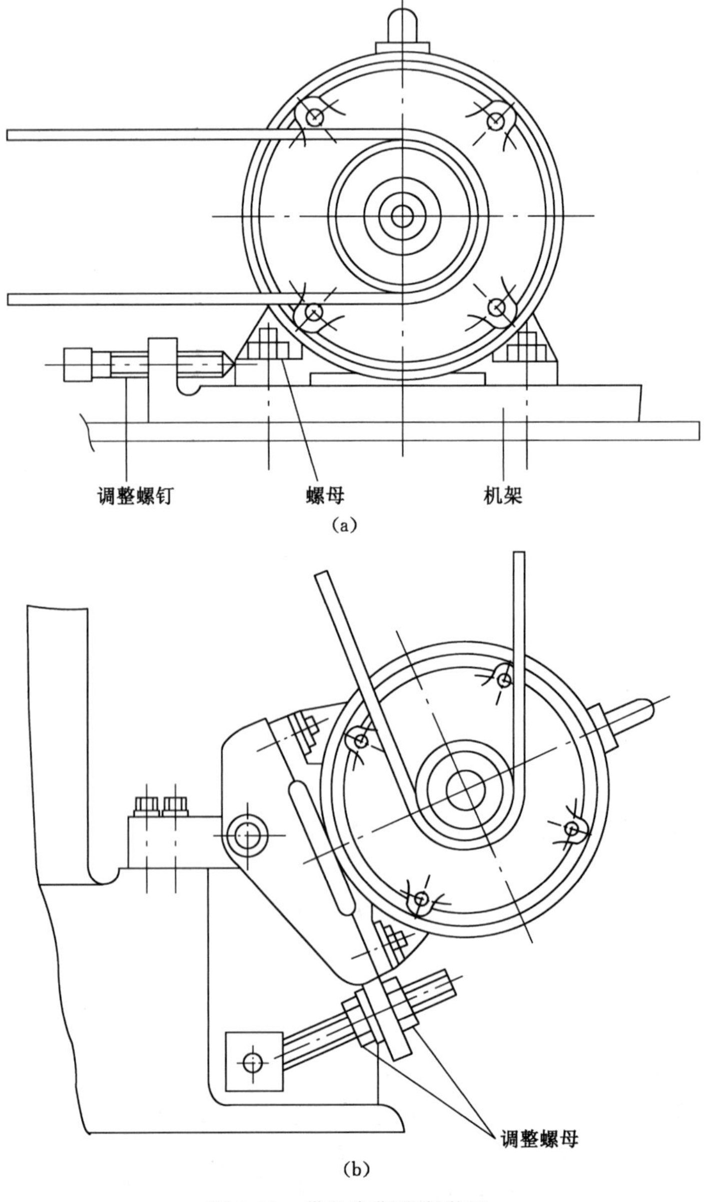

图5-16 带的定期张紧装置

b. 自动张紧。自动张紧即将装有带轮的电动机安装在浮动的摆架上，利用电动机的自身重力张紧传动带，通过载荷的大小自动调节。

② 加张紧轮

当带传动的中心距不可调节时，可采用张紧轮装置。调位式内张紧轮装置如图 5-17(a)所示，摆锤式内张紧轮装置如图 5-17(b)所示。张紧轮一般设置在松边的内侧且靠近大带轮处。若张紧轮设置在外侧，则应使其靠近小带轮，这样可以增大小带轮的包角，提高带的疲劳强度。

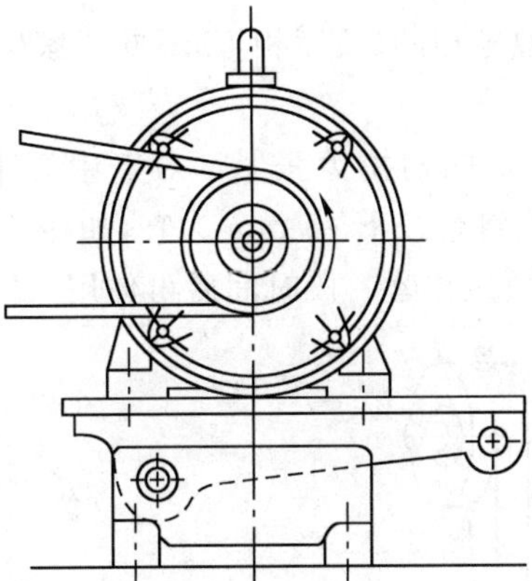

(a) 调位式内张紧轮

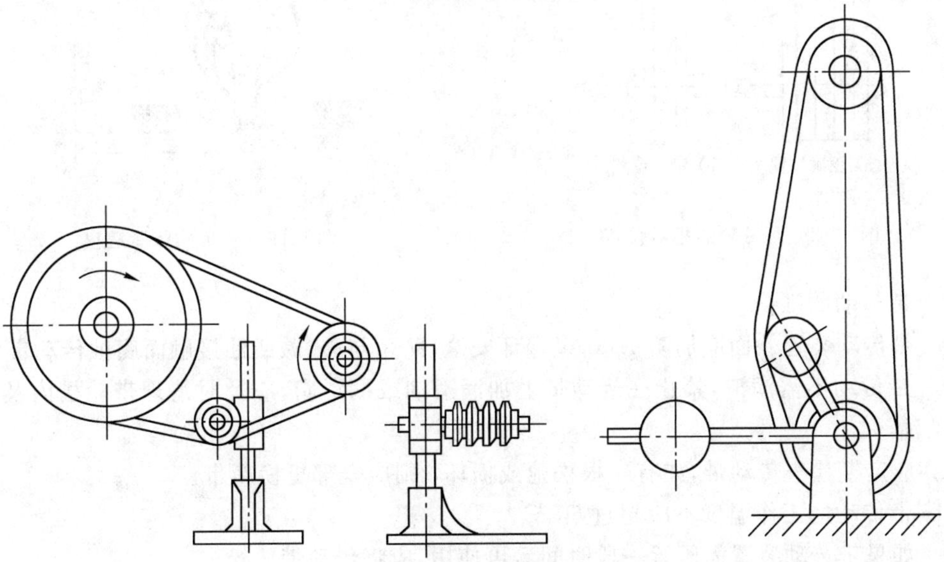

(b) 摆锤式内张紧轮

图 5-17　带的张紧轮装置

(2) 带传动的使用和维护

① 带传动的使用

平行轴传动时，各带轮的轴线必须保持规定的平行度。各带轮的中心线和 V 带轮、多楔带轮的对应轮槽中心线，以及平带轮面凸弧的中心线均应共面且与轴线垂直，否则会加速带的磨损，降低带的寿命，如图 5-18 所示。

传动带的安装注意事项如下：

a. 通常应通过调节中心距的方式进行带的安装和张紧。切忌将传动带强行从带轮上拔下或扳上，严禁用撬棍等工具将传动带强行撬入或撬出带轮。

b. 在带轮中心距不可调节而又无张紧轮的场合下，安装聚酰胺片基平带时，应在带轮边缘垫布，以防刮破传动带，并应一边转动带轮一边套带。安装同步带时，在多处同时缓慢地移动传动带，以保持带能平齐移动。

c. 同组使用的 V 带应型号相同、长度相等，不同厂家生产的 V 带、新旧 V 带不能同组使用。

d. 安装 V 带时，应按规定的初拉力张紧。对于中等中心距的带传动，也可凭经验张紧，带的张紧程度以大拇指能将带按下 15 mm 为宜，如图 5-19 所示。

e. 对于新传动带，最好预先拉紧一段时间后再使用。

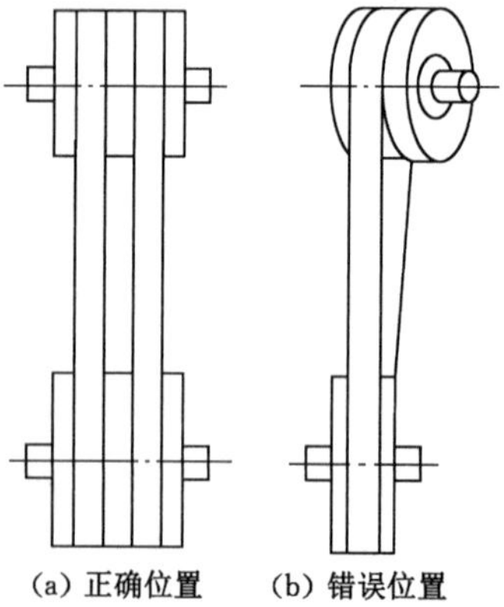

图 5-18　两带轮的相对位置

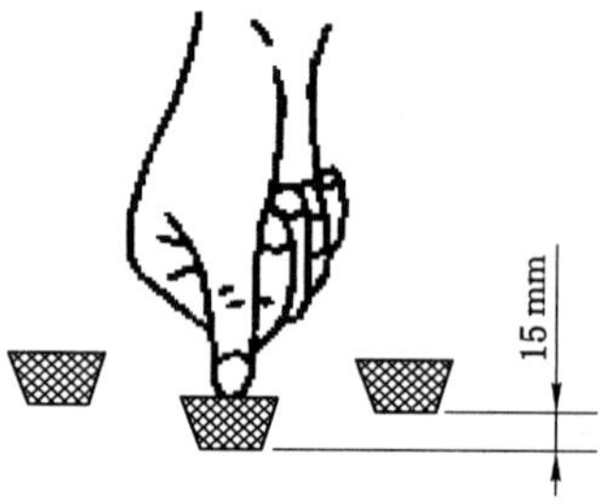

图 5-19　V 带的张紧程度

② 带传动的维护

a. 带传动装置外面应加防护罩，以保证安全，防止与酸、碱或油接触而腐蚀传动带。

b. 带传动不需润滑，禁止往传动带上加润滑油或润滑脂，应及时清理带轮槽内及传动带上的油污。

c. 应定期检查传动带，如有一根松弛或损坏，则应全部更换新带。

d. 带传动的工作温度不应超过 60 ℃。

e. 如果带传动装置需闲置一段时间后再使用，应将传动带放松。

习　　题

5.1-1　带传动工作时，传动带截面上产生哪些应力？应力沿传动带全长是如何分布的？最大应力在何处？

5.1-2　带传动的弹性滑动和打滑是怎样产生的？它们对传动有何影响？是否可以

避免？

5.1-3 一般来说，带传动的打滑多发生在大带轮上还是小带轮上，为什么？

5.1-4 V带为什么比平带的承载能力强？

5.1-5 V带传动的 $n_1 = 1\ 450$ r/min，带与带轮的当量摩擦因数 $f' = 0.51$，包角 $\alpha_1 = 180°$，初拉力 $F_0 = 360$ N。试求：① 该传动所能传递的最大有效拉力为多少？② 若 $d_1 = 100$ mm，其传递的最大转矩为多少？③ 若传动效率为0.95，弹性滑动忽略不计，则从动轮输出功率为多少？

5.1-6 V带传动传递的功率 $P = 7.5$ kW，带速 $v = 10$ m/s，紧边拉力是松边拉力的2倍，即 $F_1 = 2F_2$，试求紧边拉力 F_1、有效拉力 F 和初拉力 F_0。

5.1-7 一普通A型V带传动，已知主、从动带轮的直径分别为100 mm和250 mm，初定中心距 a_0 为400 mm。试求：① 带的基准长度 L_d；② 实际中心距 a。

5.2 链 传 动

【教学要求】

● 知识目标

(1) 了解链传动的组成、工作原理、类型和应用。

(2) 掌握链传动传动比的计算。

(3) 掌握滚子链的结构及链传动的布置与润滑。

● 能力目标

(1) 具有链传动设计能力。

(2) 能够进行链传动的布置与润滑。

● 素质目标

(1) 培养科学严谨的职业素养。

(2) 强化目标意识、质量意识。

● 学习重点与难点

(1) 学习重点：链传动比的计算及滚子链的结构。

(2) 学习难点：滚子链各零件间的配合关系。

【行业案例】

输送机是煤矿行业不可缺少的一部分，也是制约生产力的一个关键设备。目前，链式输送机（图5-20）是煤矿的主要输送设备。链传动具有传动比稳定、传力大、挠性好、效率高、寿命长、安装要求低、使用可靠、适应性强、维修方便及成本低廉等优点，广泛应用于国民经济的各个领域。

5.2.1 链传动的类型和应用

(1) 链传动的类型和结构

传递动力用的链条，按结构的不同主要有滚子链和齿形链两种。

① 滚子链

滚子链由内链板1、外链板2、销轴3、套筒4和滚子5组成（图5-21），也称为套筒滚子

图 5-20　链式输送机

链。其中，内链板紧压在套筒两端，外链板与销轴铆牢，内、外链板分别称为内、外链节。这样内、外链节就构成一个铰链。滚子与套筒、套筒与销轴之间均为间隙配合。当链条啮入和啮出时，内、外链节做相对转动；同时，滚子沿链轮轮齿廓滚动，可减少链条与轮齿的磨损。内、外链板均制成"∞"字形，以减小质量并保持链板各横截面的强度大致相等。

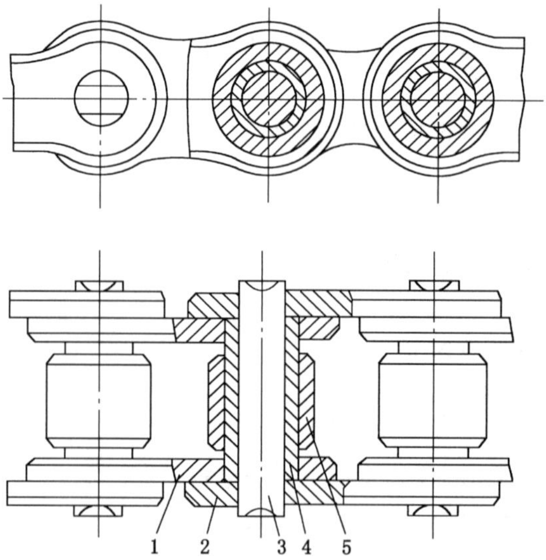

1—内链板；2—外链板；3—销轴；4—套筒；5—滚子。

图 5-21　滚子链

链条的各零件由碳钢或合金钢制成，并经热处理，以提高其强度和耐磨性。

滚子链上相邻两滚子中心的距离称为链的节距，以 p 表示，它是链条的主要参数。节距越大，链条各零件的尺寸越大，所能传递的功率也就越大。

滚子链可制成单排链和多排链，如双排链(图 5-22)、三排链等。

滚子链已标准化，分为 A、B 两种系列，常用的是 A 系列滚子链。表 5-12 列出了几种 A 系列滚子链的主要参数。

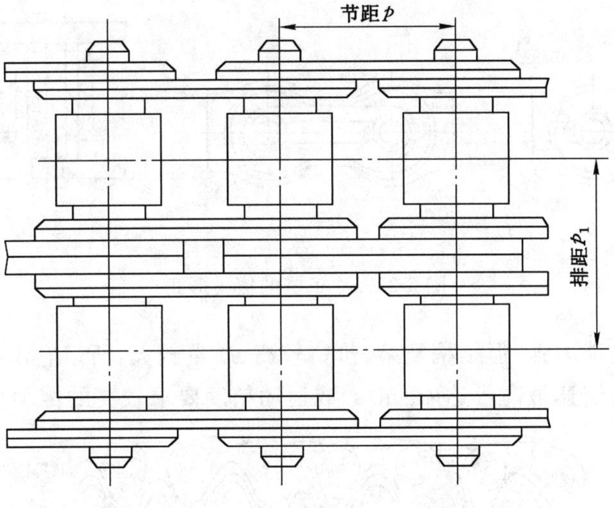

图 5-22　双排滚子链

表 5-12　A 系列滚子链的主要参数

链号	节距 p/mm	排距 p_t/mm	滚子外径 d_1/mm	抗拉极限载荷 Q(单排)/N	单位长度质量 q(单排)/(kg/m)
08A	12.70	14.38	7.95	13 900	0.65
10A	15.88	18.11	10.16	21 800	1.00
12A	19.05	22.78	11.91	31 300	1.50
16A	25.40	29.29	15.88	55 600	2.60
20A	31.75	35.76	19.05	87 000	3.80
24A	38.10	45.44	22.23	125 000	5.06
28A	44.45	48.87	25.40	170 000	7.50
32A	50.80	58.55	28.58	223 000	10.10
40A	63.50	71.55	39.68	347 000	16.10
48A	76.20	87.83	47.63	500 000	22.60

注:1. 本表摘自《传动用短节距精密滚子链、套筒链、附件和链轮》(GB/T 1243—2006),表中链号与相应的国际标准链号一致,链号乘以 $\frac{25.4}{16}$ 即节距;后缀“A”表示 A 系列。

2. 使用过渡链节时,其极限载荷按表中数值的 80%计算。

链条长度以链节数来表示。链节数最好取偶数,以便链条连成环形时正好是外链板与内链板相接,接头处可用开口销[图 5-23(a)]或弹簧夹锁紧[图 5-23(b)]。若链节数为奇数,则需采用过渡链节,如图 5-23(c)所示。在链条受拉时,过渡链节还要承受附加的弯曲载荷,通常应避免采用。

② 齿形链

齿形链由若干组齿形链板交错排列,并通过铰链相互连接而成。工作时,链板外侧成60°夹角的两直边与链轮轮齿相啮合。齿形链上设有导板,以防止工作时链条发生侧向窜动。导板有内导板和外导板两种,如图 5-24 所示。与滚子链相比,齿形链运转平稳、噪声

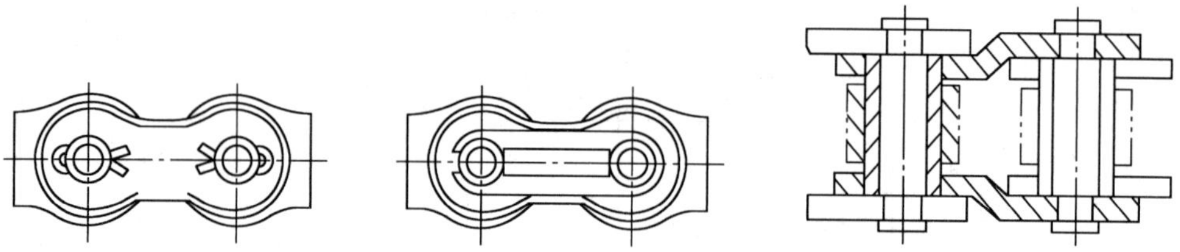

(a) (b) (c)

图 5-23 滚子链的接头形式

小、承受冲击载荷的能力强，但结构复杂、价格较高、质量较大，所以它没有滚子链应用广泛。齿形链多用于高速(链速最高可达 40 m/s)或运动精度要求较高的传动。

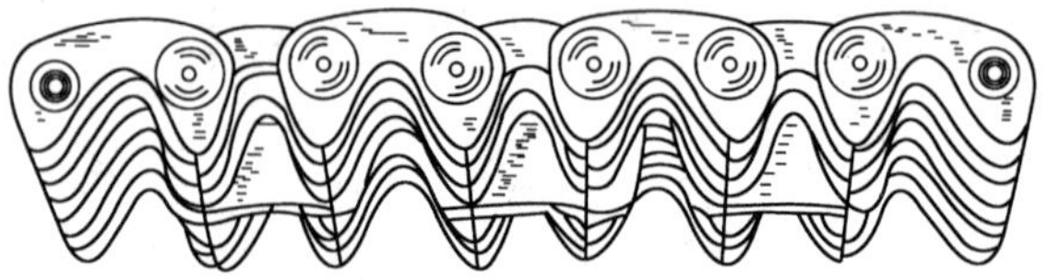

(a) 内导板

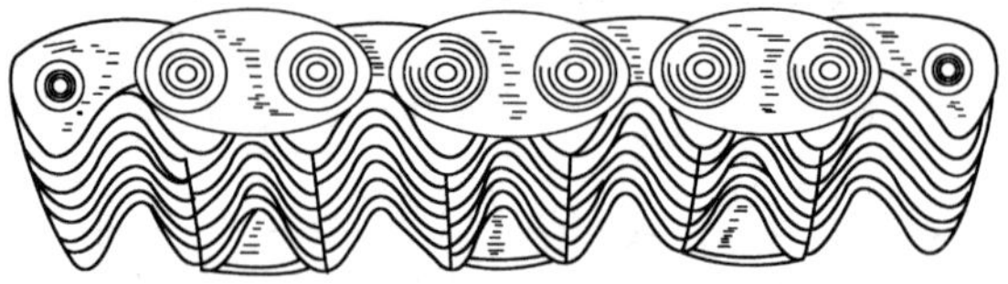

(b) 外导板

图 5-24 齿形链导板

③ 滚子链链轮

链轮的齿形应保证链节能平稳顺利地进入和退出啮合，并便于加工。滚子链链轮的端面齿形通常为"三圆弧一线段"，如图 5-25(a)所示。图 5-25(b)为滚子链链轮的轴面齿形。

如图 5-25(a)所示，链轮上被链条节距等分的圆称为分度圆，其直径用 d 表示，链轮主要尺寸的计算式为：

$$\begin{cases} \text{分度圆直径 } d = \dfrac{p}{\sin \dfrac{180^\circ}{z}} \\ \text{齿顶圆最大直径 } d_{amax} = d + 1.25p - d_1 \\ \text{齿根圆最小直径 } d_{amin} = d + (1 - \dfrac{1.6}{z})p - d_1 \\ \text{齿根圆直径 } d_f = d - d_1 \end{cases} \tag{5-31}$$

式中 p ——节距，mm；

z ——齿数；

d_1 ——链的滚子外径，mm。

如滚子链链轮齿形选用"三圆弧一线段"齿形，则

$$d_a = p(0.54 + \cot \frac{180^\circ}{z}) \tag{5-32}$$

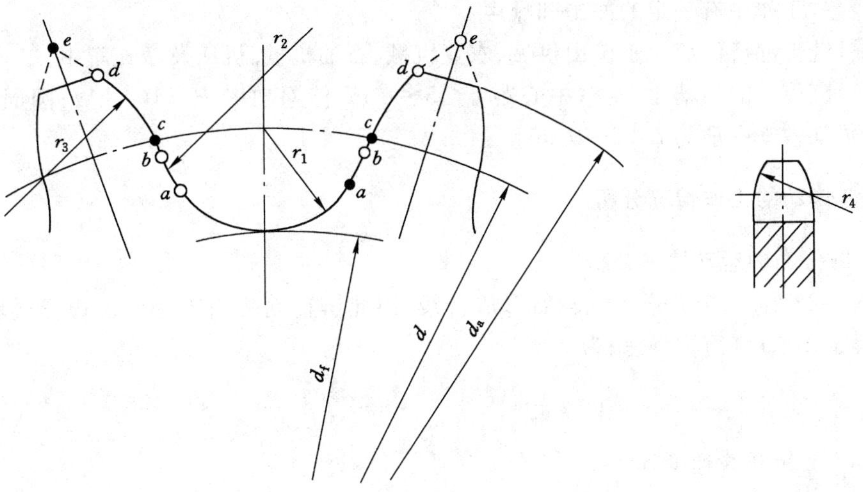

(a) 端面齿形　　　(b) 轴面齿形

图 5-25　滚子链链轮的齿形

链轮的其他几何尺寸和计算公式可参阅有关设计手册。

链轮材料应有足够的接触强度和耐磨性，故齿面多经热处理。小链轮的啮合次数比大链轮多，所受冲击力也大，故小链轮所用材料的机械性能一般优于大链轮。

链轮的结构如图 5-27 所示。小直径链轮一般采用整体式，如图 5-27(a)所示；中等直径的链轮采用孔板式，如图 5-27(b)所示；直径较大的链轮可设计成组合式，如图 5-27(c)所示。若轮齿因磨损而失效，可更换齿圈。链轮轮毂部分的尺寸可参考带轮。

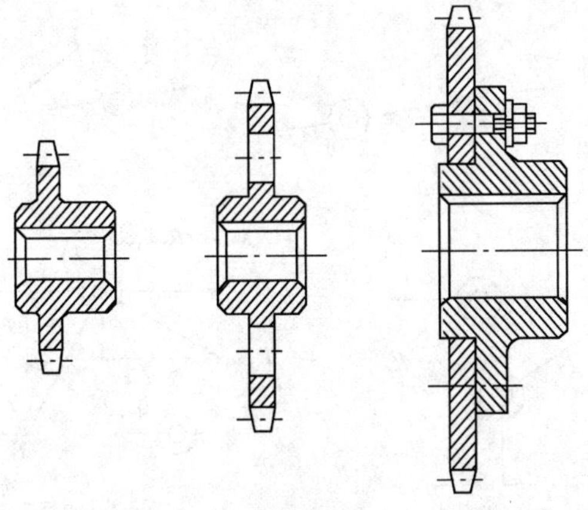

(a) 整体式　　(b) 孔板式　　(c) 组合式

图 5-27　链轮结构

(2) 链传动的应用

与带传动相比，链传动不会发生弹性滑动和打滑现象，能保持稳定的平均传动比；需要的张紧力小，作用在轴上的压力也小，可减小轴承的摩擦损失；结构紧凑；能在温度较高、有油污等恶劣环境条件下工作。与齿轮传动相比，链传动的制造和安装精度要求较低；中心距较大时其传动结构简单。链传动的主要缺点是：因瞬时链速和瞬时传动比不是常数，故传动平稳性较差，工作中有一定的冲击和噪声。

目前，链传动广泛应用于矿山机械、农业机械、石油机械、机床及摩托车中。

通常，链传动的传动比 $i \leqslant 8$；中心距 $a \leqslant 5 \sim 6$ m；传递功率 $P \leqslant 100$ kW；圆周速度 $v \leqslant 15$ m/s；传动效率一般为 0.92～0.96。

5.2.2 链传动的工作情况分析

(1) 链传动的运动情况分析

如图 5-28 所示，链条进入链轮后形成折线，因此链传动相当于一对多边形链轮之间的传动。链条线速度（简称链速）为：

$$v = \frac{z_1 p n_1}{60 \times 1\,000} = \frac{z_2 p n_2}{60 \times 1\,000} \tag{5-33}$$

式中 v ——链条线速度，m/s；

p ——节距，mm；

z_1, z_2 ——两链轮齿数；

n_1, n_2 ——两链轮的转速，r/mm。

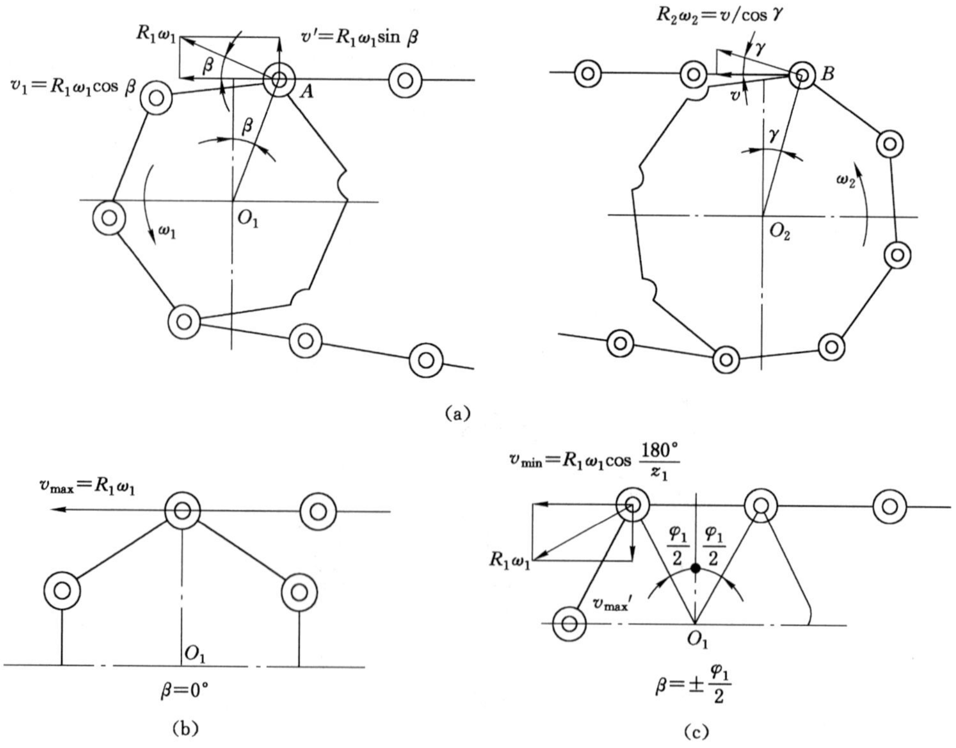

图 5-28 链传动的速度分析

传动比为：

$$i = \frac{n_1}{n_2} = \frac{z_2}{z_1} \tag{5-34}$$

通过以上两式求得的链速和传动比都是平均值。实际上，由于多边形效应，瞬时链速和瞬时传动比都是变化的。

为便于说明，假定链轮的紧边总是处于水平位置，主、从动链轮的线速度呈周期性变化，如图 5-28(a)所示。当主动轮以角速度 ω_1 回转时，相啮合的滚子中心 A 的圆周速度为 $R_1\omega_1$，链速可分解为链条前进方向的水平分速度 v_1 和垂直方向的速度 v'：

$$v_1 = R_1\omega_1\cos\beta \tag{5-35}$$

$$v' = R_1\omega_1\sin\beta \tag{5-36}$$

式中　R_1——小链轮分度圆半径，mm；

β——滚子中心 A 的相位角，即纵坐标轴与 A 点和轮心连线的夹角。

在主动轮上，每个链节对应的中心角 $\varphi_1 = \dfrac{360^\circ}{z_1}$，从第一个滚子进入啮合到第二个滚子进入啮合，相应的 β 由 $+\dfrac{\varphi_1}{2}$ 变化到 $-\dfrac{\varphi_1}{2}$，如图 5-28(c)所示，所以当滚子进入啮合时链速最小，最小链速 $v_{\min} = R_1\omega_1\cos\dfrac{180^\circ}{z_1}$。随着链轮的转动，$\beta$ 逐渐变小，当 $\beta = 0^\circ$ 时[图 5-28(b)]，链速 v 达到最大值 $v_{\max}$，即 $R_1\omega_1$，此后 β 又逐渐增大，直至链速减小到最小值，然后第二个滚子进入啮合，重复上述过程。齿数越少，φ_1 值越大，v_1 的变化就越大。随着 β 的变化，链条在垂直方向的分速度也发生周期性变化，导致链条抖动。

在从动轮上，滚子中心 B 的圆周速度为 $R_2\omega_2$，水平速度为 $v_1 = R_2\omega_2\cos\gamma$，故

$$\omega_2 = \frac{v_1}{R_2\cos\gamma} = \frac{R_1\omega_1\cos\beta}{R_2\cos\gamma} \tag{5-37}$$

式中　γ——滚子中心 B 的相位角。

由此得到的链轮瞬时传动比为：

$$i = \frac{\omega_1}{\omega_2} = \frac{R_2\cos\gamma}{R_1\cos\beta} \tag{5-38}$$

由上式可知，瞬时传动比是周期性变化的，只有当 $z_1 = z_2$ 且链传动的中心距为链节的整数倍时，才能使瞬时传动比保持恒定。

为改善链传动的运动不均匀性，可选用较小的链节距、增加链轮齿数和限制链轮转速。

(2) 链传动的受力分析

安装链传动时，需要的张紧力较小，主要是使链松边的垂度不致过大，否则会产生显著的振动、跳齿和脱链。若不考虑传动中的动载荷，作用在链上的力有：圆周力(有效拉力) F，离心拉力 F_c 和悬垂拉力 F_y。如图 5-29 所示，链的紧边拉力为：

$$F_1 = F + F_c + F_y \tag{5-39}$$

链的松边拉力为：

$$F_2 = F_c + F_y \tag{5-40}$$

围绕在链轮上的链节在运动中产生的离心拉力为：

$$F_c = qv^2 \tag{5-41}$$

式中　q——链的单位长度质量，kg/m；

v——链速，m/s；

悬垂拉力可利用求悬索拉力的方法近似求得，即

$$F_y = K_y qga \tag{5-42}$$

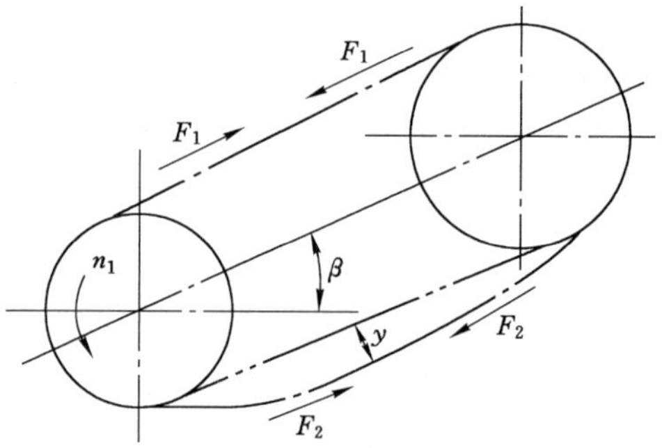

图 5-29　作用在链上的力

式中　a ——链传动的中心距，m；

g ——重力加速度，$g = 9.81\ m/s^2$；

K_y ——下垂量 $y = 0.02a$ 的垂度系数，其值与中心连线和水平线的夹角 β（图 5-29）有关。垂直布置时，$K_y = 1$；水平布置时，$K_y = 6$；倾斜布置时，$K_y = 1.2$（$\beta = 75°$）、2.8（$\beta = 60°$）、5（$\beta = 30°$）。

链作用在轴上的压力 F_Q 可近似为：

$$F_Q = (1.2 \sim 1.3)F \tag{5-43}$$

当有冲击和振动时，F_Q 取较大值。

5.2.3　滚子链传动的设计计算

（1）失效形式

链传动的主要失效形式有以下几种：

① 链板的疲劳破坏。链条在松边拉力和紧边拉力的反复作用下，经过一定的循环次数，链板会发生疲劳破坏。在正常润滑条件下，疲劳强度是影响链传动承载能力的主要因素。

② 滚子套筒的冲击疲劳破坏。链传动的啮入冲击首先由滚子和套筒承受。在反复冲击下，滚子、套筒经过一定的循环次数会发生冲击疲劳破坏。这种失效形式多发生于中、高速闭式链传动中。

③ 销轴与套筒的胶合。当链条润滑不当或速度过高时，销轴和套筒的摩擦表面易发生胶合。胶合会限定链传动的极限转速。

④ 链条铰链的磨损。铰链磨损后链节变大，容易引起跳齿或脱链。开式传动、环境条件恶劣或润滑不良等均会引起链条铰链磨损，从而急剧缩短链条的使用寿命。

⑤ 过载拉断。这种拉断常发生于低速重载或严重过载的传动中。

（2）滚子链的额定功率

链传动有多种失效形式，每种失效形式对应的链传动承载能力不同。在一定的使用寿命下，从任一种失效形式出发，均可得出一个极限功率表达式。在如图 5-30 所示的极限功率曲线中，1 是在正常润滑条件下铰链磨损限定的极限功率；2 是链板疲劳强度限定的极限功率；3 是套筒、滚子冲击疲劳强度限定的极限功率；4 是铰链胶合限定的极限功率；阴影部分为实际许用的极限功率区域。润滑不良及工况恶劣时，磨损将很严重，链传动极限功率大幅度下降，如图中虚线所示。

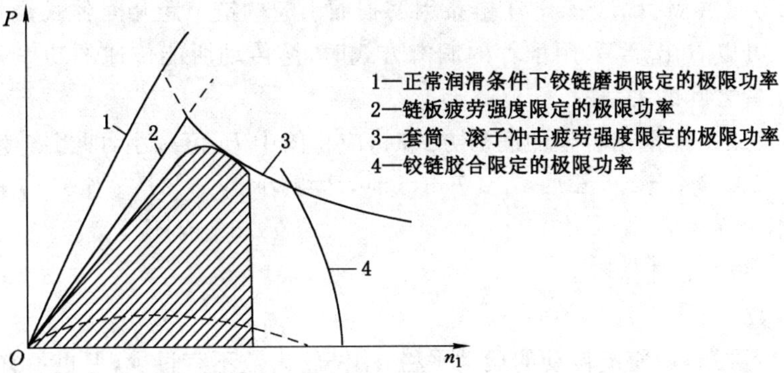

图 5-30 滚子链极限功率曲线

图 5-31 为单排 A 系列滚子链在特定试验条件下所能传递的功率曲线。其试验条件为：① 两链轮共面；② 小链轮齿数 $z_1 = 25$；③ 链长 $L_p = 120$ 节；④ 载荷平稳；⑤ 润滑方式合

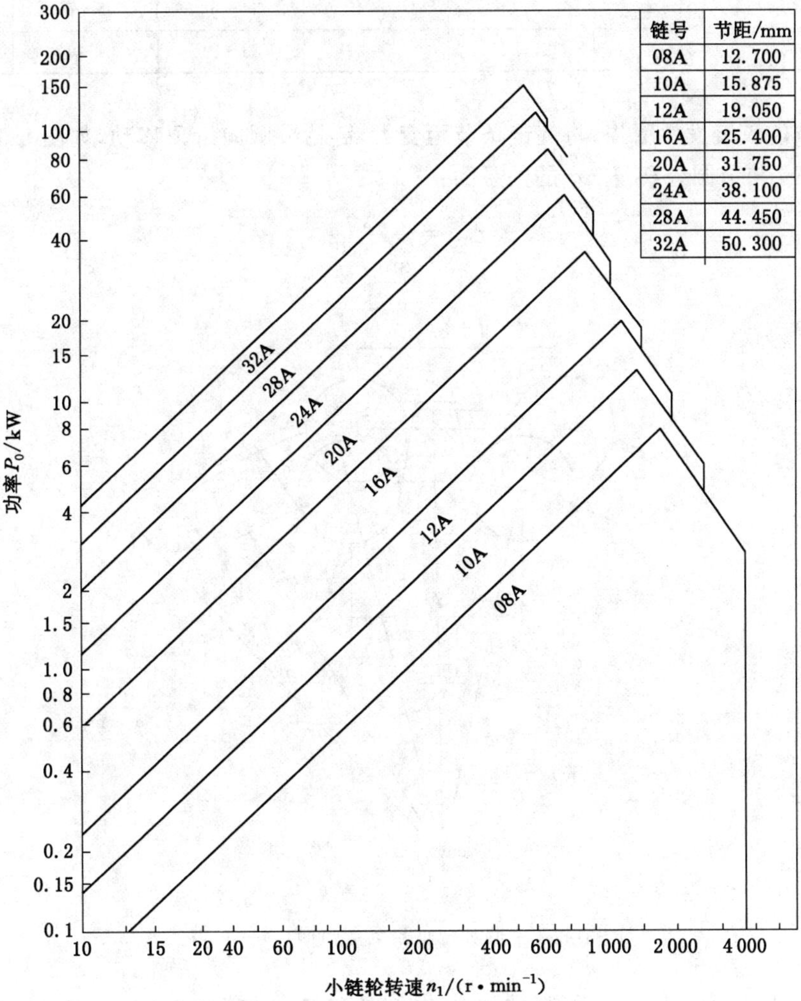

图 5-31 单排 A 系列滚子链的功率曲线

理；⑥ 连续 15 000 h 满负荷运转；⑦ 链条因磨损而引起的链节距相对伸长量不超过 3%。

由图 5-31 可以看出，当采用推荐的润滑方式时，链传动所能传递的功率 P_c、小链轮转速 n_1 和链号三者之间的关系。

若润滑不良或不能采用合理的润滑方式时，应将图中 P_0 值减小，即当链速 $v \leqslant 1.5$ m/s 时，P_0 减小到 $50\%P_0$；当 1.5 m/s$<v\leqslant 7$ m/s 时，P_0 减小到 $25\%P_0$；当 $v>7$ m/s 而又润滑不良时，传动不可靠。

(3) 链传动的参数选择

① 链轮齿数

由上节分析可知，为使链传动的运动平稳，小链轮齿数不宜过少，但也不宜太多，以免大链轮直径太大。对于滚子链，可按传动比由表 5-13 选取 z_1，然后按传动比确定大链轮齿数，即 $z_2 = iz_1$。

表 5-13　小链轮齿数 z_1

传动比 i	1～2	2～3	3～4	4～5	5～6	>6
z_1	31～27	27～25	25～23	23～21	21～17	17

若链条的铰链发生磨损，将使链条节距变大，链轮节圆向齿顶移动，如图 5-32 所示。节距增加量 Δp 与节圆外移量 Δd 的关系为：

$$\Delta d = \frac{\Delta p}{\sin \frac{180^\circ}{z}} \tag{5-44}$$

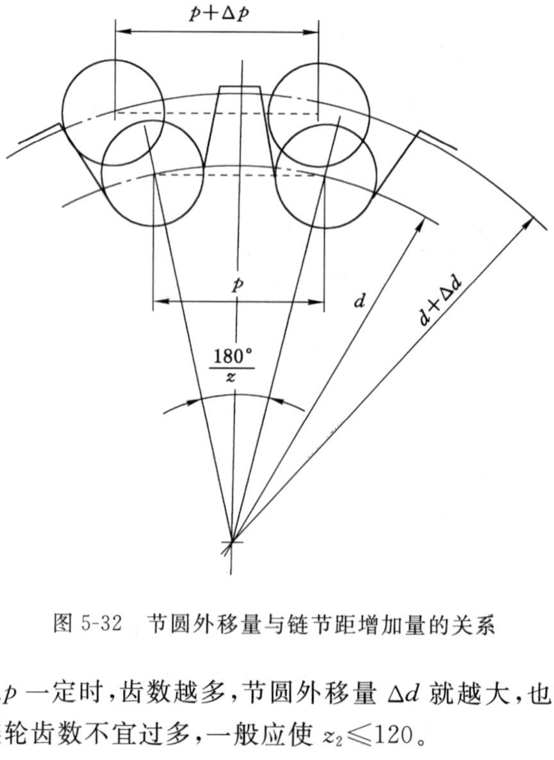

图 5-32　节圆外移量与链节距增加量的关系

由上式可知，当 Δp 一定时，齿数越多，节圆外移量 Δd 就越大，也就越容易发生跳齿和脱链现象。因此，大链轮齿数不宜过多，一般应使 $z_2 \leqslant 120$。

一般链条节数为偶数，而链轮齿数最好选取奇数，这样可使磨损较均匀。

② 链的节距 p

链的节距越大，其承载能力越强。但应注意：当链节以一定的相对速度与链轮齿啮合的瞬间，将产生冲击和动载荷。如图 5-33 所示，根据相对运动原理，若把链轮看作静止状态，链节就以角速度 $-\omega$ 进入轮齿而产生冲击。研究表明，节距越大、链轮转速越高时冲击也越大。因此，设计时应尽可能选用小节距的链，高速重载时可选用小节距多排链。

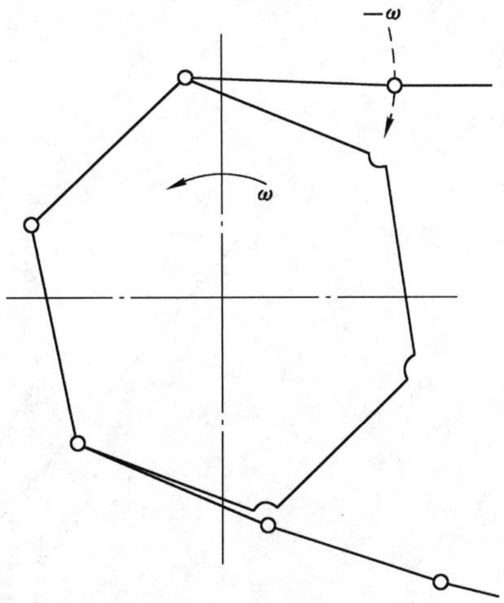

图 5-33 啮合瞬间的冲击

③ 中心距和链的节数

若链传动中心距过小，则小链轮上的包角也较小，同时啮合的链轮齿数也减少；若中心距过大，则易使链条抖动。一般可取中心距 $a=(30\sim 50)p$，最大中心距 $a_{\max}\leqslant 180p$。

链条长度用链的节数 L_p 表示。按带传动求带长的公式可导出：

$$L_p = 2\frac{a}{p}+\frac{z_1+z_2}{2}+\frac{p}{a}\left(\frac{z_2-z_1}{2\pi}\right)^2 \tag{5-45}$$

由上式计算出的链的节数须为整数，最好取偶数。

运用式(5-45)可得到求中心距 a 的公式，即

$$a=\frac{p}{4}\left[\left(L_p-\frac{z_1+z_2}{2}\right)+\sqrt{\left(L_p-\frac{z_1+z_2}{2}\right)^2-8\left(\frac{z_2-z_1}{2\pi}\right)^2}\right] \tag{5-46}$$

为使松边有合适的垂度，实际中心距应比计算出的中心距大 Δa。$\Delta a=(0.002\sim 0.004)a$，中心距可调时取较大值。

为便于安装链条和调节链的张紧程度，一般将中心距设计成可以调节的中心距或安装张紧轮。

(4) 链传动的参数计算

① 单排链的计算功率 P_c

$$P_c=\frac{K_A K_z}{K_m}P \tag{5-47}$$

式中 K_z ——小链轮齿数 $z_1\neq 25$ 时的修正系数，称为链轮齿数系数，如图 5-34 所示；

K_A ——工作情况系数，见表 5-14；

K_m ——采用多排链时的修正系数，称为多排链系数，见表 5-15；

P ——传递的功率，kW。

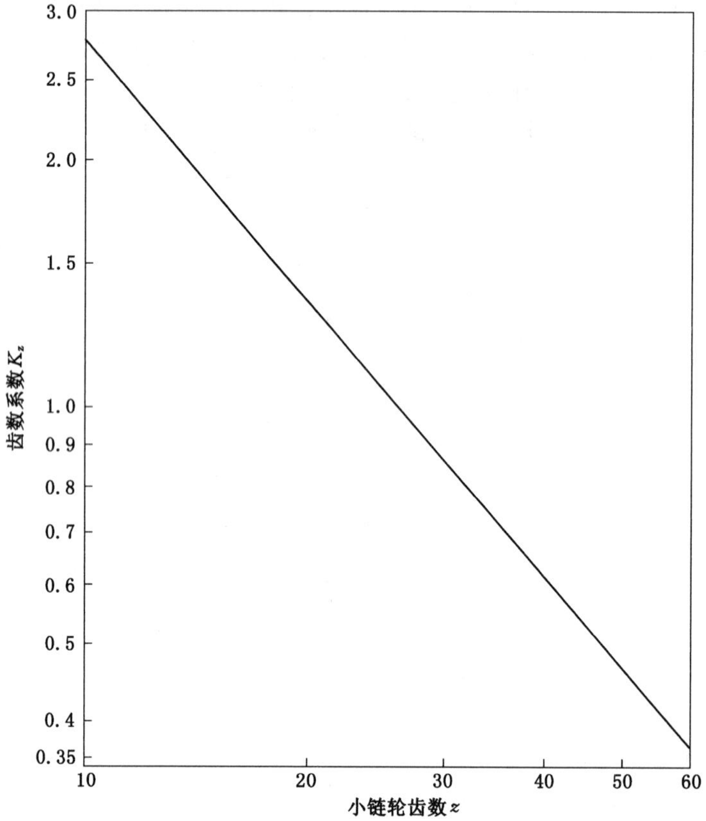

图 5-34　链轮齿数系数 K_z

表 5-14　工作情况系数 K_A

载荷种类	原动机	
	电动机或汽轮机	内燃机
载荷平稳	1.0	1.1
中等冲击	1.4	1.5
较大冲击	1.8	1.9

表 5-15　多排链系数 K_m

排数	1	2	3	4	5	6
K_m	1.0	1.7	2.5	3.3	4.0	4.6

② 选择链条型号

根据计算功率和小链轮转速，在图 5-31 中找到坐标点，从而确定应选择的链条型号，例如，当 $P_c = 5$ kW，小链轮转速 $n_1 = 400$ r/min 时，其坐标点已超过 10A 链的承载能力区域，故应选择的链号为 12A。

(3) 校核链条静强度

当 $v \leqslant 0.6$ m/s 时，链传动的主要失效形式为链条的过载拉断，因此设计时必须验算静力强度的安全系数 S，即

$$\frac{Q}{K_A F_1} \geqslant S \tag{5-48}$$

式中 Q——链的极限载荷，N，见表 5-12；

F_1——紧边拉力，N；

S——安全系数，$S = 4 \sim 8$；

K_A——工作情况系数，见表 5-14。

5.2.4 链传动的布置和润滑

(1) 链传动的布置

链传动的两轴应平行，两链轮的回转平面应位于同一平面内，轴心连线一般宜采用水平或接近水平的布置，并使紧边在上，松边在下，见表 5-16。

表 5-16 链传动的布置

传动参数	正确布置	不正确布置	说明
$i = 2 \sim 3, a = (30 \sim 50)p$	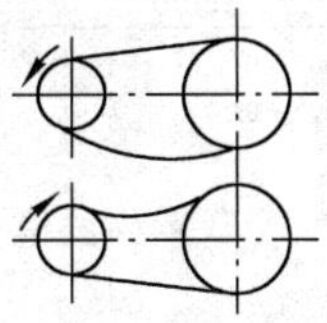		两轮轴线在同一水平面内，紧边在上、在下均不影响工作
$i > 2, a < 30p$	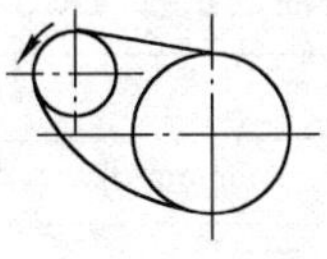	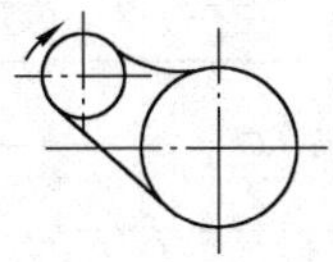	两轮轴线不在同一水平面内，松边应在下面，否则松边下垂量增大后，链条易与链轮卡死
$i < 1.5, a > 60p$	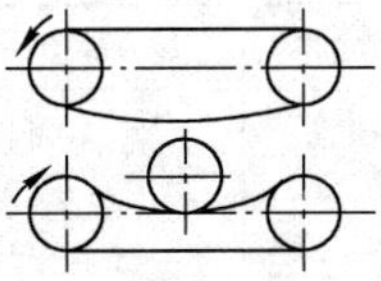	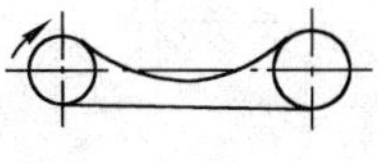	两轮轴线在同一水平面内，松边应在下面，否则松边下垂量增大后，松边会与紧边相碰，需经常调整中心距
i、a 为任意值	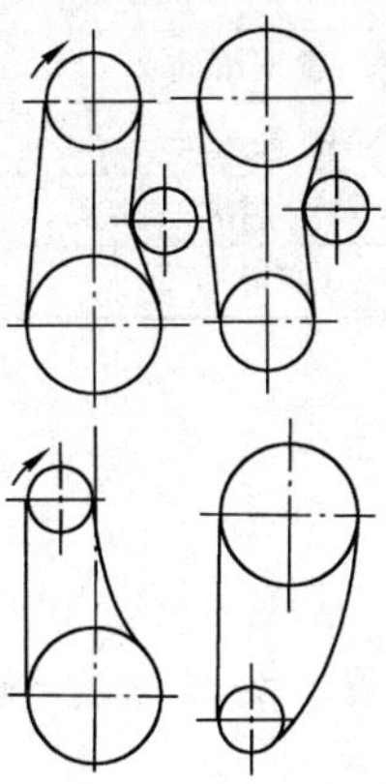	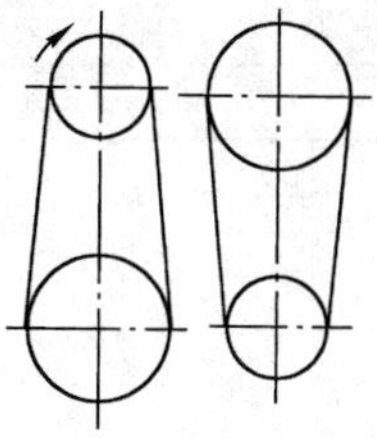	两轮轴线在同一铅垂面内，下垂量增大会减少下链轮有效啮合齿数，降低传动能力，为此应：① 使中心距可调；② 设张紧装置；③ 上、下两轮错开布置，使两轮轴线不在同一铅垂面内

(2) 链传动的润滑

链传动的润滑至关重要。合理的润滑能显著降低链条的磨损,延长使用寿命。

采用何种润滑方式可由链号、链速查图 5-35 确定。图中链传动的润滑方式分 4 种:① 人工定期润滑;② 滴油润滑,即用油杯通过油管向松边内外链板间隙处滴油;③ 油浴润滑或飞溅润滑;④ 压力润滑,即用油泵经油管向链条连续供油,循环油可起润滑和冷却的作用,链速很小时可定期加润滑脂润滑。

润滑油的选用与链条节距和环境温度有关,环境温度越高,则润滑油黏度越大,见表 5-17。

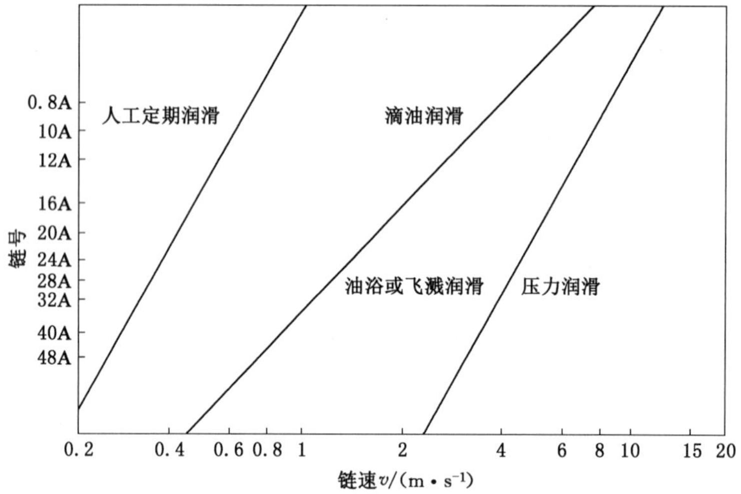

图 5-35　链传动的润滑方法(A 或 B 系列的链号)

表 5-17　链传动润滑油的选择

润滑方式	环境温度/℃	节距 p/mm			
		9.53~15.88	19.05~25.40	31.75	38.10~76.20
人工定期润滑、滴油润滑、油浴或飞溅润滑	−10~0	L-AN46 润滑油	L-AN68 润滑油		L-AN100 润滑油
	0~40	L-AN68 润滑油	L-AN100 润滑油		SC30 润滑油
	40~50	L-AN100 润滑油	SC40 润滑油		SC40 润滑油
	50~60	SC40 润滑油	SC40 润滑油		工业齿轮油(冬季用 90 号 GL-4 齿轮油)
压力润滑	−10~0	L-AN46 润滑油		L-AN68 润滑油	
	0~40	L-AN68 润滑油		L-AN100 润滑油	
	40~50	L-AN100 润滑油		SC40 润滑油	
	50~60	SC40 润滑油		SC40 润滑油	

习　　题

5.2-1　与带传动相比,链传动有哪些优缺点?为什么自行车和摩托车中常采用链传动?

5.2-2 链传动的主要失效形式有哪些？

5.2-3 如何布置链传动？

5.2-4 链传动有哪些润滑方式？在设计中应如何选取？

5.2-5 已知一滚子链传动，主动轮转速 $n_1 = 960$ r/min，齿数 $z_1 = 21$，选用10A滚子链，单排链，传动比 $i = 2$，中心距 $a = 640$ mm，油浴润滑，工作时有较大冲击。试求此传动允许传递的最大功率。

5.2-6 一滚子链传动，已知链轮齿数 $z_1 = 21$、$z_2 = 63$，链条型号为08A，链节数 $L_p =$ 100 节。试求：① 两链轮的分度圆直径；② 中心距 a。

5.3 齿轮传动

【教学要求】

● 知识目标

(1) 掌握齿轮传动的失效形式和设计计算准则。

(2) 了解齿轮的材料及传动精度。

(3) 掌握标准直齿圆柱齿轮传动的受力分析及强度计算。

(4) 掌握斜齿圆柱齿轮传动的受力分析及强度计算。

(5) 掌握圆锥齿轮传动的受力分析及强度计算。

(6) 了解齿轮传动的润滑和效率。

● 能力目标

(1) 能够对齿轮传动进行受力分析及强度计算。

(2) 能够对齿轮的材料进行合理的选择。

(3) 能够对齿轮传动的润滑方式进行选择。

● 素质目标

(1) 在从裂纹的扩展到失效过程中体会量变到质变规律。

(2) 通过齿轮强度设计计算准则培养学生的法律意识和底线意识。

● 学习重点与难点

(1) 学习重点：齿轮传动的失效形式和设计计算准则；直齿圆柱齿轮传动、斜齿圆柱齿轮传动和直齿圆锥齿轮传动三种传动的受力分析；直齿圆柱齿轮传动和斜齿圆柱齿轮传动的设计原理和强度计算方法

(2) 学习难点：针对不同工况选择材料和设计参数；判断失效形式和确定设计计算准则；强度计算。

● 行业案例

齿轮机构要解决的是传动是否平稳的问题，而齿轮传动要解决的是承载能力是否足够的问题。若要确保齿轮的轮齿具有足够的承载能力，就需要确定轮齿的失效形式，进而确定齿轮的设计计算准则。通过对齿轮传动的作用力及计算载荷的分析，可进行齿面接触疲劳强度的计算和齿根弯曲疲劳强度的计算。

大多数齿轮传动不仅要传递运动，而且还要传递动力。因此，齿轮传动除须运转平稳外，还必须具有足够的承载能力。本章主要介绍标准齿轮传动的强度计算。

齿轮传动按照工作条件可分为闭式传动和开式传动两种。因闭式传动的齿轮封闭在刚性箱体内，故其能保证良好的润滑和工作条件，多用于重要的场合，如汽车、机床、航空发动机等所用的齿轮传动。开式传动的齿轮有一些齿轮传动没有防尘罩或机壳，齿轮完全暴露在外，不能保证良好的润滑，而且易落入灰尘、杂质，故齿面易磨损，因此只适用于低速传动，如应用在农业机械、建筑机械等简易的机械设备中。

5.3.1 齿轮传动的失效形式和设计计算准则

(1) 轮齿传动的失效形式

一般来说，齿轮传动的失效形式主要是轮齿的失效，而轮齿的失效形式又是多种多样的，这里只就较为常见的轮齿折断和工作齿面磨损、点蚀、胶合及塑性变形等做简要介绍，其余的轮齿失效形式请参看机械设计手册。

① 轮齿折断

轮齿折断有多种形式，在正常工况下，主要是齿根弯曲疲劳折断。这是因为在轮齿受载时，齿根处产生的弯曲应力最大，再加上齿根过渡部分的截面突变及加工刀痕等引起的应力集中作用，当轮齿重复受载后，齿根处就会产生疲劳裂纹，并逐步扩展，致使轮齿疲劳折断，如图 5-37 所示。

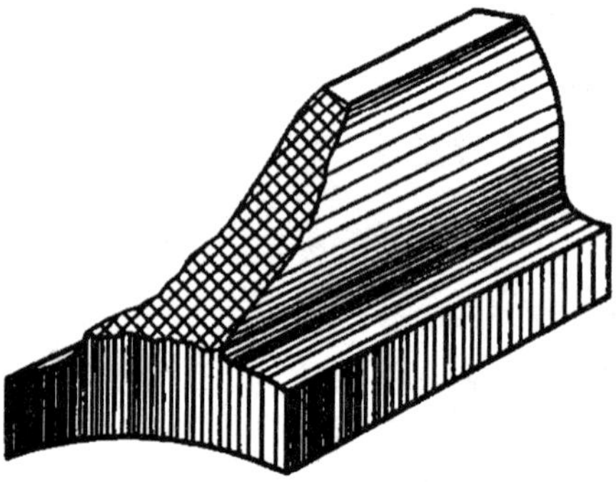

图 5-37　轮齿折断

此外，在轮齿受到突然的严重过载时，可能出现过载折断。用淬火钢或铸铁制成的齿轮，容易发生这种折断。

为了提高轮齿的抗折断能力，可采取以下措施：

a. 采用增大齿根过渡圆角的半径及消除加工刀痕的方法来减小齿根集中应力。

b. 增强轴及支承的刚性，使轮齿接触线上受载较为均匀。

c. 采用合适的热处理方法使齿芯材料具有足够强的韧性。

d. 采用喷丸、滚压等工艺措施对齿根表层进行强化处理。

② 齿面点蚀

点蚀是齿面疲劳损伤的现象之一。在润滑良好的闭式齿轮传动中，常见的齿面失效形式多为点蚀。所谓点蚀就是齿面材料在变化的接触应力作用下，由于疲劳而产生的麻点状损伤现象(图 5-38)。齿面上最初出现的点蚀仅为针尖大小的麻点，如工作条件未得到改善，麻点就会逐渐扩大，甚至连成一片，最后形成了明显的齿面损伤。

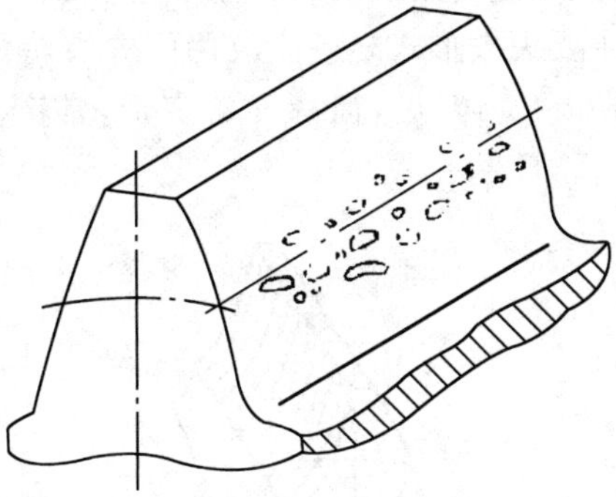

图 5-38　齿面点蚀

轮齿工作时，其工作表面上任一点所产生的接触应力由零（该点未进入啮合时）增大到一最大值（该点进入啮合时），即齿面接触应力是按脉动循环变化的。若齿面接触应力超过材料的接触疲劳极限，在载荷的多次重复作用下，齿面表层就会产生细微的疲劳裂纹，裂纹的蔓延扩展使金属微粒剥落下来形成疲劳点蚀，从而使轮齿啮合情况恶化。理论分析和实践均表明，疲劳点蚀首先出现在齿根表面靠近节线处（图 5-38）。这是因为在该处同时啮合的齿根较少，接触应力较大。此外，该区域齿面相对运动速度较低，难以形成油膜润滑，故所受的摩擦力较大。在摩擦力和接触应力的作用下，齿面就容易产生点蚀现象。齿面抗点蚀能力主要与齿面硬度有关，即齿面硬度越高，抗点蚀能力越强。

软齿面（齿面硬度 $W \leqslant 350$ HBW）的闭式齿轮传动常因齿面点蚀而失效。在开式齿轮传动中，由于齿面磨损较快，点蚀还来不及出现或扩展即被磨掉，所以一般看不到点蚀现象。

③ 齿面胶合

在高速重载齿轮传动中，齿面间压力大，相对滑动速度高，摩擦发热会使啮合区温度升高而引起润滑失效，致使两齿面金属直接接触并相互黏结，而随着齿面的相对运动，较软的齿面沿滑动方向被撕下而形成沟纹（图 5-39），这种现象称为齿面胶合。齿面胶合主要发生在齿顶、齿根等位置。在低速、重载齿轮传动中，齿面间由于润滑油膜不易形成，也易产生胶合破坏。

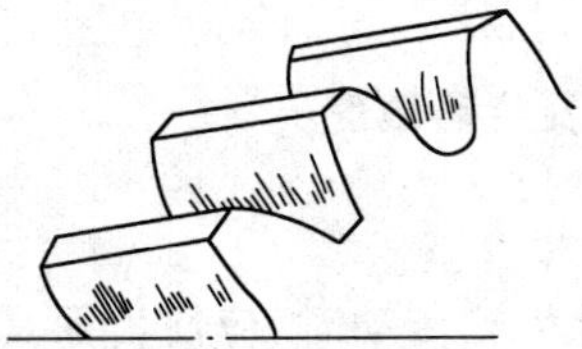

图 5-39　齿面胶合

提高齿面硬度和降低表面粗糙度能增强抗胶合能力。对于低速传动，采用黏度较大的润滑油可增强抗胶合能力；对于高速传动，采用含抗胶合添加剂的润滑油可增强抗胶合能力。

④ 齿面磨损

齿面磨损通常有磨粒磨损和跑合磨损两种。因灰尘、硬屑粒等进入齿面间而引起的磨粒磨损，是开式齿轮传动的主要失效形式之一。改用闭式齿轮传动是避免齿面磨粒磨损最有效的办法。齿面过度磨损(图 5-40)后，齿廓显著变形，常产生噪声和振动，最终使传动失效。

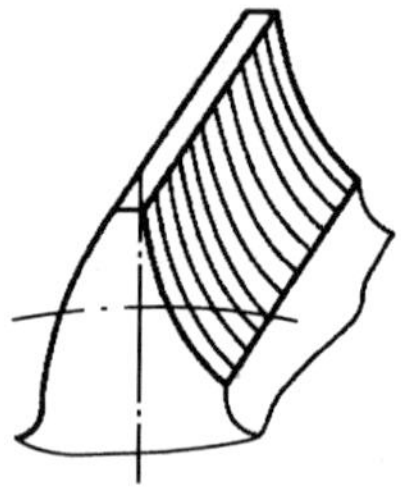

图 5-40　齿面过度磨损

新的齿轮副加工后表面具有一定的粗糙度，受载时实际上只有部分峰顶接触。接触处压强很大，因而在开始运转期间，磨损速度和磨损量都较大，当磨损到一定程度后，摩擦面逐渐变得光滑，压强减小，磨损速度缓慢，这种磨损称为跑合磨损。

⑤ 齿面塑性变形

塑性变形属于轮齿永久变形的一类。在重载下，较软的齿面可能产生局部塑性变形，从而使齿廓失去正确的齿形。这种损坏常在过载严重和起动频繁的传动中遇到。

(2) 齿轮设计计算准则

根据不同工作条件下齿轮传动的失效形式可确定齿轮设计计算准则。

① 对于闭式齿轮传动，必须计算轮齿弯曲疲劳强度和齿面接触疲劳强度，以免产生轮齿疲劳折断和齿面点蚀。对于高速重载齿轮传动，还必须计算其抗胶合能力，而对于一般的传动，只要选择恰当的润滑方式及润滑油的牌号和黏度，即可避免产生胶合和磨损。

② 对于开式齿轮传动，只需计算轮齿的弯曲疲劳强度即可。由于开式齿轮传动的轮齿齿面磨损速度大于齿面点蚀速度，故不用计算齿面接触强度。

对于齿面胶合和磨损，目前尚无成熟的计算方法，一般将由弯曲强度计算出来的模数值增大 10%～15%，以补偿预期的磨损量。

5.3.2　齿轮常用的材料、热处理及传动精度

(1) 齿轮常用材料

由轮齿的失效形式可知，设计齿轮传动时，应使齿面具有较高的抗磨损、抗点蚀、抗胶合及抗塑性变形的能力，而齿根要有较高的抗折断能力。因此，对齿轮材料性能的基本要求为齿面要硬，齿芯要韧。

常用的齿轮材料是各种牌号的优质碳钢、合金结构钢、铸钢、铸铁和非金属材料等，一般多采用锻件或轧制钢材。当齿轮直径较大(直径大于 400～600 mm)而轮坯不易锻造时，可采用铸钢；开式低速齿轮传动可采用灰铸铁；球墨铸铁有时可代替铸钢。表 5-18 列出了常用的齿轮材料经热处理后的力学参数。

表 5-18 常用的齿轮材料经热处理后的力学参数

材料牌号	热处理方式	硬度	接触疲劳极限/MPa	弯曲疲劳极限/MPa
45 钢	正火	156～217 HBW	350～400	280～340
	调质	197～286 HBW	550～620	410～480
	表面淬火	40～50 HRC	1 120～1 150	680～700
40Cr	调质	217～286 HBW	650～750	560～620
	表面淬火	48～55 HRC	1 150～1 210	700～740
40CrMnMo	调质	229～363 HBW	680～710	580～690
	表面淬火	45～50 HRC	1 130～1 150	690～700
35SiMn	调质	207～286 HBW	650～760	550～610
	表面淬火	45～50 HRC	1 130～1 150	690～700
40MnB	调质	241～286 HBW	680～760	580～610
	表面淬火	45～55 HRC	1 130～1 210	690～720
38SiMnMo	调质	241～286 HBW	680～760	580～610
	表面淬火	45～55 HRC	1 130～1 210	690～720
	氮碳共渗	57～63 HRC	880～950	790
38CrMoAlA	调质	255～321 HBW	710～790	600～640
	渗氮	>850 HV	1 000	720
20CrMnTi	渗氮	>850 HV	1 000	715
	渗碳淬火，回火	56～62 HRC	1 500	850
20Cr	渗碳淬火，回火	56～62 HRC	1 500	850

(2) 齿轮的热处理

① 表面淬火

表面淬火一般用于中碳钢和中碳合金钢，例如 45 钢、40Gr 等。表面淬火后轮齿变形不大，可不磨齿，齿面硬度可达 52～56 HRC。由于齿面接触强度高，耐磨性好，而齿心部未淬硬，仍有较高的韧性，故能承受一定的冲击载荷。表面淬火的方法有高频淬火和火焰淬火等。

② 渗碳淬火

渗碳钢为含碳质量分数为 0.15%～0.25%的低碳钢和低碳合金钢，如 20 钢、20Gr 等。渗碳淬火后齿面硬度可达 56～62 HRC，齿面接触强度高，耐磨性好，而齿心部仍保持有较高的韧性，常用于受冲击载荷的重要齿轮传动。通常，渗碳淬火后因轮齿变形较大应进行磨齿。

③ 调质

调质一般用于中碳钢和中碳合金钢，例如 45 钢、40Cr、35SiMn 等。调质处理后齿面硬度一般为 220～286 HBW。因硬度不高，轮齿精加工可在热处理后进行。

④ 正火

正火能消除内应力、细化晶粒，改善力学性能和切削性能。机械强度要求不高的齿轮可用中碳钢正火处理，大直径的齿轮可用铸钢正火处理。

⑤ 渗氮

渗氮是一种表面化学热处理。渗氮后不需要进行其他热处理，齿面硬度就可以高达60～62 HRC。因渗氮处理后的齿轮硬度高，齿的变形小，因此其适用于难以磨齿的场合，如内齿轮等。但由于氮化层很薄，且容易压碎，其承载能力不及渗碳淬火，也不适用于受冲击载荷和易产生严重磨损的场合。

在上述5种热处理方法中，调质和正火处理的齿面硬度较低(≤350 HBW)，齿面为软齿面，其工艺过程较简单，但因齿面硬度较低，故其接触疲劳极限和弯曲疲劳极限较低；用其他3种方法处理后的齿面硬度较高，齿面为硬齿面。硬齿面的接触疲劳极限和弯曲疲劳极限较高，故设计出来的齿轮传动结构较紧凑，但制造工艺过程较复杂。

当大、小齿轮都是软齿面时，考虑小齿轮齿根较薄，弯曲强度较低，且受载次数较大，故在选择材料和热处理时，一般取小齿轮齿面硬度比大齿轮高20～50 HBW，以使小齿轮的弯曲疲劳极限稍高于大齿轮，大、小齿轮轮齿的弯曲强度相近。硬齿面齿轮的承载能力较强，须用专门设备磨齿，常用于要求结构紧凑或生产批量大的齿轮。当大、小齿轮都是硬齿面时，小齿轮的硬度应略高，也可和大齿轮相等。

(3) 齿轮传动的传动精度

制造和安装齿轮传动装置时，不可避免地会产生误差(如齿形误差、齿距误差、齿向误差等)，进而对传动精度造成影响。误差对传动带来的影响主要有：

① 相啮合齿轮在一转范围内实际转角与理论转角不一致，即影响传递运动的准确性。

② 瞬时传动比不能保持恒定不变，齿轮在一转范围内会出现多次重复的转速波动，特别在高速传动中将引起振动、冲击和噪声，即影响传动的平稳性。

③ 齿向误差能使轮齿上的载荷分布不均匀，当传递较大转矩时，易引起早期损坏，即影响载荷分布的均匀性。

按照误差的特征及它们对传动性能的主要影响，将齿轮的各项误差分成3个组，分别反映传递运动的准确性、传动的平稳性和载荷分布的均匀性。此外，考虑齿轮制造误差以及工作时轮齿变形和受热膨胀，同时为了便于润滑，需要有一定的齿侧间隙，为此国家标准还规定了14种齿厚偏差。表5-19列出了精度等级的荐用范围，供设计时参考。

表5-19 齿轮传动精度等级的选择及应用

精度等级	圆周速度 v/(m/s)			应用
	直齿圆柱齿轮	斜齿圆柱齿轮	直齿锥齿轮	
6级	≤15	≤30	≤12	高速重载的齿轮传动，如飞机、汽车和机床中的重要齿轮传动，分度机构的齿轮传动等
7级	≤10	≤15	≤8	高速重载或中速重载的齿轮传动，如标准系列减速器中的齿轮传动、汽车和机床中的齿轮传动等
8级	≤6	≤10	≤4	机械制造中对精度无特殊要求的齿轮传动
9级	≤2.0	≤4.0	≤1.5	低速及对精度要求低的齿轮传动

5.3.3 标准直齿圆柱齿轮传动的受力分析及强度计算

(1) 轮齿上的作用力

为了计算轮齿的强度,设计轴和轴承等轴系零件,有必要分析轮齿上的作用力。

如图 5-41 所示,设一对标准直齿圆柱齿轮按标准中心距安装,其齿廓在 C 点接触,如果忽略摩擦力,则轮齿间相互作用的总压力为法向力 F_n,其方向沿啮合线。法向力 F_n 可分解为圆周力 F_t 和径向力 F_r 两个分力。各力的大小为:

$$F_t = \frac{2T_1}{d_1} \tag{5-49}$$

$$F_r = F_t \tan\alpha \tag{5-50}$$

$$F_n = \frac{F_t}{\cos\alpha} \tag{5-51}$$

$$T_1 = 10^6 \frac{P}{\omega_1} = 9.55 \times 10^6 \frac{P}{n_1} \tag{5-52}$$

式中 T_1 ——小齿轮上的转矩,N·mm;

P ——所传递的功率,kW;

ω_1 ——小齿轮上的角速度,$\omega_1 = \frac{2\pi n_1}{60}$,rad/s;

n_1 ——小齿轮的转速,r/min;

d_1 ——小齿轮的分度圆直径,mm;

α ——压力角,(°),对于标准齿轮,$\alpha = 20°$。

圆周力 F_t 的方向在主动轮上与运动方向相反,在从动轮上与运动方向相同。径向力 F_r 的方向与齿轮回转方向无关,对两轮都是由作用点指向各自的轮心。

以上分析的是主动轮轮齿上的力,从动轮轮齿上的各力分别与其大小相等、方向相反。

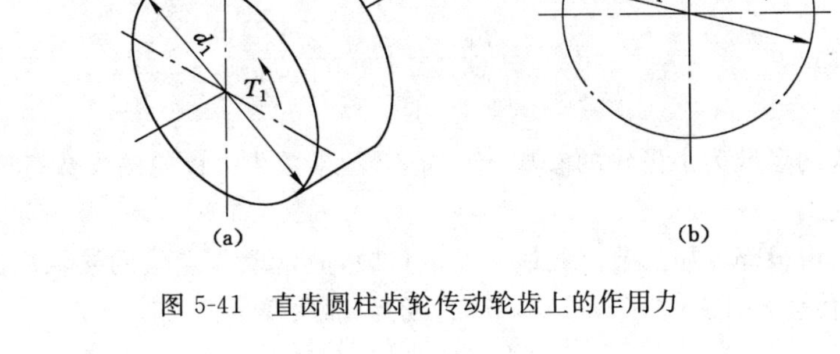

图 5-41 直齿圆柱齿轮传动轮齿上的作用力

(2) 计算载荷

在实际工作中,原动机和工作机由于工作特征不同,会产生附加的动载荷。齿轮、轴、轴承的加工，安装误差，以及弹性变形均会引起载荷的不均匀分布。因此，计算齿轮强度时，通常用计算载荷 KF_n 代替以名义转矩计算的载荷 F_n，其中 K 称为载荷系数，其计算公式为：

$$K = K_A K_V K_\alpha K_\beta \tag{5-53}$$

式中 $K_A, K_V, K_\alpha, K_\beta$ ——使用系数。

上述的 4 个系数可从《直齿轮和斜齿轮承载能力计算 第 1 部分：基本原理、概述及通用影响系数》(GB/T 3480.1—2019)、《直齿轮和斜齿轮承载能力计算 第 2 部分：齿面接触强度(点蚀)计算》(GB/T 3480.2—2019)等资料中查取。载荷系数 K 的估值范围见表 5-20，仅供做练习参考。

表 5-20 载荷系数 *K*

原动机	工作机械的载荷特征		
	均匀	中等冲击	大的冲击
电动机	1.0～1.2	1.2～1.6	1.6～1.8
多缸内燃机	1.2～1.6	1.6～1.8	1.9～2.1
单缸内燃机	1.6～1.8	1.8～2.0	2.2～2.4

注：斜齿、圆周速度低、精度高、齿宽系数小时取小值，直齿、圆周速度高、精度低、齿宽系数大时取大值。齿轮在两轴承之间对称布置时取小值，齿轮在两轴承之间不对称布置及悬臂布置时取大值。

(3) 直齿圆柱齿轮传动的齿面接触强度计算

齿面接触疲劳强度的计算是为了防止齿面出现疲劳点蚀。为此，必须保证在预定的使用期限内，齿面的接触应力不超过其许用值，即 $\sigma_H \leqslant [\sigma_H]$。

齿轮强度计算是根据齿轮可能出现的失效形式来进行的。在一般闭式齿轮传动中，轮齿的主要失效形式是齿面接触疲劳点蚀和齿根弯曲疲劳折断，本章介绍《直齿轮和斜齿轮承载能力计算 第 1 部分：基本原理、概述及通用影响系数》(GB/T 3480.1—2019)、《直齿轮和斜齿轮承载能力计算 第 2 部分：齿面接触强度(点蚀)计算》(GB/T 3480.2—2019)和《直齿轮和斜齿轮承载能力计算 第 3 部分：轮齿弯曲强度计算》(GB/T 3480.3—2021)规定的经过适当简化的这两种强度计算方法。

齿面疲劳点蚀与齿面接触应力的大小有关，而齿面最大接触应力可近似地用赫兹公式进行计算，即

$$\sigma_H = \sqrt{\frac{F_n}{\pi b} \frac{\dfrac{1}{\rho_1} \pm \dfrac{1}{\rho_2}}{\dfrac{1-\mu_1^2}{E_1} + \dfrac{1-\mu_2^2}{E_2}}} \tag{5-54}$$

式中，带下标 1 的参数为小齿轮的参数；带下标 2 的参数为大齿轮的参数；正号用于外啮合，负号用于内啮合。

试验表明，齿根部分靠近节点处最易发生点蚀，故常取节点处的接触应力为计算依据。对于标准齿轮传动，由图 5-41(a)可知，节点处的齿廓曲率半径为：

$$\rho_1 = \frac{d_1}{2}\sin\alpha, \rho_2 = \frac{d_2}{2}\sin\alpha \tag{5-55}$$

令 $u = d_2/d_1 = z_2/z_1$，可得：

$$\frac{1}{\rho_1} \pm \frac{1}{\rho_2} = \frac{\rho_2 \pm \rho_1}{\rho_1 \rho_2} = \frac{2(d_2 \pm d_1)}{d_1 d_2 \sin \alpha} = \frac{u \pm 1}{u} \frac{2}{d_1 \sin \alpha} \tag{5-56}$$

式中,u 称为齿数比。

在节点处,一般仅有一对齿啮合,此时载荷由一对齿承担,故有:

$$\sigma_H = \sqrt{\frac{F_n \frac{2}{d_1 \sin \alpha} \frac{\mu \pm 1}{\mu}}{\pi b\left(\frac{1-\mu_1^2}{E_1} + \frac{1-\mu_2^2}{E_2}\right)}} = \sqrt{\frac{\frac{F_t}{\cos \alpha} \frac{2}{d_1 \sin \alpha} \frac{\mu \pm 1}{\mu}}{\pi b\left(\frac{1-\mu_1^2}{E_1} + \frac{1-\mu_2^2}{E_2}\right)}} \tag{5-57}$$

令 $Z_E = \sqrt{\frac{1}{\pi\left(\frac{1-\mu_1^2}{E_1} + \frac{1-\mu_2^2}{E_2}\right)}}$,称之为弹性系数,单位为 $\sqrt{MPa}$,其数值与材料有关,可查表 5-21。

表 5-21 弹性系数 Z_E 单位:$\sqrt{MPa}$

	灰铸铁	球墨铸铁	铸钢	锻钢	夹布胶木
锻钢	162.0	181.4	188.9	189.8	56.4
铸钢	161.4	180.5	188.0		
球墨铸铁	156.6	173.9			
灰铸铁	143.7				

令 $Z_H = \sqrt{\frac{2}{\sin \alpha \cos \alpha}}$,称之为节点区域系数。对于标准圆柱齿轮,$Z_H = 2.5$,由此可得:

$$\sigma_H = 2.5 Z_E \sqrt{\frac{F_t}{b d_1} \frac{u \pm 1}{u}} \tag{5-58}$$

以 KF_t 取代 F_t,且 $F_t = \frac{2T_1}{d_1}$,得:

$$\sigma_H = 2.5 Z_E \sqrt{\frac{2KT_1}{b d_1^2} \frac{u \pm 1}{u}} \leqslant [\sigma_H] \tag{5-59}$$

式中 b——齿的宽度,mm;

T_1——转矩,N·mm。

式(5-59)可用来验算齿面的接触强度。

令 $\varphi_d = \frac{b}{d_1}$ 并代入式(5-59)可得:

$$d_1 \geqslant 2.32 \sqrt[3]{\frac{KT_1}{\varphi_d} \frac{u \pm 1}{u} \left(\frac{Z_E}{[\sigma_H]}\right)^2} \tag{5-60}$$

式中 $[\sigma_H]$——配对齿轮中的较小许用接触应力。

$[\sigma_H]$ 的计算公式为:

$$[\sigma_H] = \frac{\sigma_{Hlim}}{S_H} \tag{5-61}$$

式中 σ_{Hlim}——试验齿轮失效概率为 1/100 时的接触疲劳强度极限,它与齿面硬度有关;

S_H——安全系数,见表 5-22。

由式(5-60)可得满足齿面接触强度所需的最小 d_1 值。

表 5-22　最小安全系数 S_{Hmin}、S_{Fmin} 的参考值

使用要求	S_{Hmin}	S_{Fmin}
高可靠度(失效概率≤1/10 000)	1.50	2.00
较高可靠度(失效概率≤1/1 000)	1.25	1.60
一般可靠度(失效概率≤1/100)	1.00	1.25

注:对于一般工业用齿轮传动,可用一般可靠度的安全系数值。

(4) 直齿圆柱齿轮传动的齿根弯曲疲劳强度计算

计算齿根弯曲疲劳强度的目的是防止齿根发生弯曲疲劳折断。为此,必须保证在预定的使用期限内,齿根危险截面的弯曲应力不超过其许用值,即 $\sigma_F \leqslant [\sigma_F]$。

计算弯曲强度时,仍假定全部载荷仅由一对轮齿承担。显然,当载荷作用于齿顶时,齿根所受的弯曲力矩最大。当轮齿在齿顶啮合时,相邻的一对轮齿也处于啮合状态(因重合度恒大于 1),载荷理应由两对轮齿分担。但考虑到加工和安装上的误差,对一般精度的齿轮按一对轮齿承担全部载荷计算较为安全。

如图 5-42 所示,计算时将轮齿看作悬臂梁,其危险截面可用 30°切线法确定,即作与轮齿对称中心线成 30°夹角并与齿根圆角相切的斜线,认为两切点连线则是危险截面的位置(轮齿折断的实际情况与此基本相符)。危险截面处齿厚为 S_F。

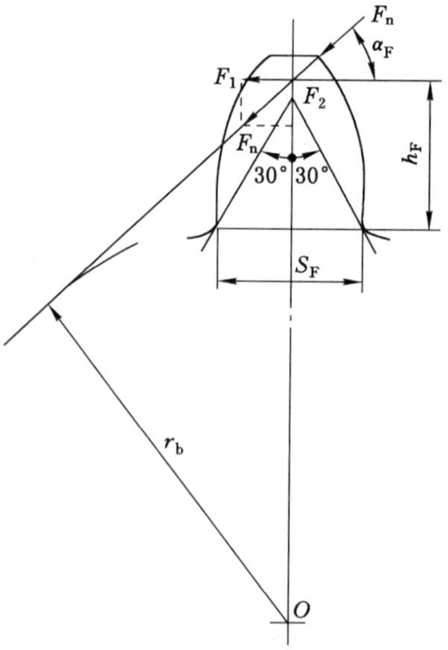

图 5-42　齿根危险截面

法向力 F_n 与轮齿对称中心线垂线的夹角为 α_F,F_n 可分解为 $F_1 = F_n\cos\alpha_F$ 和 $F_2 = F_n\sin\alpha_F$ 两个分力,F_1 使齿根产生弯曲应力,F_2 则产生压缩应力。因后者较小,故通常略去不计。齿根危险截面的弯曲力矩为:

$$M = KF_n h_F \cos\alpha_F \tag{5-62}$$

式中　K——载荷系数;

h_F——弯曲力臂。

危险截面的弯曲截面系数 W 为：

$$W = \frac{bS_F^2}{6} \tag{5-63}$$

故危险截面的弯曲应力为：

$$\sigma_F = \frac{M}{W} = \frac{6KF_n h_F \cos \alpha_F}{bS_F^2} = \frac{6KF_t h_F \cos \alpha_F}{bS_F^2 \cos \alpha} = \frac{KF_t}{bm} \frac{6\frac{h_F}{m}\cos \alpha_F}{\left(\frac{S_F}{m}\right)^2 \cos \alpha} \tag{5-64}$$

令

$$Y_{Fa} = \frac{6\frac{h_F}{m}\cos \alpha_F}{\left(\frac{S_F}{m}\right)^2 \cos \alpha} \tag{5-65}$$

式中 Y_{Fa}——齿形系数。

因 h_F 和 S_F 均与模数成正比，故 Y_{Fa} 只与齿形中的尺寸比例有关，而与模数无关，如图 5-43 所示。考虑在齿根部有应力集中，引入应力修正系数 Y_{Sa}，如图 5-44 所示。由此可得轮齿弯曲强度的验算公式：

$$\sigma_F = \frac{2KT_1 Y_{Fa} Y_{Sa}}{bd_1 m} = \frac{2KT_1 Y_{Fa} Y_{Sa}}{bm^2 z_1} \leqslant [\sigma_F] \tag{5-66}$$

将 $b = \varphi_d d_1$ 代入式(5-66)得：

$$m \geqslant \sqrt[3]{\frac{2KT_1}{\varphi_d z_1^2} \frac{Y_{Fa} Y_{Sa}}{[\sigma_F]}} \tag{5-67}$$

式中，许用弯曲应力的计算公式为：

$$[\sigma_F] = \frac{\sigma_{FE}}{S_F} \tag{5-68}$$

式中 σ_{FE}——试验轮齿失效概率为 1/100 时的齿根弯曲疲劳极限，见表 5-1，若轮齿两面工作，应将表中的数值乘以 0.7；

S_F——安全系数，见表 5-5，因轮齿疲劳折断可能导致重大事故，所以 S_F 的取值较 S_H 大。

用式(5-66)验算弯曲强度时，应该对大、小齿轮分别进行验算；用式(5-67)计算 m 时，应比较 $Y_{Fa1}Y_{Sa1}/[\sigma_{F1}]$ 与 $Y_{Fa2}Y_{Sa2}/[\sigma_{F2}]$ 的大小，以较大值代入公式求 m。注意：求出的 m 值是必需的最小值，还应按圆整为标准模数值才能应用于实际制造。传递动力的齿轮，其模数不宜小于 1.5 mm。选定模数后，齿轮实际的分度圆直径应由 $d = mz$ 算出。对于开式传动，为考虑齿面磨损，可将算得的 m 值增大 10%～15%。

(5) 圆柱齿轮材料和主要参数的选取及计算方法

① 圆柱齿轮材料

当转矩不大时，圆柱齿轮材料可选用碳素结构钢，若计算出的齿轮直径太大，则可选用合金结构钢。轮齿进行表面热处理可提高接触疲劳强度，因而使装置结构较紧凑，若表面热处理后硬化层较厚，轮齿易发生变形，则要进行磨齿。表面渗氮齿形变化小，不用磨齿，但氮化层较薄。尺寸较大的齿轮其材料可用铸钢，但生产批量小时可能锻造较经济。当转矩较小时，圆柱齿轮材料也可选用铸铁。

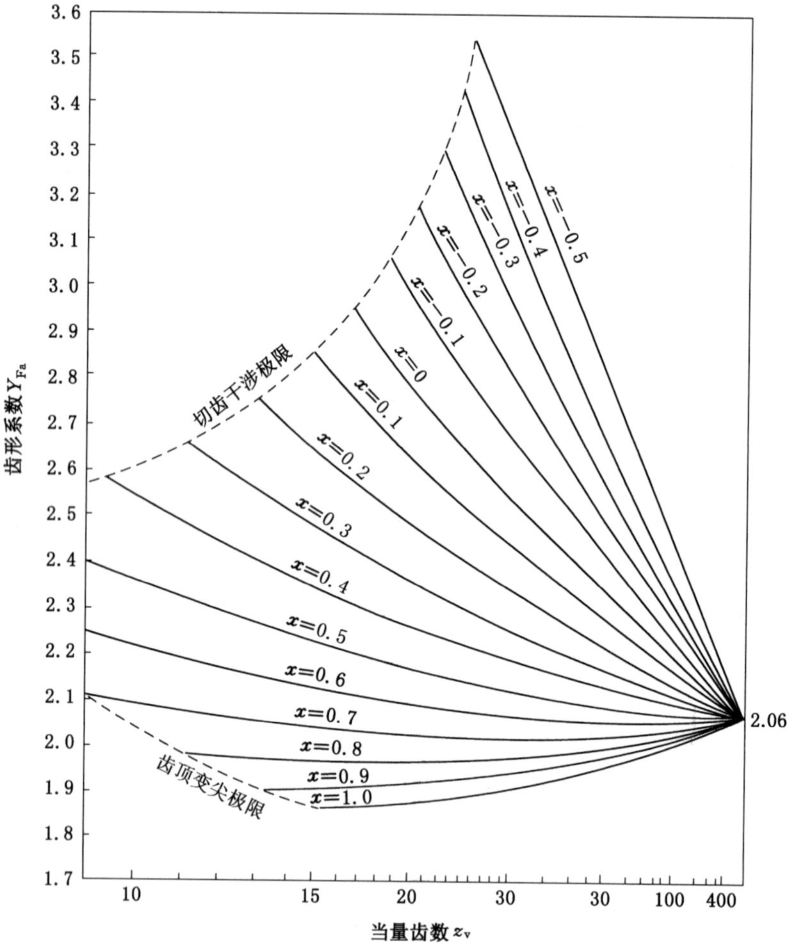

图 5-43　外齿轮的齿形系数 Y_{Fa} 与当量齿数的关系

选定材料及其热处理方式后，轮齿的接触疲劳极限和弯曲疲劳极限可由表 5-1 查出，一般可取表中硬度的平均值和相应的疲劳极限进行强度计算。

② 主要参数

a. 齿数比 u

$u=z_2/z_1$，由传动比而定。为避免大齿轮齿数过多，导致径向尺寸过大，一般应使 $u\leqslant 7$。

b. 齿数 z

标准齿轮的齿数应不小于 17，一般可取 $z_1>17$。齿数多，有利于提高传动的重合度，使传动平稳，但当分度圆直径一定时，增加齿数会使模数减小，有可能造成轮齿弯曲强度不够。

设计时，最好使 a 值为整数。因中心距 $a=m(z_1+z_2)/2$，因此当模数 m 确定后，调整 z_1、z_2 即可达此目的。调整 z_1、z_2 后，应保证满足接触强度和弯曲强度的要求，并使 u 值与所要求传动比的误差不超过 $\pm(3\sim5)\%$。

c. 齿宽系数 φ_d 及齿宽 b

φ_d 取较大值时，齿轮径向尺寸减小，但轴向尺寸增大，导致沿齿向载荷分布不均。φ_d 的取值可参考表 5-23。

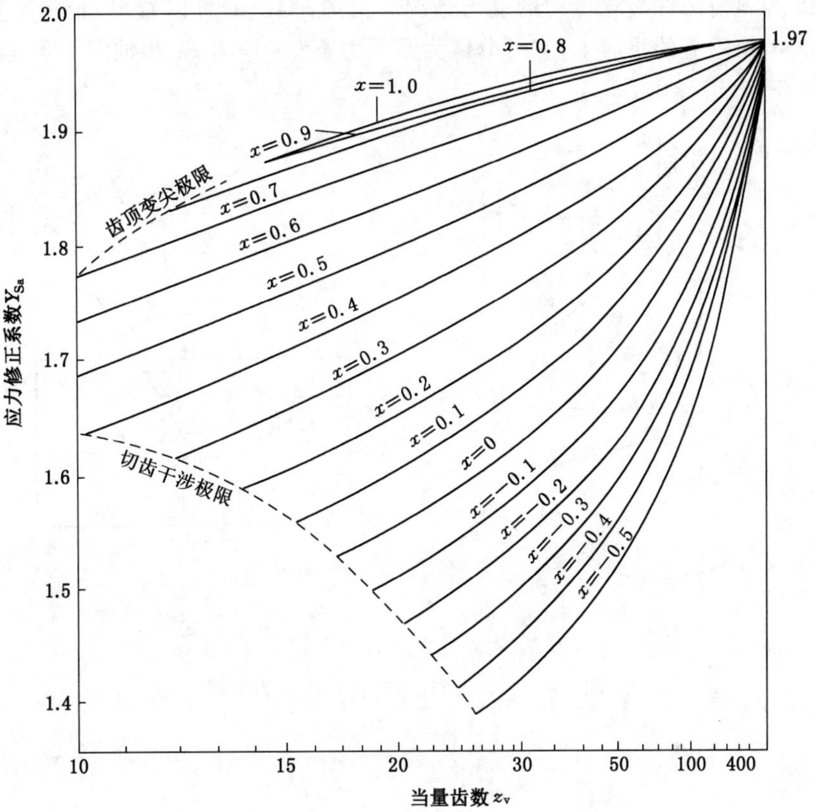

图 5-44 外齿轮的应力修正系数 Y_{Sa} 与当量齿数的关系

表 5-23 齿宽系数 φ_d

齿轮相对于轴承的位置	齿面硬度	
	软齿面	硬齿面
对称布置	0.8～1.4	0.4～0.9
非对称布置	0.2～1.2	0.3～0.6
悬臂布置	0.3～0.4	0.20～0.25

注：轴及其支座刚性较大时取大值，反之取小值。

齿宽可由 $b=\varphi_d d_1$ 算得，b 值应加以圆整。大齿轮的齿宽 b_2 和小齿轮的齿宽 b_1 的关系应为 $b_1=(b_2+5)\sim(b_2+10)$，这样可保证轮齿有足够的啮合宽度。

③ 设计计算方法

对于闭式软齿面齿轮传动，齿面接触强度较低，一般先按齿面接触强度进行设计计算，然后校核齿根弯曲疲劳强度，这样可减少返工；对于闭式硬齿面齿轮传动，其齿根弯曲疲劳强度较低，故一般先按齿根弯曲强度进行设计计算，然后校核齿面接触强度。

对于开式软齿面齿轮传动，按齿根弯曲疲劳强度进行设计计算即可。

5.3.4 斜齿圆柱齿轮传动的受力分析及强度计算

(1) 轮齿上的作用力

图 5-45 为斜齿圆柱齿轮传动的受力情况。由图 5-45(a)可以看出,轮齿所受总法向力 F_n 处于与轮齿相垂直的法面上,它可分解为圆周力 F_t、径向力 F_r 和轴向力 F_a,它们的计算公式可由图 5-45(b)导出,即

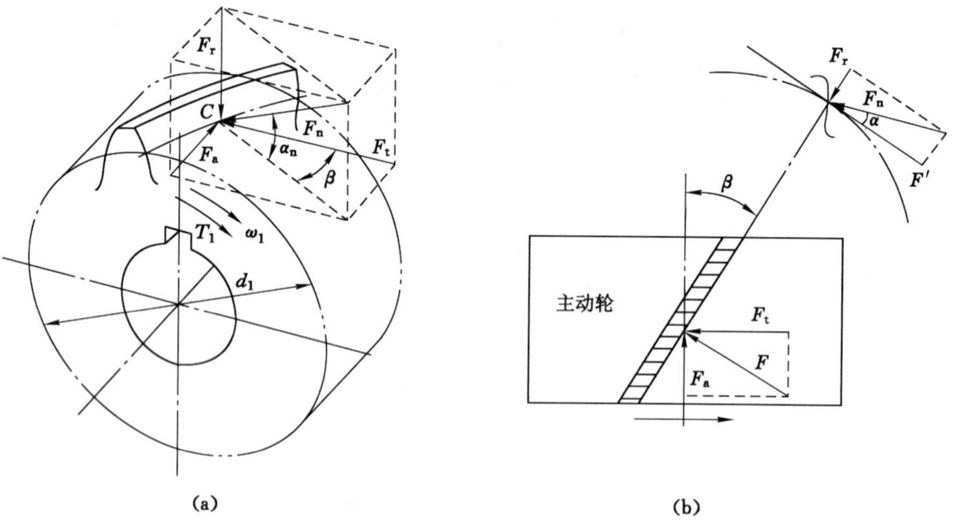

图 5-45　斜齿圆柱齿轮传动的受力分析

$$\begin{cases} F_t = \dfrac{2T_1}{d_1} \\ F_r = \dfrac{F_t \tan \alpha_n}{\cos \beta} \\ F_a = F_t \tan \beta \end{cases} \tag{5-69}$$

各分力的方向如下:圆周力 F_t 的方向在主动轮上与运动方向相反,在从动轮上与运动方向相同;径向力 F_r 的方向对两齿轮都是指向各自的轴心;轴向力 F_a 的方向决定于轮齿螺旋方向和齿轮回转方向。对于主动轮,可用左、右手法则判断:左螺旋用左手,右螺旋用右手,拇指伸直与轴线平行,其余四指沿回转方向握住轴线,则拇指的指向即主动轮的轴向力方向,从动轮所受轴向力方向则与主动轮相反。例如,在图 5-46 所示的一对斜齿轮传动中,主动轮的轮齿左旋,故用左手法则,即四指沿回转方向握拳,则左手拇指指向左,即主动轮所受轴向力 F_{a1} 的方向。

轴向力的指向关系轴承的设计计算,下面介绍另一种确定轴向力指向的方法。仍以图 5-46 为例,为便于直观分析,设想将从动轴绕主动轴转过 90°,使两齿轮的啮合区移到"桌面"(即主动轮在纸面下,从动轮在纸面上相啮合)。当主动轮转动时,其轮齿在啮合区受到从动轮轮齿的阻力 F_{n1},F_{n1} 逆主动轮转动方向,且作用在轮齿的法面上,F_{n1} 在齿轮轴线方向分量的指向即主动轮所受轴向力 F_{a1} 的方向。

β 角为螺旋角,β 角越大,则重合度越大,传动越平稳,但轴向力也增大,因而增大了轴承的负载。一般取 $\beta = 8° \sim 20°$。

(2) 强度计算

斜齿圆柱齿轮传动的强度计算是按轮齿的法面来进行分析的,其基本原理与直齿圆柱

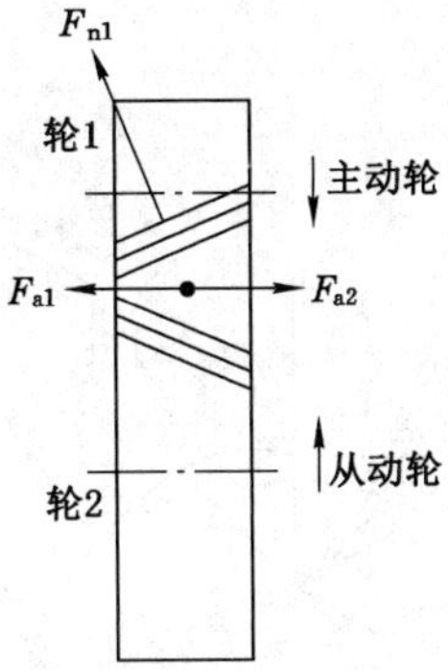

图 5-46 轴向力的方向

齿轮传动相似。但是斜齿圆柱齿轮传动的重合度较大，同时相啮合的轮齿较多，轮齿的接触线是倾斜的，而且在法面内斜齿轮当量齿轮的分度圆半径也较大，因此斜齿轮的接触应力和弯曲应力均比直齿轮有所减小。关于斜齿轮强度问题的详细讨论，可参阅相关机械设计教材。下面直接介绍经简化处理的斜齿轮强度计算公式。

一对钢制标准斜齿轮传动的齿面接触应力及强度条件为：

$$\sigma_H = 3.54 Z_E Z_\beta \sqrt{\frac{KT_1}{bd_1^2}\frac{u \pm 1}{u}} \leqslant [\sigma_H] \tag{5-70}$$

$$d_1 \geqslant 2.32 \sqrt[3]{\frac{KT_1}{\varphi_d}\frac{u \pm 1}{u}\left(\frac{Z_E Z_\beta}{[\sigma_H]}\right)^2} \tag{5-71}$$

式中 Z_E——材料的弹性系数，由表 5-21 查取；

Z_β——螺旋角系数，$Z_\beta = \sqrt{\cos\beta}$。

齿根弯曲疲劳强度条件为：

$$\sigma_F = \frac{2KT_1}{bd_1 m_n} Y_{Fa} Y_{Sa} \leqslant [\sigma_F] \tag{5-72}$$

$$m_n \geqslant \sqrt[3]{\frac{2KT_1}{\varphi_d z_1^2}\frac{Y_{Fa}Y_{Sa}}{[\sigma_F]}\cos^2\beta} \tag{5-73}$$

式中 Y_{Fa}——齿形系数，由当量齿数 $z_v = \dfrac{z}{\cos^3\beta}$ 查图 5-43 确定；

Y_{Sa}——应力修正系数，由 z_v 查图 5-44 确定。

5.3.5 圆锥齿轮传动的受力分析及强度计算

(1) 圆锥齿轮传动轮齿上的作用力

图 5-47 表示圆锥齿轮传动轮齿的受力情况。图中法向力 F_n 可分解为圆周力 F_t、径向力 F_r、轴向力 F_a 3 个分力，即

$$\begin{cases} F_t = \dfrac{2T_1}{d_{m1}} \\ F_r = F_t \tan\alpha\cos\delta \\ F_a = F_t \tan\alpha\sin\delta \end{cases} \tag{5-74}$$

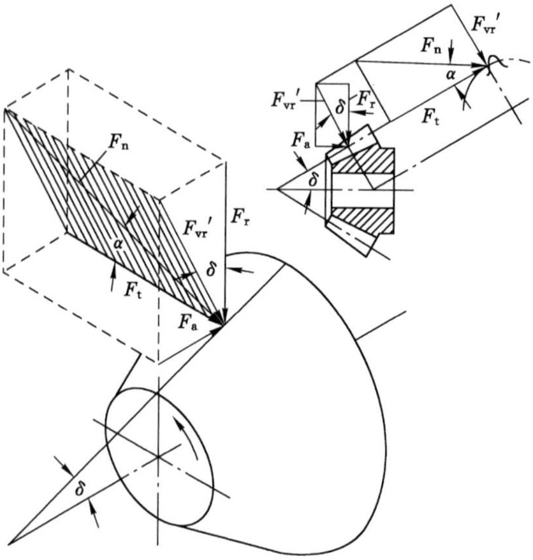

图 5-47　直齿锥齿轮传动轮齿的受力情况

式中　d_{m1}——小齿轮齿宽中点的分度圆直径，由图 5-48 中的几何关系可得其计算公式为：

$$d_{m1}=d_1-b\sin\delta_1 \tag{5-75}$$

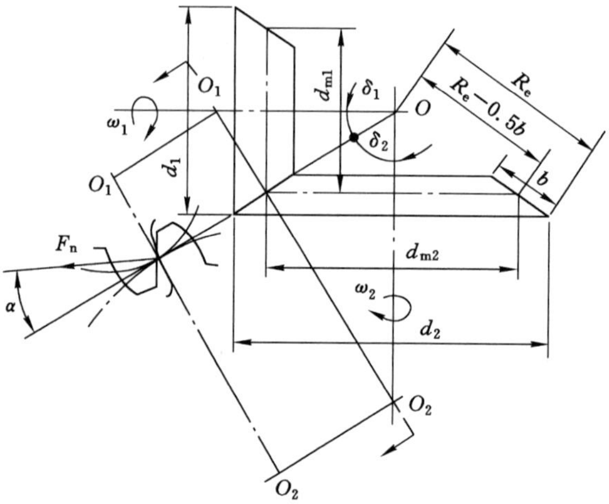

图 5-48　直齿锥齿轮当量齿轮的受力情况

圆周力 F_t 的方向在主动轮上与运动方向相反，在从动轮上与运动方向相同。径向力 F_r 的方向对两轮都是垂直指向齿轮轴线。轴向力 F_a 的方向对两轮都是由小端指向大端。当 $\delta_1+\delta_2=90^\circ$ 时，有：$\sin\delta_1=\cos\delta_2$，$\cos\delta_1=\sin\delta_2$。

小齿轮上的径向力和轴向力在数值上分别等于大齿轮上的轴向力和径向力，但其方向相反，如图 5-49 所示。

(2) 强度计算

① 接触疲劳强度计算

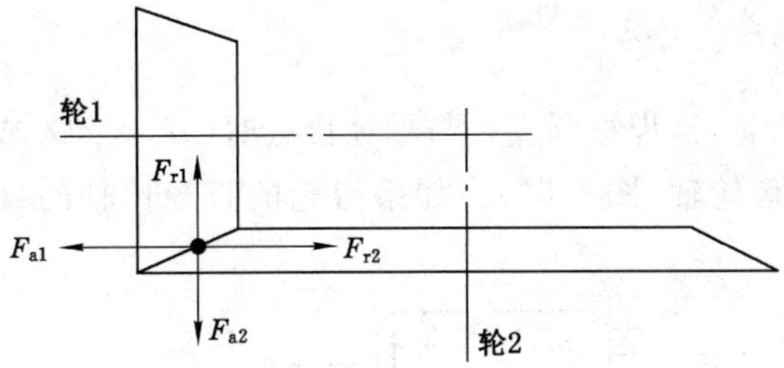

图 5-49 大、小锥齿轮的作用力

可以近似认为，一对直齿锥齿轮传动和位于齿宽中点的一对当量圆柱齿轮传动(图 5-48)的强度相等。由此可得轴交角为 90°的一对钢制直齿锥齿轮的齿面接触强度验算公式，即

$$\sigma_H = 2.5Z_E\sqrt{\frac{2K_{v1}}{b_v d_{v1}^2}\frac{u_v+1}{b_v}} \leqslant [\sigma_H] \tag{5-76}$$

式中，带下标“v”的参数表示当量齿轮的相关参数。

将有关当量齿轮的几何关系式代入上式，并取 $b_v = 0.8b$ 作为有效宽度，可得接触强度校核公式为：

$$\sigma_H = 2.5Z_E\sqrt{\frac{4KT_1}{0.85\varphi_R(1-0.5\varphi_R)^2 d_1^3 u}} \leqslant [\sigma_H] \tag{5-77}$$

接触强度的设计公式为：

$$d_1 \geqslant 1.84\sqrt[3]{\frac{4KT_1}{0.85\varphi_R(1-0.5\varphi_R)^2 u}\left(\frac{Z_E}{[\sigma_H]}\right)^2} \tag{5-78}$$

式中 d_1 ——小齿轮的分度圆直径；

K ——载荷系数，查表 5-20 确定；

φ_R ——齿宽系数，$\varphi_R = \frac{b}{R_e}$，其中 b 为齿宽，R_e 为锥距(图 5-48)，一般取 $\varphi_R = 0.25 \sim 0.30$；

u —— $\frac{z_2}{z_1}$，一般 $u \leqslant 5$；

Z_E ——弹性系数，查表 5-21 确定。

② 齿根弯曲疲劳强度计算

$$\sigma_F = \frac{4KT_1 Y_{Fa} Y_{Sa}}{0.85\varphi_R(1-0.5\varphi_R)^2 z_1^2 m^3\sqrt{1+u^2}} \leqslant [\sigma_F] \tag{5-79}$$

$$m \geqslant \sqrt[3]{\frac{4KT_1}{0.85\varphi_R(1-0.5\varphi_R)^2 z_1^2\sqrt{1+u^2}}\frac{Y_{Fa}Y_{Sa}}{[\sigma_F]}} \tag{5-80}$$

式中 m——大端模数，取值时应比较 $\frac{Y_{Fa1}Y_{Sa1}}{[\sigma_{F1}]}$、$\frac{Y_{Fa2}Y_{Sa2}}{[\sigma_{F2}]}$ 的大小，取较大值代入，mm；

Y_{Fa} ——根据图 5-43，由当量齿数 $z_v = \frac{z}{\cos\delta}$ 查得；

Y_{Sa} ——根据图 5-44，由当量齿数 $z_v = \frac{z}{\cos\delta}$ 查得。

5.3.6 齿轮的结构设计

直径较小的钢质齿轮，当齿根圆直径与轴径接近时（ $d_a < 2D_1$ 或 $\delta < 2.5m_t$ ），可以将齿轮和轴做成一体，称为齿轮轴（图 5-50）。如果齿轮的直径比轴的直径大得多，则应把齿轮和轴分开制造。

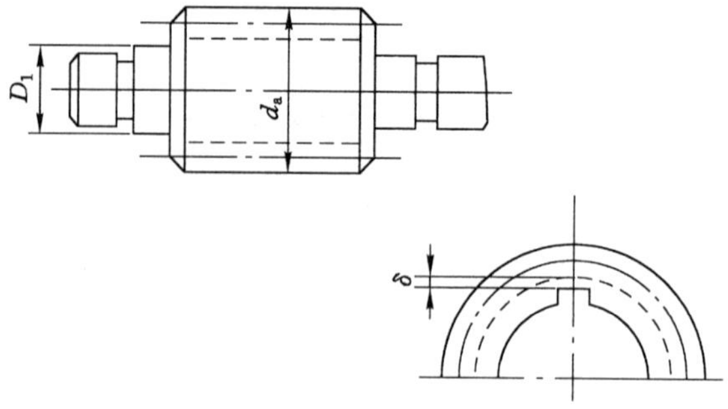

图 5-50　齿轮轴

齿顶圆直径 $d_a \leqslant 500$ mm 的齿轮可以是锻造或铸造的，通常采用图 5-51(a)所示的腹板式结构。直径较小的齿轮也可以做成实心的，如图 5-51(b)所示。

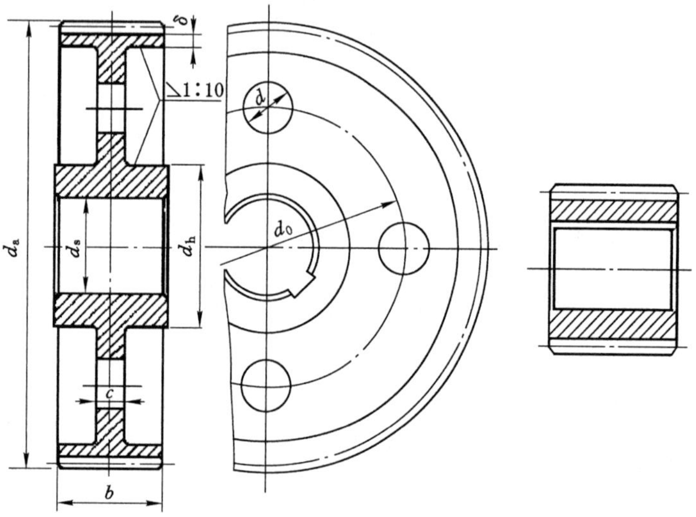

(a) 腹板式齿轮　　(b) 实心式齿轮

$d_h = 1.6d_s$；$l_h = (1.2 \sim 1.5)d_s$ 且 $l_h \geqslant b$；$c = 0.3b$；$\delta = (2.5 \sim 4.0)m_n$，但不小于 8 mm；

d_0 和 d 按结构确定，当 d 较小时可不开孔。

图 5-51　腹板式齿轮和实心式齿轮

齿顶圆直径 $d_a \geqslant 400$ mm 的齿轮常用铸铁或铸钢制成，并常采用图 5-52 所示的轮辐式结构。图 5-53(a)为腹板式锻造锥齿轮，图 5-53(b)为带加强肋的腹板式铸造锥齿轮。

直齿圆柱齿轮、斜齿圆柱齿轮、直齿圆锥齿轮的齿面接触疲劳强度的设计计算公式和校核计算公式见表 5-24。

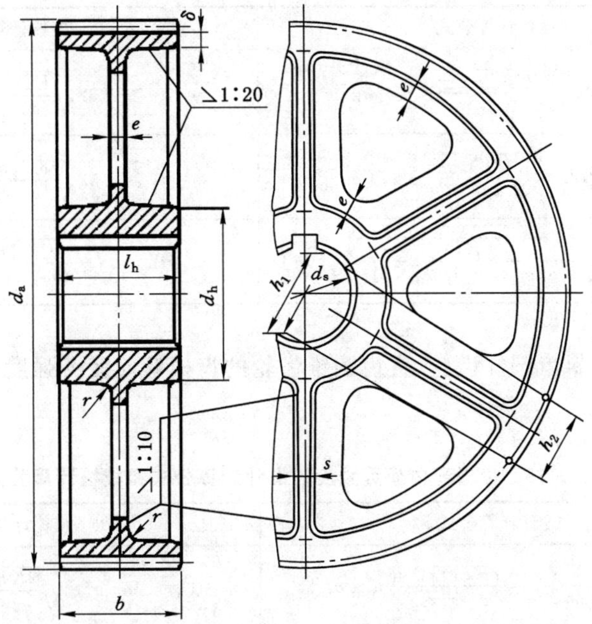

$d_h=1.6d_s$(铸钢)或$1.8d_s$(铸铁)；$l_h=(1.2\sim1.5)d_s$，并使$l_h\geqslant b$；$c=0.2b$，但不小于10 mm；$\delta=(2.5\sim4.0)m_n$，但不小于8 mm；$h_1=0.8d_s$；$h_2=0.8h_1$；$s=0.15h_1$，但不小于10 mm；$e=0.8\delta$。

图 5-52　轮辐式齿轮

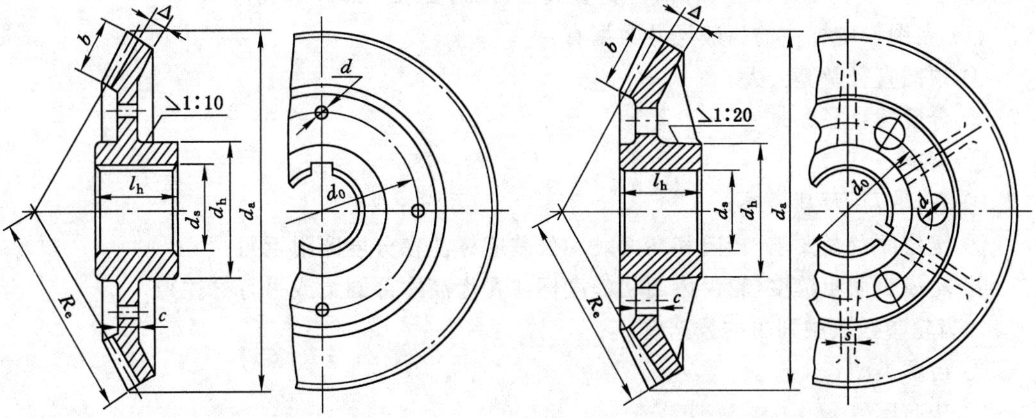

(a) 腹板式锻造锥齿轮　　(b) 带加强肋的腹板式铸造锥齿轮

$d_h=(1.6\sim1.8)d_s$；$l_h=(1.2\sim1.5)d_s$；$c=(0.2\sim0.3)b$；$s=0.8c$；$\Delta=(2.5\sim4.0)m_e$，但不小于10 mm；d_0和d按结构确定。

图 5-53　锥齿轮的结构

表 5-24 齿面接触疲劳强度的设计计算公式和校核计算公式

	设计计算公式	校核计算公式
直齿圆柱齿轮	$\sigma_H = 2.5Z_E\sqrt{\frac{2KT_1}{bd_1^2}\frac{u\pm1}{u}}\leqslant[\sigma_H]$	$d_1\geqslant2.32\sqrt[3]{\frac{KT_1}{\varphi_d}\frac{u\pm1}{u}\left(\frac{Z_E}{[\sigma_H]}\right)^2}$
斜齿圆柱齿轮	$\sigma_H = 3.54Z_EZ_\beta\sqrt{\frac{KT_1}{bd_1^2}\frac{u\pm1}{u}}\leqslant[\sigma_H]$	$d_1\geqslant2.32\sqrt[3]{\frac{KT_1}{\varphi_d}\frac{u\pm1}{u}\left(\frac{Z_EZ_\beta}{[\sigma_H]}\right)^2}$
直齿圆锥齿轮	$\sigma_H = 2.5Z_E\sqrt{\frac{4KT_1}{0.85\varphi_R(1-0.5\varphi_R)^2d_1^3u}}\leqslant[\sigma_H]$	$d_1\geqslant1.84\sqrt[3]{\frac{4KT_1}{0.85\varphi_R(1-0.5\varphi_R)^2u}\left(\frac{Z_E}{[\sigma_H]}\right)^2}$

直齿圆柱齿轮、斜齿圆柱齿轮、直齿圆锥齿轮的齿根弯曲疲劳强度的设计计算公式和校核计算公式见表 5-25。

表 5-25 齿根弯曲疲劳强度的设计计算公式和校核计算公式

	设计计算公式	校核计算公式
直齿圆柱齿轮	$\sigma_F=\frac{2KT_1Y_{Fa}Y_{Sa}}{bd_1m}=\frac{2KT_1Y_{Fa}Y_{Sa}}{bm^2z_1}\leqslant[\sigma_F]$	$m\geqslant\sqrt[3]{\frac{2KT_1}{\varphi_dz_1^2}\frac{Y_{Fa}Y_{Sa}}{[\sigma_F]}}$
斜齿圆柱齿轮	$\sigma_F=\frac{2KT_1}{bd_1m_n}Y_{Fa}Y_{Sa}\leqslant[\sigma_F]$	$m_n\geqslant\sqrt[3]{\frac{2KT_1}{\varphi_dz_1^2}\frac{Y_{Fa}Y_{Sa}}{[\sigma_F]}\cos^2\beta}$
直齿圆锥齿轮	$\sigma_F=\frac{4KT_1Y_{Fa}Y_{Sa}}{0.85\varphi_R(1-0.5\varphi_R)^2z_1^2m^3\sqrt{1+u^2}}\leqslant[\sigma_F]$	$m\geqslant\sqrt[3]{\frac{4KT_1}{0.85\varphi_R(1-0.5\varphi_R)^2z_1^2\sqrt{1+u^2}}\frac{Y_{Fa}Y_{Sa}}{[\sigma_F]}}$

圆柱齿轮零件工作图由图形、齿轮参数表、技术要求三部分组成。

(1) 在图形中标注的一般尺寸数据有：

① 顶圆直径及其公差；

② 分度圆直径；

③ 齿宽；

④ 孔(轴)径及其公差；

⑤ 定位面及其要求(径向和端面跳动公差应标注在分度圆附近)；

⑥ 轮齿表面粗糙度(轮齿齿面粗糙度标注在齿高中部圆上或另行标注)。

在齿轮参数表中列出的数据有：

① 齿廓类型；

② 法向模数 m_n；

③ 齿数 z；

④ 齿廓齿形角 α；

⑤ 齿顶高系数 h_a^*；

⑥ 螺旋角 β；

⑦ 螺旋方向 $R(L)$；

⑧ 径向变位系数 x；

⑨ 齿厚公称值及其上、下偏差；

⑩ 配对齿轮的图号及其齿数；

⑪ 齿轮精度等级；

⑫ 检验项目、代号及其允许值。

5.3.7　齿轮传动的润滑和平均效率

(1) 齿轮传动的润滑

齿轮在传动过程中，因相互啮合的齿面间存在相对滑动，故会发生摩擦和磨损，增加动力消耗，降低传动效率。对于高速传动更需考虑齿轮的润滑。

开式齿轮传动通常采用人工定期加润滑油或润滑脂方式润滑。

一般闭式齿轮传动的润滑方式根据齿轮圆周速度 v 的大小而定。当 $v \leqslant 12$ m/s 时多采用浸油方式润滑(图 5-54)，即大齿轮浸入油池一定的深度，齿轮运转时就把润滑油带到啮合区，同时也甩到箱壁上，借以散热。当 v 较大时，浸入深度约为一个齿高；当 v 较小，如 $v=0.5\sim0.8$ m/s 时，浸入深度可达到齿轮半径的 1/3。

在多级齿轮传动中，当几个大齿轮直径不相等时，可以采用带油轮(惰轮)蘸油方式润滑(图 5-55)。

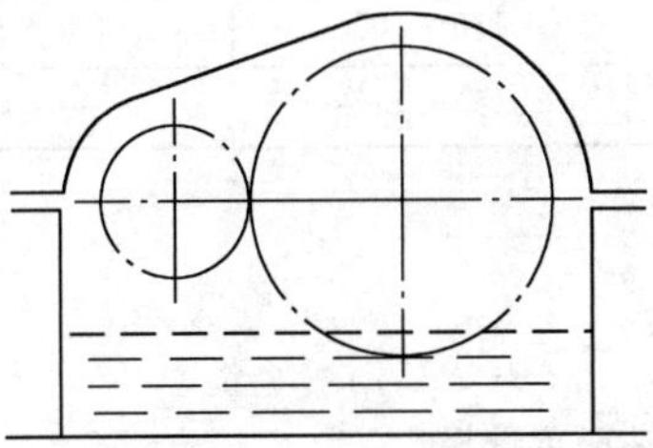

图 5-54　油池润滑

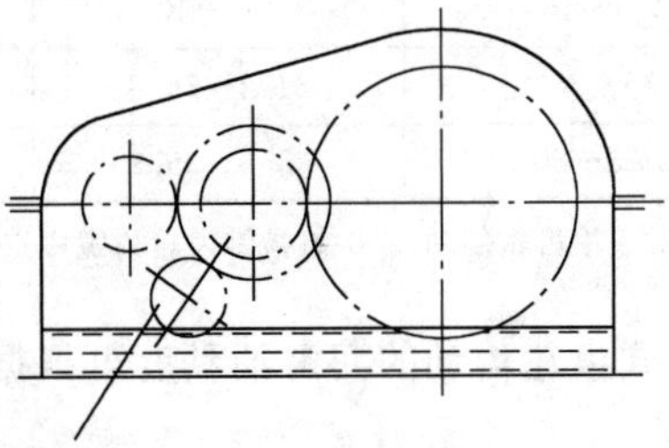

图 5-55　带油轮的油池润滑

当 $v>12$ m/s 时，不宜采用油池润滑，这是因为：① 圆周速度过高，齿轮上的油大多被甩出去而到达不了啮合区；② 搅油过于激烈，使油的温度升高，降低了润滑性能；③ 会搅起箱底沉淀的杂质，加速齿轮的磨损。故此时最好采用喷油润滑(图 5-56)，即用油泵将润滑油直接喷到啮合区。

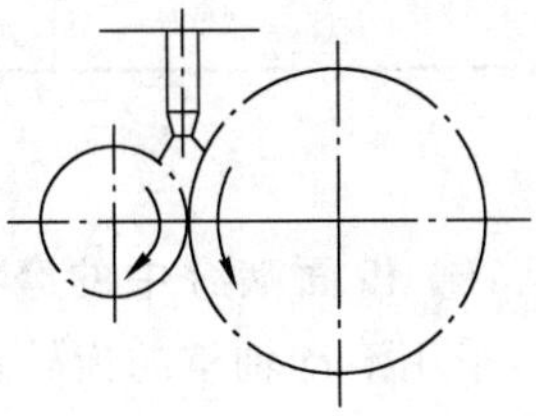

图 5-56　喷油润滑

① 润滑油牌号的选择

润滑油牌号可根据齿面接触应力的大小来选择，见表 5-26。

表 5-26　齿轮传动润滑油牌号选择

齿面接触应力 σ_H/MPa	润滑油牌号	
	闭式齿轮传动	开式齿轮传动
<500(轻负荷)	L-CKB(抗氧防锈工业齿轮油)	L-CKH
500～1 100(中负荷)	L-CKC(中负荷工业齿轮油)	L-CKJ
>1 100(重负荷)	L-CKD(重负荷工业齿轮油)	L-CKM

② 润滑油黏度的选择

闭式齿轮传动润滑油黏度可根据表 5-27 确定。

表 5-27　闭式齿轮传动润滑油黏度(40 ℃)选择　　单位:mm^2/s

低速级齿轮分度圆线速度 v/(m/s)	环境温度/℃			
	−40～−10	−10～10	10～35	35～55
<5	90～110	135～165	288～352	612～748
>5～15	90～110	90～110	198～242	414～506
15～25	61.2～74.8	61.2～74.8	135～165	288～352
>25～80	28.8～35.2	41.4～50.6	61.2～74.8	90～110

注:对于锥齿轮传动,表中 v 指锥齿轮齿宽中点的分度圆线速度。

开式齿轮传动的润滑油黏度可根据表 5-28 选定。

表 5-28　开式齿轮传动的润滑油黏度选择

给油方法		推荐黏度(100 ℃)/(mm^2/s)		
		环境温度为 −15～17 ℃	环境温度为 5～38 ℃	环境温度为 22～48 ℃
热		150～220	16～22	22～26
涂刷	热	193～257	193～257	386～536
	冷	22～26	32～41	193～257
手刷		150～220	22～26	32～41

(2) 齿轮传动的平均效率

齿轮传动的功率损耗主要包括:① 齿面啮合中的摩擦损耗;② 搅动润滑油的油阻损耗;③ 轴承中的摩擦损耗。满载时,采用滚动轴承的齿轮传动,其平均效率见表 5-29。

表 5-29　齿轮传动的平均效率

传动类型	6 级或 7 级精度的闭式传动	8 级精度的闭式传动	开式传动
圆柱齿轮传动	0.98	0.97	0.95
锥齿轮传动	0.97	0.96	0.93

习　　题

5.3-1　齿轮有哪些失效形式？产生的原因是什么？可采取哪些措施来提高抗失效的能力？

5.3-2　试分析如图 5-57 所示齿轮传动中各齿轮的受力情况，并用受力图表示出各分力的作用位置和方向。

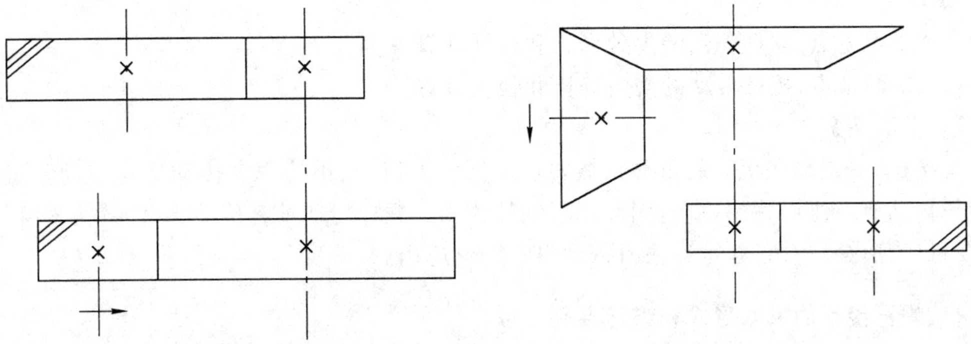

(a)　　(b)

图 5-57　题 5.3-2 图

5.3-3　一单级直齿圆柱齿轮减速器（正常齿标准齿轮）的齿轮齿数 $z_1=20$，$z_2=80$，并测得齿顶圆直径 $d_{a1}=110$ mm，$d_{a2}=410$ mm，齿宽 $b=60$ mm。小齿轮材料为 45 钢，齿面硬度为 220 HBW，大齿轮材料为 ZG310-570，硬度为 180 HBW，齿轮精度为 8 级，齿轮相对轴承对称布置。现把此减速器用于带式输送机，所需的输出转速 $n_2=240$ r/min，单向转动，求此减速器所能传递的最大功率。

5.3-4　已知闭式直齿圆柱齿轮传动的传动比 $i_{12}=4.6$，$n_1=730$ r/min，$P=30$ kW，长期双向转动，载荷有中等冲击，要求结构紧凑。$z_1=27$，大、小齿轮都用 40Cr 表面淬火，试确定合理的 d、m 值。

5.3-5　试设计某小型球磨机的一对开式直齿圆柱齿轮传动，已知条件为：小齿轮转速 $n_1=150$ r/min，大齿轮转速 $n_2=20$ r/min，传递功率 $P=50$ kW，电机驱动，载荷有中等冲击。

5.3-6　试设计某带式输送机的闭式直齿圆柱齿轮传动，已知：传动比 $i=3$，$P=5$ kW，$n=176$ r/min，电动机驱动，单向运转，载荷平稳，齿轮相对于轴承为悬臂安装，$z_1=19$，小齿轮为 45 号钢调质，大齿轮为 45 号钢正火。

5.4　蜗杆传动

【教学要求】

● 知识目标

(1) 掌握蜗杆传动的失效形式和设计计算准则。

(2) 了解蜗杆传动的常用材料和结构。

(3) 掌握蜗杆传动的受力分析和强度计算。

(4) 掌握蜗杆传动的效率、润滑和热平衡计算。

● 能力目标

(1) 能够对蜗杆传动进行受力分析和强度计算。

(2) 能够对蜗杆传动的效率进行计算,润滑方式进行选择。

● 素质目标

通过蜗杆传动设计计算准则培养学生的法律意识、底线意识。

● 学习重点与难点

(1) 学习重点:蜗杆传动的失效形式和设计计算准则。

(2) 学习难点:蜗杆传动的受力分析和强度计算。

【行业案例】

卷扬机、带式输送机等起重类机械要求用低速大扭矩、小功率大传动比等传动装置,采用齿轮传动有时难以达到要求,因此选用蜗杆传动。蜗杆传动具有传动比大、结构紧凑等优点,在机床、冶金、矿山、起重运输机械中得到广泛应用。

5.4.1 蜗杆传动的失效形式和设计准则

(1) 失效形式

蜗杆传动的失效形式与齿轮传动相似,有齿面点蚀、齿根折断、齿面胶合和磨损等。蜗轮齿面间的相对滑动速度较大、效率低、发热量大,因而更易发生胶合和磨损失效。由于结构和材料的原因,蜗杆螺旋齿部分的强度总是高于蜗轮轮齿的强度,所以失效多发生在蜗轮上。因此,设计时一般只需对蜗轮进行承载能力计算。

(2) 设计准则

闭式蜗杆传动的主要失效形式是齿面点蚀和胶合。设计准则为按齿面接触疲劳强度设计,校核齿根弯曲疲劳强度;因闭式蜗杆传动散热较为困难,故须进行热平衡计算。开式蜗杆传动的主要失效形式是齿面磨损和轮齿折断。设计准则为按齿根弯曲疲劳强度进行设计。

当蜗杆轴细长且支承跨距大时,还应进行蜗杆轴的刚度计算。

5.4.2 蜗杆传动的常用材料和结构

(1) 蜗杆传动的常用材料

蜗杆和蜗轮的材料不仅要求有足够的强度,更重要的是配对材料应具有较好的耐磨性、抗胶合能力等。

蜗杆一般用碳素钢或合金钢制成,并经热处理以提高蜗杆齿面硬度。

常用的蜗轮材料有以下几种:

① 铸造锡青铜(ZCuSn10P1、ZCuSn5Pb5Zn5)。其耐磨性较好,抗胶合能力强,易磨合,但价格昂贵,用于滑动速度 $v_s>3$ m/s 的重要传动。

② 铸造铝青铜(ZCuAl10Fe3)。其强度高,但耐磨性、抗胶合能力较铸造锡青铜稍差,价格便宜,用于滑动速度 $v_s<4$ m/s 的传动。

③ 灰铸铁(HT150、HT200)。其适用于滑动速度 $v_s<2$ m/s,且对效率要求不高的场合。

(2) 蜗杆传动的结构

绝大多数的蜗杆和轴制成一体，称为蜗杆轴，如图 5-58 所示。

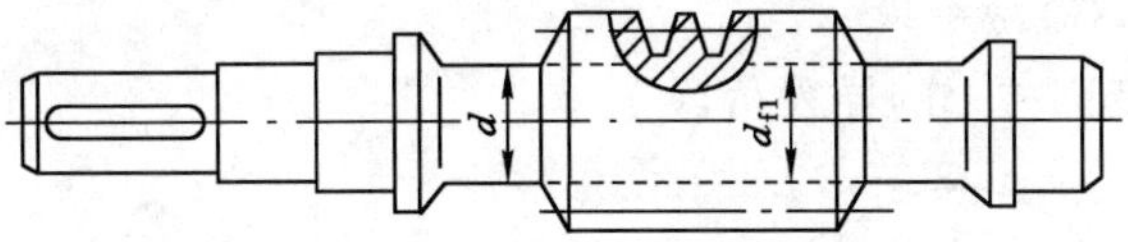

图 5-58 蜗杆轴

蜗轮可以采用整体结构[图 5-59(a)]，但为了节约贵重的有色金属，对大尺寸的蜗轮通常采用组合式结构，即齿圈用有色金属制造，而轮芯用钢或铸铁制成，如图 5-59(b)所示。采用组合式结构时，齿圈和轮芯间可用过盈连接，沿接合面圆周装上 4～8 个螺钉。为了便于钻孔，应将螺孔中心线向材料较硬的一边偏移 2～3 mm。这种结构用于尺寸不大且工作温度变化较小的场合。轮圈与轮芯也可用绞制孔螺栓来连接[图 5-59(c)]，由于其装拆方便，常用于尺寸较大或磨损后需要更换齿圈的场合。对于成批制造的蜗轮，常在铸铁轮芯上浇注出青铜齿圈[图 5-59(d)]。

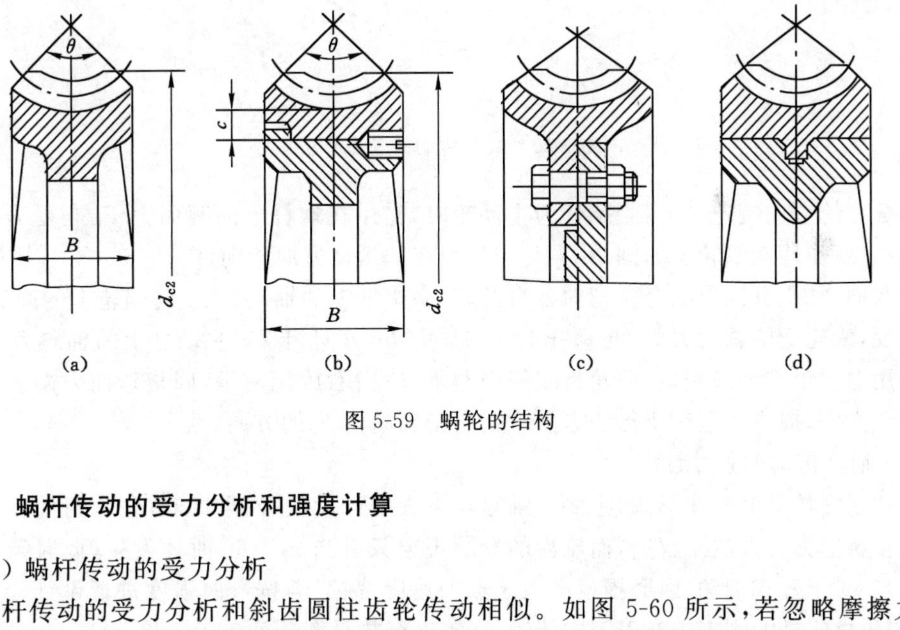

图 5-59 蜗轮的结构

5.4.3 蜗杆传动的受力分析和强度计算

(1) 蜗杆传动的受力分析

蜗杆传动的受力分析和斜齿圆柱齿轮传动相似。如图 5-60 所示，若忽略摩擦力的影响，则啮合节点 C 处齿面上的法向力 F_n 可分解为 3 个相互垂直的分力：圆周力 F_t、轴向力 F_a 和径向力 F_r。当蜗杆轴与蜗轮轴的交错角为 90°时，蜗杆的圆周力 F_{t1}、蜗轮的轴向力 F_{a2}、蜗杆的轴向力 F_{a1}、蜗轮的圆周力 F_{t2}、蜗杆的径向力 F_{r1} 和蜗轮的径向力 F_{r2} 为：

$$\begin{cases} F_{t1} = -F_{a2} = \dfrac{2T_1}{d_1} \\ F_{t2} = -F_{a1} = \dfrac{2T_2}{d_2} \\ F_{r1} = F_{r2} = F_{a1}\tan\alpha \\ F_{n1} = F_{n2} = \dfrac{2F_{a1}}{\cos\alpha_n \cos\gamma} \approx \dfrac{2T_2}{d_2\cos\alpha\cos\gamma} \end{cases} \tag{5-81}$$

式中 T_1、T_2——蜗杆和蜗轮轴上的转矩，N·mm；

d_1、d_2——蜗杆和蜗轮的分度圆直径，mm；

α——压力角，(°)，$\alpha=20°$；

y——蜗杆分度圆柱上的导程角，(°)。

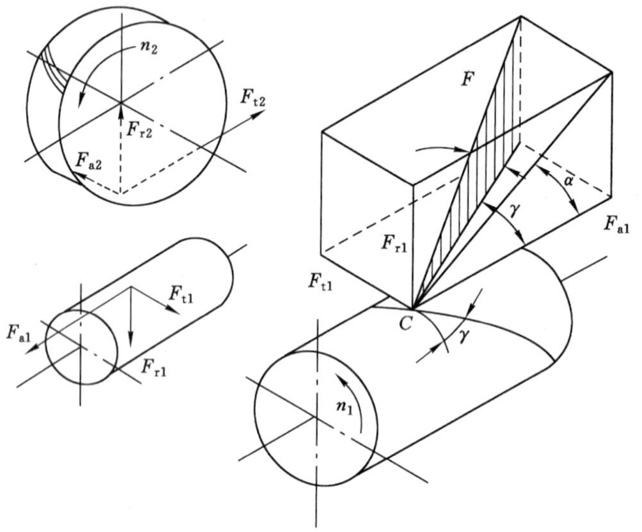

图 5-60　蜗杆传动的受力分析

各分力的方向判定如下：当蜗杆为主动轮时，作用在蜗杆上的圆周力 F_{t1} 与受力点的运动方向相反，作用在蜗轮上的圆周力 F_{t2} 与受力点的运动方向相同；蜗杆上的径向力 F_{r1} 和蜗轮上的径向力 F_{r2} 分别由啮合点指向各自的轮心；蜗杆上的轴向力 F_{a1} 与蜗轮上的圆周力 F_{t2} 方向相反，蜗轮上的轴向力 F_{a2} 与蜗杆上的圆周力 F_{t1} 方向相反。主动件上的轴向力 F_a 的方向还可用左右手定则来判定，即轮齿左旋用左手，轮齿右旋用右手，四指弯曲方向表示主动件的转动方向，拇指伸直时所指的方向就是所受轴向力 F_a 的方向。

(2) 蜗杆传动的强度计算

圆柱蜗杆传动的破坏形式，主要是蜗轮轮齿表面产生胶合、点蚀和磨损，目前在设计时用限制接触应力的办法来解决，而轮齿的弯断现象只有当 $z_2>80$ 时才发生(此时须校核弯曲强度)。对于开式传动，因磨损速度大于点蚀速度，故只需按弯曲强度进行设计计算。此外，还需校核蜗杆的刚度。对于闭式传动，还需进行热平衡计算。

① 蜗轮齿面疲劳接触强度计算

蜗轮齿面疲劳接触强度仍以赫兹公式为基础，其强度校核公式为：

$$\sigma_H = Z_E Z_\rho \sqrt{\frac{K_A T_2}{a^3}} \leqslant [\sigma_H] \tag{5-82}$$

设计公式为：

$$a \geqslant \sqrt[3]{K_A T_2 \left(\frac{Z_E Z_\rho}{[\sigma_H]}\right)^2} \tag{5-83}$$

式中　a——中心距，mm；

Z_E——材料的综合弹性系数，钢与铸造锡青铜配对时取 $Z_E=150$，钢与铸造铝青铜或灰铸铁配对时取 $Z_E=160$；

Z_ρ ——接触系数，用以考虑接触线长度和综合曲率半径对接触疲劳强度的影响，由蜗杆分度圆直径与中心距之比(d_1/a)查图 5-61 确定，一般 $d_1/a=0.3\sim0.5$，取小值时导角较大，因而效率高，但蜗杆刚性较差；

K_A ——使用系数，$K_A=1.1\sim1.4$，在有冲击载荷、环境温度高、速度较高的场合，K_A取大值。

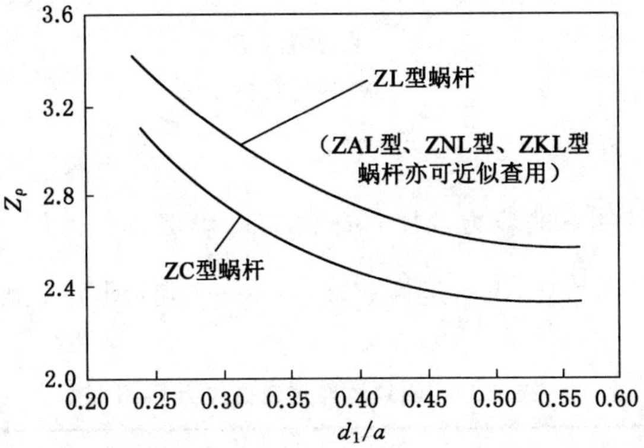

图 5-61 接触系数

对于锡青铜，许用接触应力 [σ_H] 可由表 5-30 查取；对于铝青铜及灰铸铁，其主要失效形式是胶合而不是接触强度降低，而胶合与相对滑动速度有关，许用接触应力 [σ_H] 可由表 5-31 查取。

由式(5-83)计算出中心距 a 后，可由下列公式粗略计算蜗杆分度圆直径 d_1 和模数 m：

$$d_1 \approx 0.68a^{0.875} \tag{5-84}$$

$$m=\frac{2a-d_1}{z_2} \tag{5-85}$$

表 5-30 锡青铜蜗轮的许用接触应力 [σ_H] 单位：MPa

涡轮材料	铸造方法	适用的滑动速度 v_s/(m/s)	蜗杆齿面硬度	
			≤350 HBW	>45 HRC
10-1 锡青铜	砂型铸造	≤12	180	200
	金属型铸造	≤25	200	220
5-5-5 锡青铜	砂型铸造	≤10	110	125
	金属型铸造	≤12	135	150

表 5-31 铝青铜及灰铸铁蜗轮的许用接触应力 [σ_H] 单位：MPa

蜗轮材料	蜗杆材料	滑动速度 v_s/(m/s)						
		0.5	1.0	2.0	3.0	4.0	6.0	8.0
10-3 铝青铜	淬火钢①	250	230	210	180	160	120	90
HT150、HT200	渗碳钢	130	115	90	—	—	—	—
HT150	调质钢	110	90	70	—	—	—	—

① 蜗杆未经淬火时，须将表中 [σ_H] 值减小 20%。

② 蜗轮齿根弯曲疲劳强度计算

蜗轮的齿形比较复杂，且齿根是曲面，要精确计算蜗轮齿根弯曲应力很困难，一般参照斜齿圆柱齿轮作近似计算，蜗轮齿根弯曲应力验算公式为：

$$\sigma_F = \frac{1.53K_A T_2}{d_1 d_2 m\cos\gamma} Y_{Fa2} \leqslant [\sigma_F] \tag{5-86}$$

蜗轮齿根弯曲应力设计公式为：

$$m^2 d_1 \geqslant \frac{1.53K_A T_2}{z_2 \cos\gamma[\sigma_F]} Y_{Fa2} \tag{5-87}$$

式中 γ——蜗杆导程角，$\gamma = \arctan \frac{z_1}{q}$，(°)；

$[\sigma_F]$——蜗轮许用弯曲应力，MPa，查表 5-32 确定；

Y_{Fa2}——蜗轮齿形系数，由当量齿数 $z_v = \frac{z_1}{\cos^3\gamma}$，查图 5-62 确定。

表 5-32　蜗轮的许用弯曲应力 $[\sigma_F]$　　单位：MPa

蜗轮材料	ZCuSn10PI		ZCuSn5Ph5Zn5		ZCuAl10Fe3		HT150	HT200
铸造方法	砂型铸造	金属型铸造	砂型铸造	金属型铸造	砂型铸造	金属型铸造	砂型铸造	
单侧工作	50	70	32	40	80	90	40	47
双侧工作	30	40	24	28	63	80	25	30

③ 蜗杆的刚度计算

蜗杆较细长，支承跨距较大，若受力后产生的挠度过大，则会影响正常啮合传动。蜗杆产生的挠度应小于许用挠度[Y]。

由切向力 F_{t1} 和径向力 F_{r1} 产生的挠度分别为：

$$Y_{t1} = \frac{F_{t1} l^3}{48EI}, Y_{r1} = \frac{F_{r1} l^3}{48EI} \tag{5-88}$$

二者合成的总挠度为：

$$Y = \sqrt{Y_{t1}^2 + Y_{r1}^2} \leqslant [Y] \tag{5-89}$$

式中 E——蜗杆材料的弹性模量，MPa，对于钢蜗杆，$E=2.06\times10^5$ MPa；

I——蜗杆危险截面惯性矩，mm^4，$I = \frac{\pi d_1^4}{64}$；

l——蜗杆支点跨距，mm，初步计算时可取 $l=0.9d_2$；

$[Y]$——许用挠度，$[Y] = d_1/1\,000$，mm；

5.4.4 蜗杆传动的效率、润滑和热平衡计算

(1) 蜗杆传动的效率

对蜗杆传动进行良好的润滑具有特别重要的意义。良好的润滑可以减少齿面磨损，降低齿面温度，防止胶合，提高承载能力和传动效率。一般采用黏度大的润滑油进行润滑，在润滑油中还常加入添加剂，以提高抗胶合能力。但青铜蜗轮不允许采用活性大的油性添加剂，以免被腐蚀。

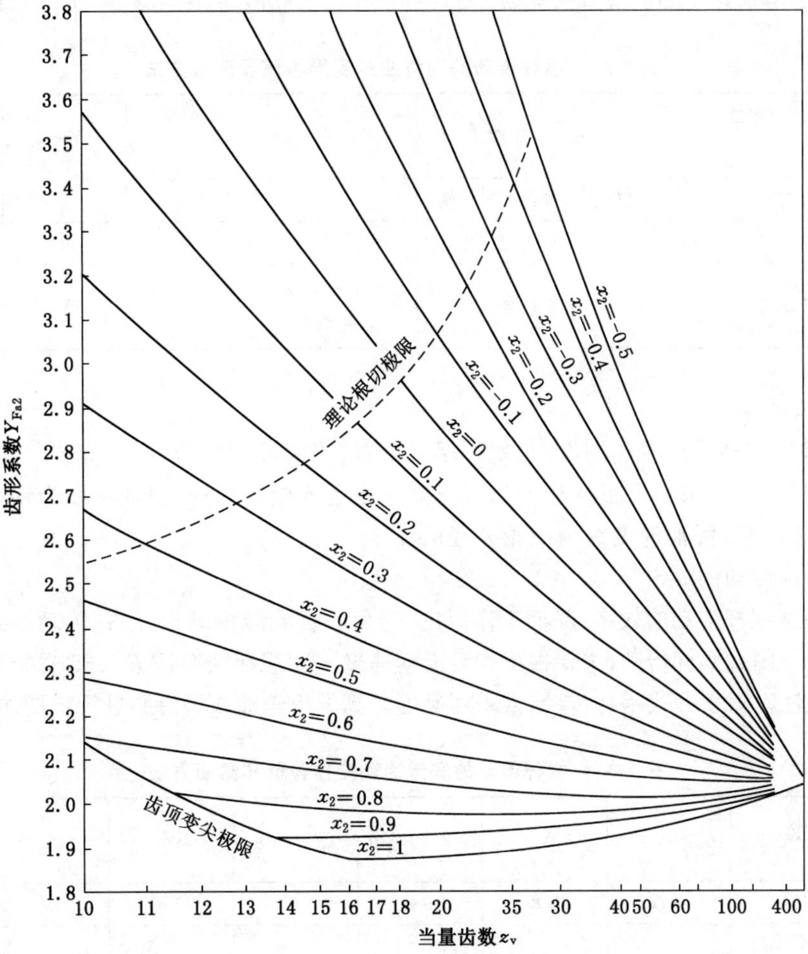

图 5-62　蜗轮的齿形系数 Y_{Fa2} 与当量齿数的关系

① 润滑油种类

润滑油的种类很多，应根据蜗杆蜗轮配对材料和运转条件合理选择。当钢蜗杆配青铜蜗轮时，常用的润滑油见表 5-33。

表 5-33　蜗杆传动常用的润滑油

L-CKC 齿轮油型号	68	100	150	220	320	460	680
运动黏度(40 ℃)/(mm^2/s)	61.2～74.8	90～110	135～165	198～242	288～352	414～506	612～748
黏度指数	≥90						≥85
闪点(开口)/℃	≥180	≥200					
倾点/℃	≤−12		≤−9				≤−5

注：其余指标可参看《工业闭式齿轮油》(GB/T 5903—2011)。

② 润滑油黏度及润滑方法

一般根据相对滑动速度及载荷的类型选择润滑油的黏度和润滑方法。对于闭式蜗杆传动，常用的润滑油黏度和润滑方法见表 5-34；对于开式蜗杆传动，用黏度高的齿轮油或润滑脂。

表 5-34　蜗杆传动的润滑油黏度推荐值及润滑方法

蜗杆传动的相对滑动速度 v_s/(m/s)	≤1	1.0～2.5	2.5～5.0	5～10	10～15	15～25	>25
载荷类型	重载	重载	中载	—	—	—	—
运动黏度(40 ℃)/(mm²/s)	1 000	680	320	220	150	100	68
给油方式	油池润滑			喷油润滑或油池润滑	压力喷油润滑		

③ 润滑油量

闭式蜗杆传动采用浸油润滑时，蜗杆尽量下置；当蜗杆速度为 4～5 m/s 时，为避免蜗杆的搅油损失过多，常采用上置蜗杆的形式。对于下置或侧置蜗杆，浸油深度为蜗杆的一个齿高；对于上置蜗杆，浸油深度约为蜗轮外径的 1/3。

(2) 蜗杆传动的润滑

为了提高蜗杆传动的效率、降低工作温度、避免胶合和减少磨损，蜗杆传动必须进行良好的润滑。对于闭式蜗杆传动，主要根据相对滑动速度 v_s 和载荷情况按表 5-35 选择润滑油的黏度和给油方法。对于开式蜗杆传动，常采用黏度较高的齿轮油或润滑脂进行定期加油润滑。

表 5-35　蜗杆传动的润滑油黏度推荐值和给油方法

相对滑动速度 v_s /(m·s⁻¹)	>0～1	>1.0～2.5	>2.5～5.0	>5～10	>10～15	>15～25	>25
载荷情况	重载	重载	中载	—	—	—	—
运动黏度(40 ℃) /(mm²·s⁻¹)	1 000	680	320	220	150	100	75
润滑方法	浸油润滑			喷油润滑或浸油润滑			

对于闭式蜗杆传动，如果采用浸油润滑，为有利于动压油膜的形成，并有助于散热，油池中应有适当的油量，且传动件应有足够的浸油深度。对于下置或侧置蜗杆的传动，浸油深度约为蜗杆的 1～2 个齿高，不小于 10 mm；且对于上置蜗杆的传动，浸油深度约为蜗轮外径的 1/3。

(3) 蜗杆传动的热平衡计算

由于蜗杆传动效率低、发热量大，若不及时散热，会引起箱体内油温升高、润滑失效，导致轮齿磨损加剧，甚至出现胶合。因此对连续工作的闭式蜗杆传动要进行热平衡计算。

在闭式蜗杆传动中，热量通过箱壳散逸，要求箱体内的油温 t 和周围空气温度 t_0 之差不超过允许值，即

$$\Delta t = \frac{1\,000P_1(1-\eta)}{\alpha_t A} \leqslant [\Delta t] \tag{5-90}$$

式中　Δt ——温度差，$\Delta t = t - t_0$，℃；

P_1 ——蜗杆传递功率，kW；

η ——传动效率；

α_t ——表面传热系数，根据箱体周围通风条件，一般取 $\alpha_t = 10 \sim 17\ W/(m^2 \cdot ℃)$；

A ——散热面积，m^2，指箱体外壁与空气接触而内壁被油飞溅到的箱壳面积，对于箱体上的散热片，其散热面积按 50%计算；

$[\Delta t]$ ——温差允许值，一般为 60～70 ℃，并应使油温低于 90 ℃。

如果超过温差允许值，可采用下述冷却措施：

① 增大散热面积，合理设计箱体结构，铸出或焊上散热片。

② 提高表面传热系数，在蜗杆轴上装置风扇[图 5-63(a)]，或在箱体油池内装设蛇形冷却水管[图 5-63(b)]，或用循环油冷却[图 5-63(c)]。

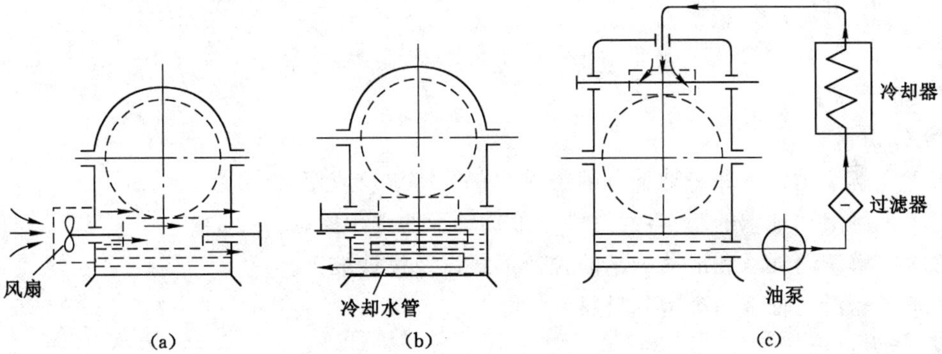

图 5-63　蜗杆传动的散热方法

习　　题

5.4-1　如图 5-64 所示，蜗杆主动轮的 $T_1 = 20\ N \cdot m$，$m = 4\ mm$，$z_1 = 2$，$d_1 = 50\ mm$，蜗轮齿数 $z_2 = 50$，传动的啮合效率 $\eta = 0.75$。试确定：① 蜗轮的转向；② 蜗杆与蜗轮上作用力的大小和方向。

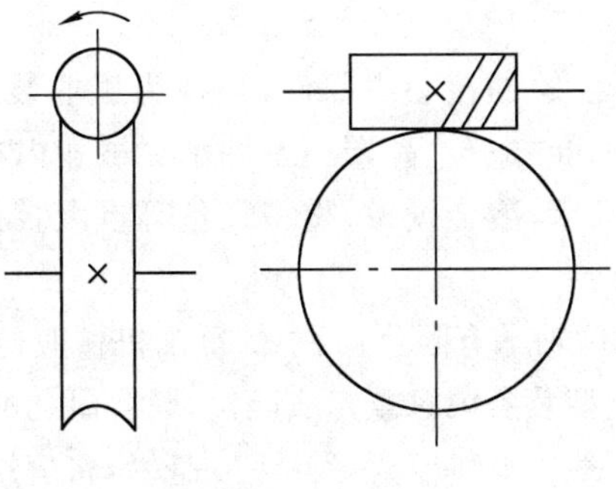

图 5-64　题 5.4-1 图

5.4-2　设计一轻纺机械中的单级蜗杆减速器，传递功率 $P = 8.5\ kW$，蜗杆的转速 $n_1 = 1\ 460\ r/min$，$i = 20$，单向工作，长期连续运转，工作载荷稳定，润滑良好，要求工作寿命为 15 000 h。

6 轴系设计

6.1 轴承设计

【教学要求】

● 知识目标

(1) 了解滚动轴承和滑动轴承的组成、分类、特点及应用。

(2) 理解滚动轴承的基本代号，掌握滚动轴承的选用原则。

(3) 了解滚动轴承和滑动轴承的失效形式以及设计准则。

(4) 了解滑动轴承的类型和材料。

● 能力目标

(1) 能够对滚动轴承进行寿命计算和正确选型。

(2) 能够对非液体摩擦滑动轴承进行设计计算。

● 素质目标

(1) 理解滚动轴承选择的工程意义，逐步建立分析问题的工程观。

(2) 了解我国轴承的发展史，培养学生的工匠精神，激发学生的进取精神和创新精神。

● 学习重点与难点

(1) 学习重点：滚动轴承的组成、分类、基本代号、选用方法。

(2) 学习难点：滚动轴承的寿命计算和选型。

● 行业案例

轴承是机械设备中不可或缺的核心零部件，被视为工业装备的“关节”。它是衡量一个国家科技、工业实力的重要标准之一。高端精密轴承更被业内视为“制造业王冠上的明珠”，广泛应用在矿山机械、精密机床、冶金设备、重型装备等重大装备领域和风力发电、高铁动车及航空航天等新兴产业领域。

2023 年 9 月，由洛阳 LYC 轴承有限公司、中信重工机械股份有限公司分别依托航空精密轴承国家重点实验室、矿山重型装备国家重点实验室，联合研制的国产首套矿山重型装备特大型轴承(图 6-1)在洛阳成功下线。此轴承外径达 870 毫米，将应用在中信重工自主研制的国内最大球磨机上，标志着我国矿山重型装备重载及复杂工况条件下专用特大型轴承“卡脖子”技术实现了重大突破，为我国重大装备及高端轴承关键基础元件打破进口垄断迈出了关键一步。

那轴承的功用是什么？它有哪些类型？如何设计选择轴承？

6.1.1 轴承概述

轴承是轴系中的重要支撑部件，其功用是支撑轴和轴上的零件，并保持轴的旋转精度，减小摩擦和磨损。根据轴承工作表面摩擦性质的不同，轴承可分为滚动轴承和滑动轴承两大类。

滚动轴承摩擦阻力小、启动灵敏、效率高，而且已经标准化，选用、安装、润滑、维护都很方便，因而在一般机器中得到了广泛的应用。但这类轴承抗冲击能力较差，高速工作时噪声大，工作寿命短，径向外廓尺寸大。

滑动轴承摩擦阻力大，磨损严重，尤其特殊构造的滑动轴承设计、制造、维护费用较高。但其径向尺寸小，结构简单，制造和装拆方便，工作平稳，无噪声，耐冲击且承载能力高，用于高速、高精度、重载、结构要求剖分等场合。因此，在内燃机、蒸汽机、机床以及重型机械中多采用滑动轴承。此外，在低速而带有冲击的机器中，如球磨机、滚筒清砂机、破碎机等，也常采用滑动轴承。

6.1.2 滚动轴承的基本类型、代号及选择

(1) 滚动轴承的组成

滚动轴承一般由内圈 1、外圈 2、滚动体 3 和保持架 4 组成(图 6-2)。通常内圈装配在轴颈上，与轴一起回转；外圈与轴承座孔配合，起支撑作用。内、外圈上有滚道，当内、外圈相对旋转时，滚动体将沿着滚道滚动。保持架的作用是将滚动体均匀地隔开，以避免相邻滚动体转动时在接触处产生较大的摩擦和磨损。

图 6-1 国产首套矿山重型装备特大型轴承

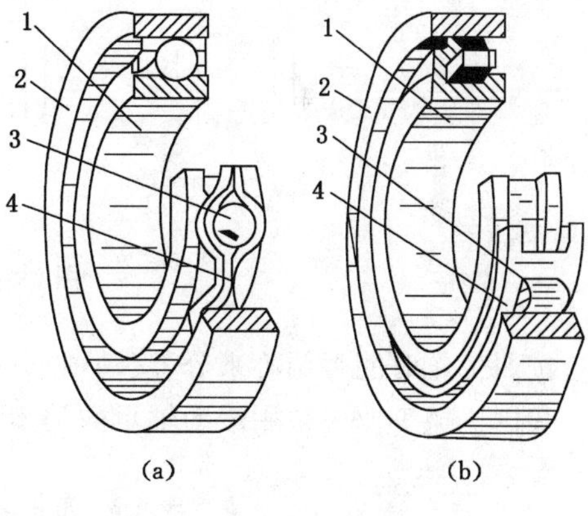

1—内圈；2—外圈；3—滚动体；4—保持架。

图 6-2 滚动轴承的构造

滚动轴承的内圈、外圈和滚动体，一般采用强度高、耐磨性好的含铬合金钢制造。保持架有冲压保持架和实体保持架两种。冲压保持架一般用低碳钢板冲压制成，它与滚动体间有较大的间隙，工作时噪声较大；实体保持架常用铜合金、铝合金或塑料经切削加工制成，有较好的定心作用。

(2) 滚动轴承的基本类型

按照承受载荷的方向或公称接触角的不同，滚动轴承可分为向心轴承和推力轴承。滚动体与外圈接触处的公法线与轴承径向平面(垂直于轴承轴线的平面)之间的夹角 α 称为公称接触角。它是滚动轴承的一个主要参数。公称接触角越大，轴承承受轴向载荷的能力也越高。表 6-1 列出了各类轴承的公称接触角。

表 6-1　各类轴承的公称接触角

轴承种类	向心轴承		推力轴承	
	径向接触	角接触	角接触	轴向接触
公称接触角 α/(°)	0	$0<\alpha\leqslant45$	$45\leqslant\alpha<90$	90
图例(以球轴承为例)	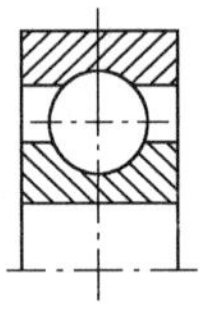	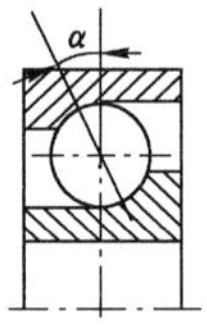	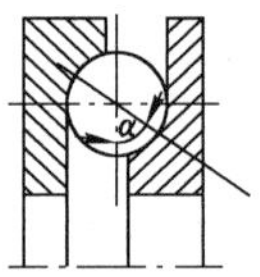	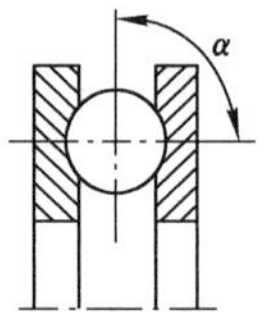
所受载荷性质	主要承受径向载荷	能同时承受径向载荷和轴向载荷	主要承受轴向载荷，也能承受不大的径向载荷	只能承受轴向载荷

按照滚动体形状，滚动轴承可分为球轴承和滚子轴承。滚子又分为圆柱滚子、圆锥滚子、球面滚子等，如图 6-3 所示。按滚动体的列数，滚动轴承分为单列、双列和多列轴承。

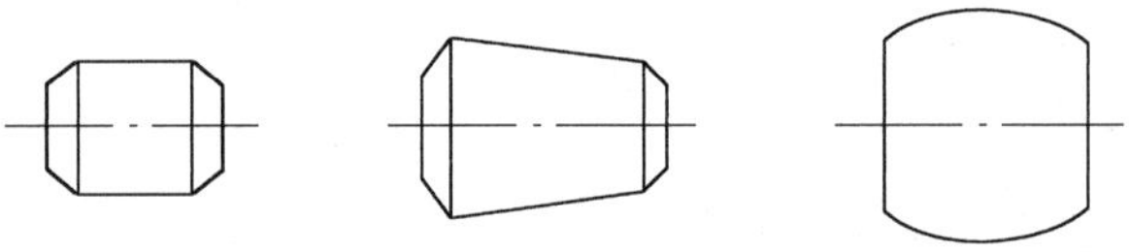

(a) 圆柱滚子　　(b) 圆锥滚子　　(c) 球面滚子

图 6-3　滚子的类型

按照工作时能否调心来分，滚动轴承可分为调心轴承和非调心轴承。

我国机械工业中常用滚动轴承的类型和特征见表 6-2。

表 6-2　常用滚动轴承的类型和特征

名称	类型代号	轴承结构、承载方向及结构简图	极限转速	允许角位移	性能特点与应用场合
调心球轴承	1	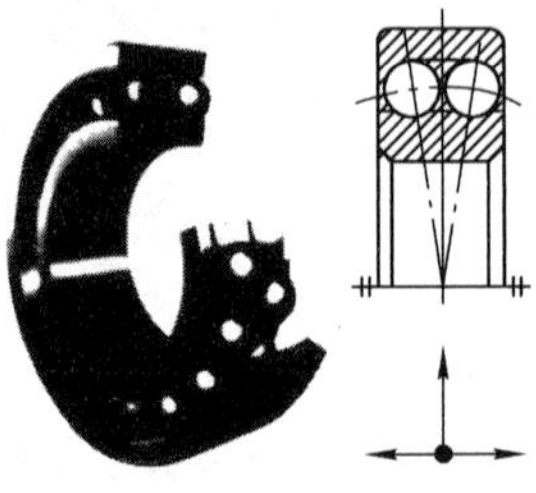	中速	2°～3°	外圈滚道是以轴承中心为中心的球面，能自动调心，适用于多支点和弯曲刚度不足的轴

表 6-2(续)

名称	类型代号	轴承结构、承载方向及结构简图	极限转速	允许角位移	性能特点与应用场合
调心滚子轴承	2	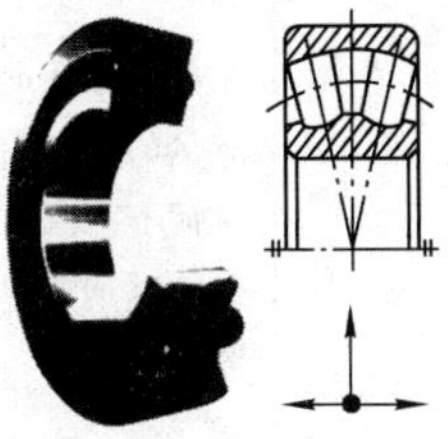	中速	1.5°～2.5°	滚动体为双列鼓形滚子，外圈滚道是以轴承中心为中心的球面。若能自动调心，则能承受很大的径向载荷和较小的轴向载荷，抗振动、冲击
圆锥滚子轴承	3	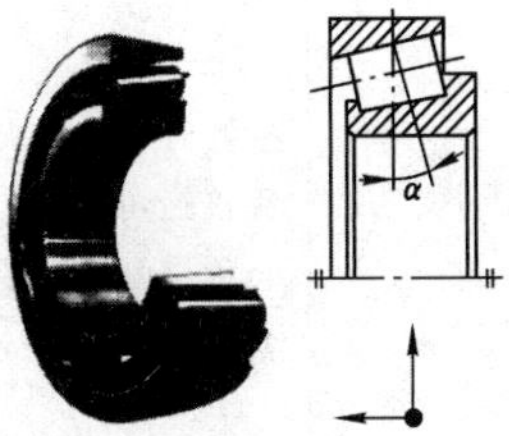	中速	2′	能同时承受较大的径向载荷和轴向载荷。公称接触角有 10°～18° 和 27°～30° 两种。外圈可分离，游隙可调，装拆方便，适用于刚性较大的轴，一般成对使用，对称安装
推力球轴承	5	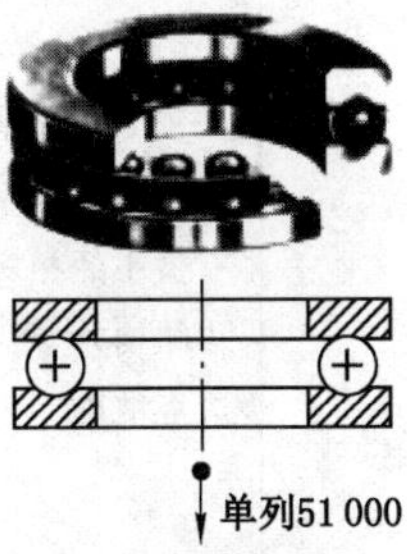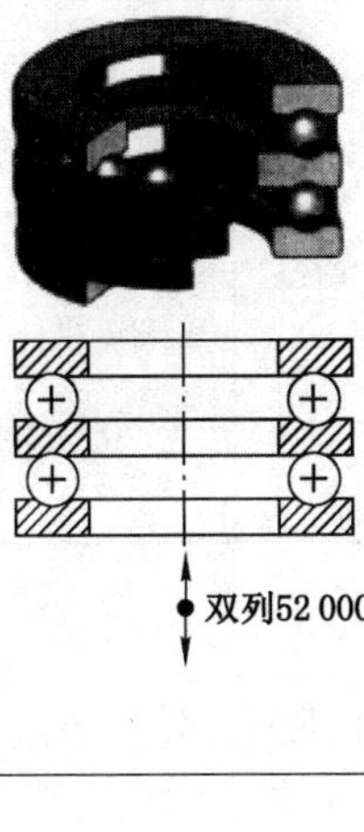	低速	不允许	只能承受轴向载荷，且载荷作用线必须与轴线重合。推力轴承的套圈有轴圈和座圈之分。轴圈与轴过盈配合并一起旋转，座圈的内径与轴保持一定的间隙。因滚动体离心力大，滚动体与保持架摩擦发热严重，故用于轴向载荷大但转速不高的场合。单列球轴承仅承受单向轴向载荷；双列球轴承可承受双向轴向载荷

表 6-2(续)

名称	类型代号	轴承结构、承载方向及结构简图	极限转速	允许角位移	性能特点与应用场合
深沟球轴承	6	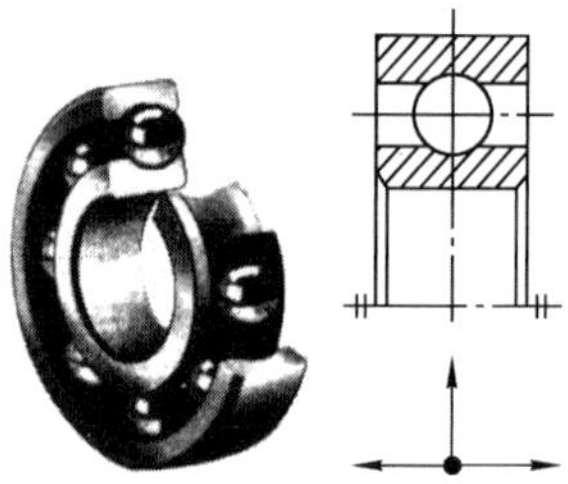	高速	8′～16′	主要承受径向载荷，同时也可承受一定量的轴向载荷。当转速很高而轴向载荷不太大时，可代替推力球轴承承受纯轴向载荷。当承受纯径向载荷时，$\alpha=0°$
角接触球轴承	7	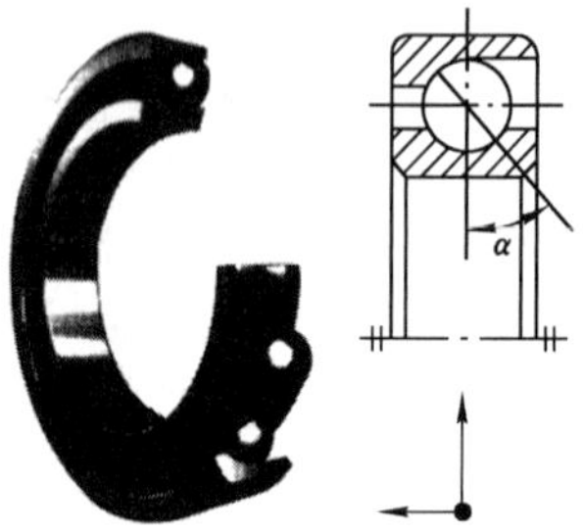	高速	2′～10′	能同时承受径向、轴向联合载荷。公称接触角越大，轴向承载能力越高。公称接触角 α 有 15°、25°、40°三种。通常成对使用，对称安装
圆柱滚子轴承	N	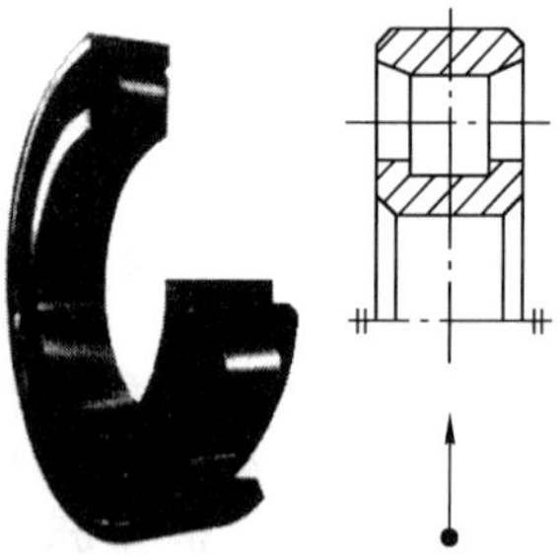	高速	2′～4′	能承受较大的径向载荷，不能承受轴向载荷。因系线接触，内外圈只允许有极小的相对偏转。除图示外圈无挡边结构外，还有内圈无挡边、外圈单挡边等结构
滚针轴承	NA	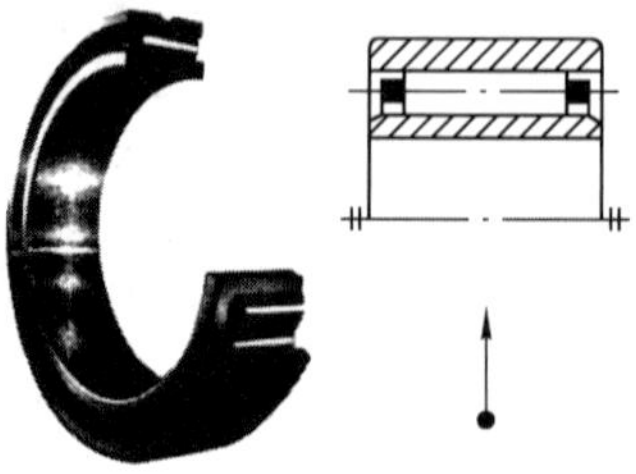	低速	不允许	只能承受径向载荷，承载能力高，径向尺寸特别小，带内圈或不带内圈。一般无保持架，因而滚针间有摩擦，轴承极限转速低。这类轴承不允许有角偏差。

(3) 滚动轴承的代号

滚动轴承的类型很多，而各类轴承又有不同的结构、尺寸、公差等级和技术要求，为便于组织生产和选用，国家标准规定了滚动轴承代号的表示方法。

滚动轴承的代号由基本代号、前置代号和后置代号构成，其排列顺序见表 6-3。

表 6-3 滚动轴承代号的排列顺序

前置代号(口)	基本代号					后置代号(□或加 X)								
轴承分部件代号	X(□)	X	X	X	X	内部结构代号	密封、防尘与外部结构代号	保持架及其材料代号	轴承材料代号	公差等级代号	游隙代号	配置代号	振动及噪声代号	其他代号
	类型代号	尺寸系列代号		内径尺寸系列代号										
		宽(高)度系列代号	直径系列代号											

注:口一字母;X—数字。

① 基本代号

基本代号表示轴承的基本类型、结构和尺寸,是轴承代号的基础。它由轴承类型代号、尺寸系列代号和内径尺寸系列代号构成。

a. 类型代号。基本代号左起第一位为类型代号,用数字或字母表示,见表 6-2 第二列。若代号为"0"(双列角接触球轴承),则可省略。

b. 尺寸系列代号。它由轴承的宽(高)度系列代号(基本代号左起第二位)和直径系列代号(基本代号左起第三位)组合而成,见表 6-4。

表 6-4 尺寸系列代号

代号	7	8	9	0	1	2	3	4	5	6
宽度系列	—	特窄	—	窄	正常	宽	特宽			
直径系列	超特轻	超轻		特轻		轻	中	重	—	

注:① 宽度系列代号为 0 时可略去(但 2、3 类轴承除外);有时宽度系列代号为 1、2 也被省略。

② 特轻、轻、中、重以及窄、正常、宽等称呼为旧国家标准中的相应称呼。

图 6-4 为内径相同而直径系列代号不同的四种轴承的对比。

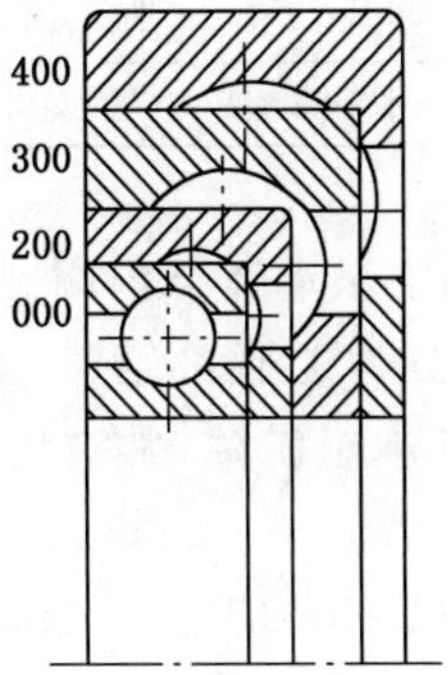

图 6-4 不同直径系列代号的对比

c. 内径尺寸系列代号。基本代号左起第四、五位数字为内径尺寸系列代号,它表示轴承公称内径尺寸,见表 6-5。

表 6-5　滚动轴承的内径尺寸系列代号

内径尺寸系列代号	00	01	02	03	04～99
轴承的内径尺寸/mm	10	12	15	17	数字×5

注：内径小于 10 mm 和大于 495 mm 轴承的内径尺寸系列代号另有规定。

② 前置代号

前置代号表示成套轴承的分部件，用字母表示。例如，L 表示可分离轴承的可分离套圈；K 表示轴承的滚动体与保持架组件。前置代号及其含义可参阅机械设计手册。

③ 后置代号

后置代号表示轴承的内部结构、公差等级和游隙等，用字母(或加数字)表示。轴承后置代号排列顺序见表 6-3。

a. 内部结构代号。它表示同一类型轴承的不同内部结构，用字母表示，见表 6-6。

表 6-6　滚动轴承内部结构常用代号

轴承类型	代号	含义	示例
角接触球轴承	B	$\alpha=40°$	7210B
	C	$\alpha=15°$	7005C
	AC	$\alpha=25°$	7210AC
圆锥滚子轴承	B	接触角 α 增大	32310B
	E	加强型	NU207E

b. 公差等级代号。公差等级代号按精度由低到高依次用/P0、/P6、/P6X、/P5、/P4、/P2 表示(表 6-7)。其中，0 级为普通级，可以省略不标；P6X 适用于 2、3 类轴承。

表 6-7　公差等级代号

代号	省略	/P6	/P6X	/P5	/P4	/P2
公差等级	0 级	6 级	6X 级	5 级	4 级	2 级
示例	6203	6203/P6	30210/P6X	6203/P5	6203/P4	6203/P2

c. 游隙代号。游隙是滚动轴承中滚动体与内圈、外圈滚道之间的间隙，分为径向游隙和轴向游隙。常用的径向游隙系列分为 1 组、2 组、0 组、3 组、4 组和 5 组，共 6 个组别，它们的径向游隙依次由小到大。C0 为基本组游隙，常被优先采用，可不标出，其余用/C1、/C2、/C3、/C4 和/C5 表示。

例 6-1　试说明滚动轴承代号 62203、7312AC/P62 和 30222B/P4 的含义。

解　(1) 代号 62203：6—深沟球轴承；22—轻宽系列；03—内径 $d=17$ mm。

(2) 代号 7312AC/P62：7—角接触球轴承；(0)3—中窄系列；12—内径 $d=60$ mm；AC—接触角 $\alpha=25°$；/P6—6 级公差；2—第 2 组游隙 C2，当游隙与公差同时表示时，符号“C”可省略。

(3) 代号 30222B/P4：3—圆锥滚子轴承；02—轻窄系列；22—内径 $d=110$ mm；B—接

触角 $\alpha=27°\sim30°$；/P4—4 级公差。

(4) 滚动轴承的选择

滚动轴承的选择包括类型选择、尺寸选择和精度选择。通常先选择轴承类型，然后经过分析、类比及计算，最终确定轴承的尺寸(型号)。

① 轴承所受的载荷

在同样外形尺寸下，滚子轴承的承载能力为球轴承的 1.5～3.0 倍。载荷较大或有冲击载荷时应选用滚子轴承，载荷较小时宜选用球轴承。受纯轴向载荷时应选用推力轴承；受纯径向载荷时应选用深沟球轴承或圆柱滚子轴承；同时承受径向和轴向载荷时应选用角接触球轴承或圆锥滚子轴承，当轴向载荷不大时，可用深沟球轴承。需要说明的是，推力轴承不能承受径向载荷，圆柱滚子轴承不能承受轴向载荷。

② 轴承的转速

a. 高速时应优先选用球轴承。

b. 内径相同时，外径越小，离心力越小，故在高速时宜选用超轻、特轻系列轴承。

c. 推力轴承的极限转速都很低，高速运转时摩擦发热严重，若轴向载荷不是很大，可采用角接触球轴承或深沟球轴承来承受纯轴向力。

③ 调心要求

当由于制造和安装误差等因素致使轴的中心线与轴承中心线不重合时，或轴受力弯曲造成轴承内外圈轴线发生偏斜时，宜选用调心球轴承或调心滚子轴承。

④ 刚度要求

当要求支承具有较大刚度时，应用滚子轴承，这是因为滚动体与滚道接触面积大，弹性变形小，刚性好。

⑤ 安装与拆卸

需经常拆卸或装卸困难的地方，选用内外圈可分离的轴承(如 3 类、N 类等)；需要调整径向间隙时，可选用带内锥孔的轴承。

⑥ 公差等级

对大多数机械而言，选用 0 级公差的轴承就可以满足要求。但对于旋转精度有严格要求的机床主轴、精密机械、仪表以及高速旋转的轴，应选用高精度的轴承。

⑦ 经济性

在满足使用要求的情况下优先选用价格低的轴承。一般球轴承比滚子轴承价格便宜，精度低的轴承比精度高的轴承便宜，普通结构轴承比特殊结构的轴承便宜。

6.1.3 滚动轴承的失效形式及寿命计算

(1) 失效形式及设计准则

① 失效形式

a. 疲劳点蚀

如图 6-5 所示，当滚动轴承受径向载荷 F_r 时，假设内、外圈不变形，内圈沿 F_r 方向下降的距离为 δ，则上半圈滚动体不承载，下半圈各滚动体承载大小不同。处于 F_r 作用线最下方位置的滚动体承载最大(F_{max})，而远离作用线的各滚动体，其承载逐渐减小，故滚动体与内、外滚道之间的接触应力为脉动循环变应力。在这种接触变应力的反复作用下，金属表层会出现麻点状剥落现象，使轴承不能正常工作。通常，疲劳点蚀是滚动轴承的主要失效形式。

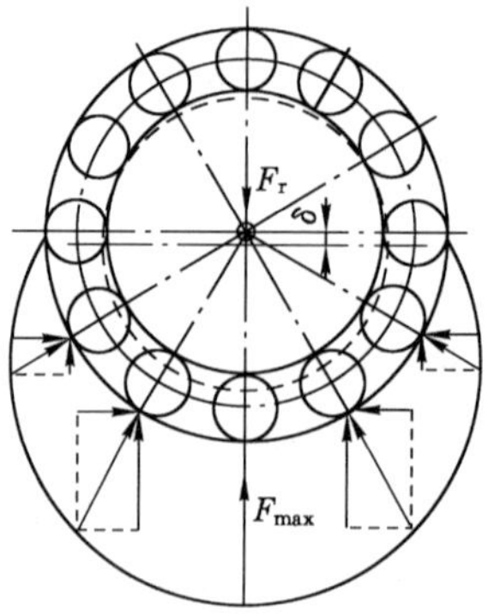

图 6-5 径向载荷的分布

b. 塑性变形

当轴承转速很低或做间歇摆动时，如果受到很大载荷或冲击载荷，就会使轴承滚道与滚动体接触处产生塑性变形(滚道表面形成变形凹坑)，从而使轴承在运转中产生剧烈振动和噪声，导致轴承不能正常工作。

c. 磨损、胶合、保持架断裂等

使用、维护和保养不当或密封、润滑不良等因素会引起轴承早期磨损、胶合、内外圈和保持架破损等不正常失效。

② 设计准则

a. 寿命计算

对于一般转速的轴承，疲劳点蚀是其主要失效形式，因此应进行寿命计算。

b. 静强度计算

对于低速或缓慢摆动的轴承，局部塑性变形是其主要失效形式，因此应进行静强度计算。

c. 验算极限转速

对于高速运转的轴承，为防止发热而引起过度磨损和胶合，除需要进行寿命计算外，还应校核极限转速。

(2) 滚动轴承的寿命计算

① 基本额定寿命

轴承的一个套圈或滚动体的材料首次出现疲劳扩展前，一个套圈相对于另一个套圈的总转数，或在某一转速下的工作小时数，称为轴承的寿命。

由于制造精度、材料的均质程度等多种因素的影响，同一种型号的轴承在相同的条件下工作时，它们的寿命也不相同。因此，不能以单个轴承的寿命作为计算依据，而需要用一批轴承的可靠度来计算轴承的寿命。在同一条件下运转的一组相同轴承的寿命达到或超过某一规定寿命的百分率，称为轴承寿命的可靠度，用 R 来表示。

规定一组同一型号轴承，在同一运转条件下，其中 90% 的轴承发生疲劳点蚀前所经历的总转数或总工作小时数，称为基本额定寿命，记作 L 或 L_h。因此，额定寿命计算中选用的轴承，其可靠度为 90%。

② 基本额定动载荷

基本额定寿命 $L_h = 10^6 r$ 时轴承所能承受的最大载荷，称为基本额定动载荷，用 C 表示，即轴承在基本额定动载荷 C 的作用下，运转 10^6 r 时，有 10%的轴承出现点蚀，90%的轴承完好。基本额定动载荷越大，轴承抗疲劳点蚀的能力越强，它是衡量轴承承载能力的主要指标。

对于向心轴承，这一载荷是纯径向载荷，称为径向基本额定动载荷，用 C_r 表示；对于推力轴承，其是纯轴向载荷，称为轴向基本额定动载荷，用 C_a 表示。各种型号轴承的 C_r 或 C_a 值可在设计手册中查出。

③ 基本额定寿命计算公式

大量试验表明，滚动轴承的基本额定寿命与所受载荷、基本额定动载荷之间的关系可用下式表示：

$$L = \left(\frac{C}{P}\right)^{\varepsilon} \tag{6-1}$$

式中　ε——寿命指数，对球轴承 $\varepsilon = 3$，对滚子轴承 $\varepsilon = 10/3$；

　　　P——当量动载荷，它是实际载荷的换算载荷。

在实际计算中，为了使用方便，一般用"小时数"表示轴承寿命。同时考虑温度对基本额定动载荷 C 的影响，引进温度系数 f_t（表 6-8）进行修正；考虑机器工作时振动、冲击对轴承寿命的影响，引进载荷系数 f_p（表 6-9），由此得到轴承的基本额定寿命的计算公式为：

$$L_h = \frac{10^6}{60n}\left(\frac{f_t C}{f_p P}\right)^{\varepsilon} \tag{6-2}$$

如果当量动载荷 P、转速 n 均为已知，就可按轴承预期寿命 L_h（表 6-10）求出所需轴承的基本额定动载荷 C，即

$$C = \frac{f_p P}{f_t}\left(\frac{60n}{10^6}L_h\right)^{\frac{1}{\varepsilon}} \tag{6-3}$$

表 6-8　温度系数 f_t

轴承工作温度/℃	100	125	150	200	250	300
温度系数	1.00	0.95	0.90	0.80	0.70	0.60

表 6-9　载荷系数 f_p

载荷性质	无冲击或轻微冲击	中等冲击	强烈冲击
f_p	1.0～1.2	1.2～1.8	1.8～3.0

表 6-10　轴承预期寿命 L_h 的参考值

使用场合	L_h/h
不经常使用的仪器和设备	300～3 000
短时间或间断使用，中断时不会引起严重后果的机械和设备	3 000～8 000
间断使用，中断会引起严重后果的机械和设备	8 000～12 000
每天工作 8 h 的机械	12 000～20 000
24 h 连续工作的机械	40 000～60 000

滚动轴承的基本额定动载荷 C 是在一定的试验条件下确定的。基本额定动载荷要么是纯径向载荷，要么是纯轴向载荷。而轴承在实际工作时，往往同时受到径向载荷和轴向载荷的复合作用。为了和基本额定动载荷进行比较，常将实际载荷换算为一个作用相当的假想载荷。换算后的载荷与基本额定动载荷的确定条件是一致的，称为当量动载荷。显然，滚动轴承在当量动载荷作用下与实际载荷作用下的寿命相同。

当量动载荷的计算公式为：

$$P = XF_r + YF_a \tag{6-4}$$

式中　F_r、F_a ——轴承的径向载荷及轴向载荷，N；

X、Y ——径向动载荷系数及轴向动载荷系数，可由表 6-11 查取。

表 6-11　向心轴承当量动载荷的 X、Y 值

轴承类型		F_a/C_{0r}	e	$F_a/C_{0r}>e$		$F_a/C_{0r}\leqslant e$	
				X	Y	X	Y
深沟球轴承		0.014	0.19	0.56	2.30	1	0
		0.028	0.22		1.99		
		0.056	0.26		1.71		
		0.084	0.28		1.55		
		0.11	0.30		1.45		
		0.17	0.34		1.31		
		0.28	0.38		1.15		
		0.42	0.42		1.04		
		0.56	0.44		1.00		
角接触球轴承（单列）	$\alpha=15^\circ$	0.015	0.38	0.44	1.47	1	0
		0.029	0.40		1.40		
		0.056	0.43		1.30		
		0.087	0.46		1.23		
		0.12	0.47		1.19		
		0.17	0.50		1.12		
		0.29	0.55		1.02		
		0.44	0.56		1.00		
		0.58	0.56		1.00		
	$\alpha=25^\circ$		0.68	0.41	0.87	1	0
	$\alpha=40^\circ$		1.14	0.35	0.57	1	0
圆锥滚子轴承（单列）			$1.5\tan\alpha$	0.40	$0.4\cot\alpha$	1	0
调心球轴承（双列）			$1.5\tan\alpha$	0.65	$0.65\tan\alpha$	1	$0.42\tan\alpha$

表 6-11 中，e 为判别系数，其值与轴承类型和 F_a/C_{0r} 值有关（C_{0r} 是轴承的径向额定静载荷）。由表 6-11 可看出，对于向心轴承，当 $F_a/C_{0r}\leqslant e$ 时，$X=1$、$Y=0$，则有 $P=F_r$，即轴向载荷与径向载荷的比值较小时，轴向载荷可以忽略不计。

对于只承受纯径向载荷的向心轴承，有

$$P = F_r \tag{6-5}$$

对于只承受纯轴向载荷的推力轴承，有

$$P = F_a \tag{6-6}$$

④ 角接触向心轴承轴向载荷的计算

角接触向心轴承的结构特点是在滚动体和滚道接触处存在接触角 α。当它承受径向载荷 F_r 时，在承载区内第 i 个滚动体上的法向力 F_i 可分解为径向分力 F_{ri} 和轴向分力 F_{si}（图 6-5）。各滚动体上所受轴向分力之和即轴承的内部轴向力 F_s。F_s 的大小可按照表 6-12 中的公式计算得到，其方向由外圈的宽边指向窄边。

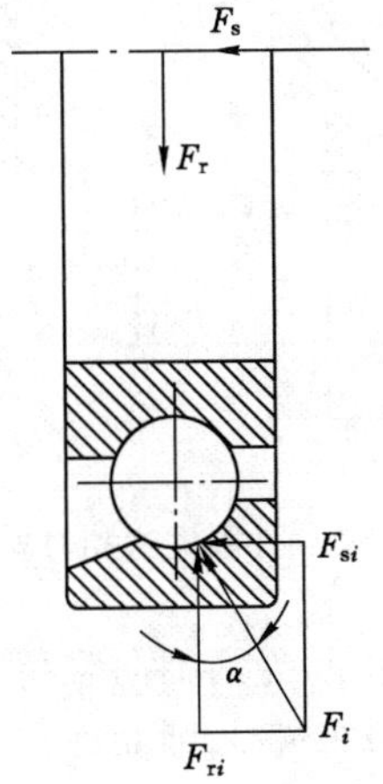

图 6-6 径向载荷产生的轴向分力

表 6-12 角接触向心轴承内部轴向力 F_s

轴承类型	角接触向心球轴承			圆锥滚子轴承
	$\alpha = 15°$	$\alpha = 25°$	$\alpha = 40°$	
F_s	eF_r	$0.68F_r$	$1.14F_r$	$F_r/2Y$（Y 是 $\frac{F_a}{F_r} > e$ 时的轴向动载荷系数）

为了使角接触向心轴承的内部轴向力得到平衡，以免轴向窜动，通常这种轴承都要成对使用，对称安装。安装方式有两种：两外圈窄边相对（正装）（图 6-7）和两外圈宽边相对（反装）（图 6-8）。

由图 6-7、图 6-8 可知，在计算轴承的轴向载荷 F_a 时，不但要考虑内部轴向力 F_s 和轴向外载荷 F_A 的作用，还要考虑安装方式的影响。图中 O_1、O_2 点分别为轴承 1 和轴承 2 的压力中心，即支反力作用点。O_1、O_2 与轴承端面的距离 a_1、a_2 可由轴承样本或有关手册查得，但为了简化计算，通常可认为支反力作用在轴承宽度的中点。

若把轴和内圈视为一体，并以它为脱离体考虑轴系的轴向平衡，就可确定各轴承承受的轴向载荷。例如，在图 6-7 中，有以下两种受力情况：

若 $F_A + F_{s2} > F_{s1}$，由于轴承 1 的右端已固定，轴不能向右移动，即轴承 1 被压紧，由力的平衡条件得：

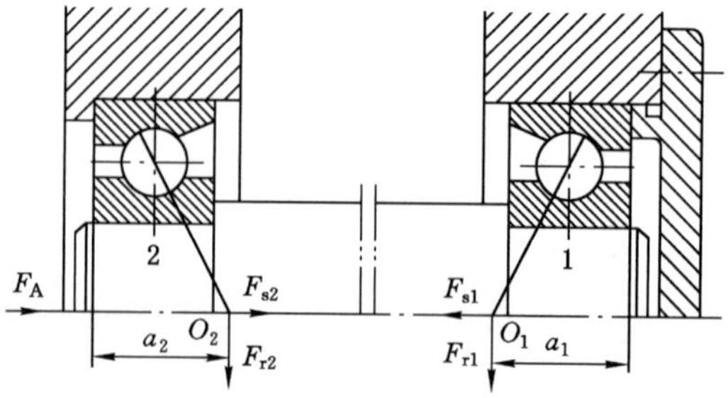

图 6-7　外圈窄边相对安装

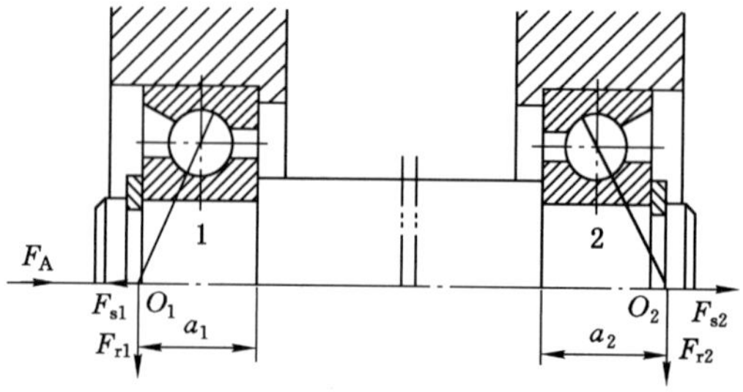

图 6-8　外圈宽边相对安装

$$\begin{cases}\text{轴承 1(压紧端) 承受的轴向载荷 } F_{a1} = F_A + F_{s2} \\ \text{轴承 2(放松端) 承受的轴向载荷 } F_{a2} = F_{s2}\end{cases} \tag{6-7}$$

若 $F_A + F_{s2} < F_{s1}$，则轴承 2 被压紧，由力的平衡条件得：

$$\begin{cases}\text{轴承 1(放松端) 承受的轴向载荷 } F_{a1} = F_{s1} \\ \text{轴承 2(压紧端) 承受的轴向载荷 } F_{a2} = F_{s1} - F_A\end{cases} \tag{6-8}$$

显然，放松端轴承的轴向载荷等于它本身的内部轴向力，压紧端轴承的轴向载荷等于除本身内部轴向力外其余轴向力的代数和。当轴向外载荷 F_A 与如图 6-7、图 6-8 所示方向相反时，F_A 应取负值。

对于如图 6-8 所示的反装结构，只要将图中左边轴承标为“1”，右边轴承标为“2”，则其受力分析计算公式和上述相同。

例 6-2　某减速器的齿轮轴，两端都采用 6310 深沟球轴承。已知两轴承中受载荷较大的轴承所受的径向载荷 $F_r = 8\ 000$ N，轴向载荷 $F_a = 4\ 600$ N，轴的转速 $n = 500$ r/min，运转中有轻微的冲击，在常温下，试计算该轴承的寿命。

解　(1)机械设计手册查知

$$C_r = 61\ 800\ (\text{N}), C_{0r} = 38\ 000\ (\text{N})$$

(2) 计算相对轴向载荷，并计算 e 值

$$e = \frac{F_a}{C_{0r}} = \frac{4\ 600}{38\ 000} = 0.12$$

查表 6-11，利用插值法得：

$$e = 0.3 + \frac{0.34 - 0.3}{0.17 - 0.11} \times (0.12 - 0.11) = 0.37$$

(3) 计算 $\frac{F_a}{F_r}$，确定系数 X、Y，计算当量载荷

$$\frac{F_a}{F_r} = \frac{4\ 600}{8\ 000} = 0.575 > e$$

查表 6-11，取 $X = 0.56$；利用插值法得：

$$Y = 1.45 + \frac{1.31 - 1.45}{0.17 - 0.11} \times (0.12 - 0.11) = 1.43$$

$$P = XF_r + YF_a = 0.56 \times 8\ 000 + 1.43 \times 4\ 600 = 11\ 058\ (\mathrm{N})$$

(4) 计算轴承寿命

查表 6-9 得 $f_P = 1.2$，查表 6-8 得 $f_t = 1$；取寿命指数 $\varepsilon = 3$，有：

$$L_{10h} = \frac{10^6}{60n}\left(\frac{f_t C_r}{f_P P}\right)^{\varepsilon} = \frac{10^6}{60 \times 500}\left(\frac{1 \times 61\ 800}{1.2 \times 13\ 269.6}\right)^3 = 3\ 367.2(\mathrm{h})$$

例 6-3 一工程机械传动装置中的轴，根据工作条件决定采用一对角接触球轴承支承(图 6-9)，并暂定轴承型号为 7208AC。已知轴承载荷 $F_{r1} = 1\ 000$ N，$F_{r2} = 2\ 060$ N，$F_A = 880$ N，转速 $n = 5\ 000$ r/min，运转中受中等冲击，预期寿命 $L_h = 2\ 000$ h，试问所选轴承型号是否恰当。(注：AC 表示 $\alpha = 25°$。)

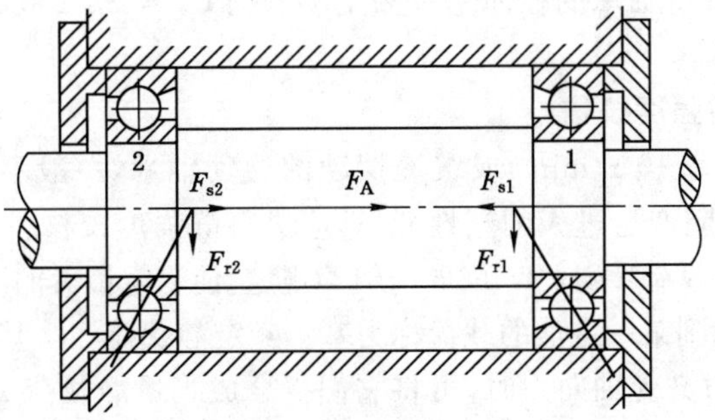

(a) 装置示意图

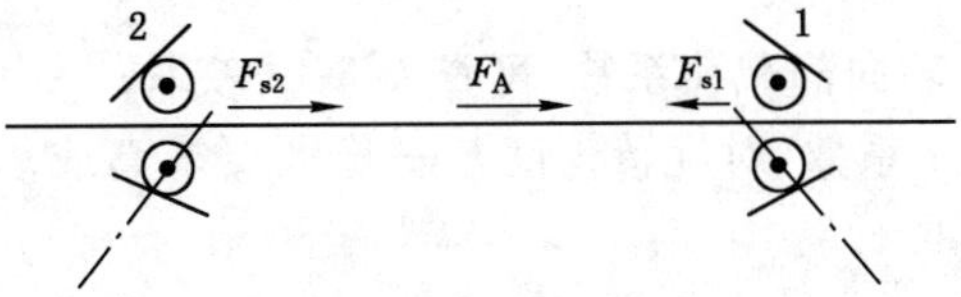

(b) 轴向力图

图 6-9 例 6-3 图

解 (1) 计算轴承 1、2 的轴向力 F_{a1}、F_{a2}

由表 6-12 可得轴承的内部轴向力为：

$$F_{s1} = 0.68F_{r1} = 0.68 \times 1\ 000 = 680\ (\mathrm{N})$$

$$F_{s2} = 0.68F_{r2} = 0.68 \times 2\ 060 = 1\ 401\ (\mathrm{N})$$

因为 $$F_{s2} + F_A = 1\ 401 + 880 = 2\ 281\ (\mathrm{N}) > F_{s1}$$

所以轴承 1 为压紧端，有：

$$F_{a1} = F_{s2} + F_A = 2\ 281\ (\mathrm{N})$$

轴承 2 为放松端，有：

$$F_{a2}=F_{s2}=1\ 401\ (\mathrm{N})$$

（2）计算轴承1、2的当量载荷

查表6-11可得 $e=0.68$，而

$$\frac{F_{a1}}{F_{r1}}=\frac{2\ 281}{1\ 000}=2.28>0.68$$

$$\frac{F_{a2}}{F_{r2}}=\frac{1\ 401}{2\ 060}=0.68=e$$

由表6-11可得，$X_1=0.41$、$Y_1=0.87$、$X_2=1$、$Y_2=0$。故当量动载荷为：

$$P_1=X_1F_{r1}+Y_1F_{a1}=0.41\times1\ 000+0.87\times2\ 281=2\ 394\ (\mathrm{N})$$

$$P_2=X_2F_{r2}+Y_2F_{a2}=1\times2\ 060+0\times1\ 041=2\ 060\ (\mathrm{N})$$

（3）计算所需的径向基本额定动载荷 C_r

因轴的结构要求，两端选择同样尺寸的轴承，令 $P_1>P_2$，故应以轴承1的径向当量动载荷 P_1 为计算依据。因受中等冲击载荷，查表6-9得 $f_P=1.5$；工作温度正常，查表6-8得 $f_t=1$，所以

$$C_{r1}=\frac{f_PP_1}{f_t}\left(\frac{60n}{10^6}L_h\right)^{1/3}=\frac{1.5\times2394}{1}\times\left(\frac{60\times5\ 000}{10^6}\times2\ 000\right)^{1/3}=30\ 288\ (\mathrm{N})$$

由机械设计手册查得轴承的径向基本额定动载荷 $C_r=35\ 200$ N。因为 $C_{r1}<C_r$，故所选7208AC轴承恰当。

（3）滚动轴承的静强度校核

对于转速很低（$n\leqslant10$ r/min）或缓慢摆动的滚动轴承，一般不会产生疲劳点蚀，但为了防止滚动体和内、外圈产生过大的塑性变形，应进行静强度校核。

《滚动轴承 额定静载荷》(GB/T 4662—2012)规定，使受载最大的滚动体与内、外圈滚道接触处中心的接触应力达到某一定值的载荷称为基本额定静载荷 C_0，其值可查设计手册。

当轴承既受径向力又受轴向力时，可将它们折合成当量静载荷 P_0，其应满足

$$P_0=X_0F_r+Y_0F_a\leqslant\frac{C_0}{S_0}\tag{6-9}$$

式中　X_0、Y_0——径向、轴向静载荷系数，可查表6-13获取；

S_0——静强度安全系数，对旋转精度与平稳性要求高或承受大冲击载荷时取3，相反情况则取1.5。

表6-13　静载荷系数 X_0 与 Y_0

轴承类型		X_0	Y_0
深沟球轴承		0.6	0.5
角接触球轴承	7000C	0.5	0.46
	7000AC		0.38
	7000B		0.26
圆锥滚子轴承		0.5	

6.1.4　滚动轴承的组合设计

为保证轴承在机器中正常工作，除合理选择轴承类型、尺寸外，还必须综合考虑滚动轴

承轴系的配置与固定，轴承组合结构的调整，以及轴承的配合、润滑和密封等一系列问题，这就需要合理地进行轴承的组合设计。

(1) 轴承的配置和固定

① 轴承的配置

轴承的配置有下述两种方式。

a. 两端固定支承

如图 6-10(a)所示，轴的两个支点中每一个支点都能限制轴的单向移动，两个支点合起来就可限制轴的双向移动，这种配置方式称为两端固定支承。它适用于工作温度变化不大的短轴，考虑到轴因受热而伸长，在轴承盖与外圈端面之间应留出热补偿间隙 c，$c=0.2\sim0.3$ mm[图 6-10(b)]。

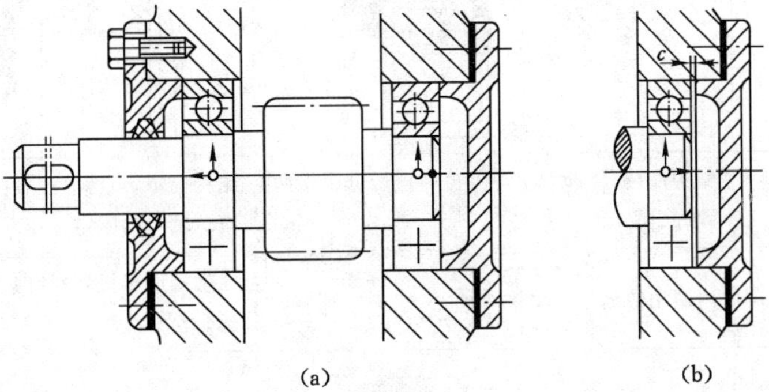

图 6-10　两端固定支承

b. 一端固定、一端游动支承

这种配置方式是在两个支点中使一个支点双向固定以承受轴向力，另一个支点做轴向游动的配置方式，如图 6-11 所示。可做轴向游动的支点称为游动支点，显然它不能承受轴向载荷。

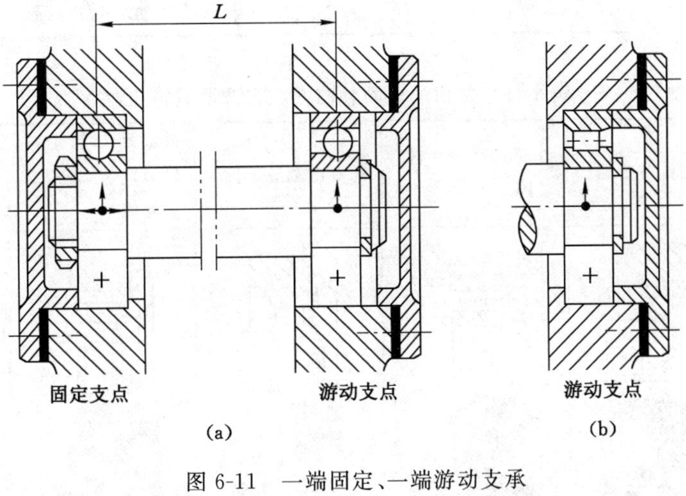

图 6-11　一端固定、一端游动支承

选用深沟球轴承作为游动支点时，应在轴承外圈与端盖间留适当间隙[图 6-11(a)]；选用圆柱滚子轴承时，则轴承外圈应双向固定[图 6-11(b)]，以免内、外圈同时移动，造成过大错位。这种配置方式适于温度变化较大的长轴。

② 轴承的轴向固定

轴承的轴向固定方式很多，选用时应考虑轴向载荷大小、转速高低、轴承类型等。表 6-14 为常用的内圈轴向固定方式及其特点，表 6-15 列出了常用的外圈轴向固定方式及其特点。

表 6-14　常用的内圈轴向固定方式及其特点

固定方式	内圈靠轴肩定位，外圈用端盖紧固	用弹性挡圈紧固
简　图	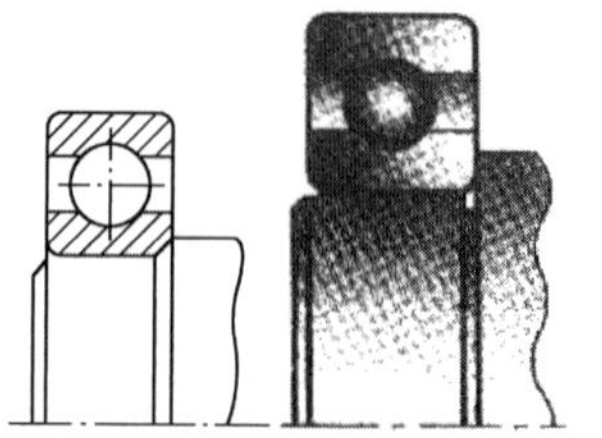	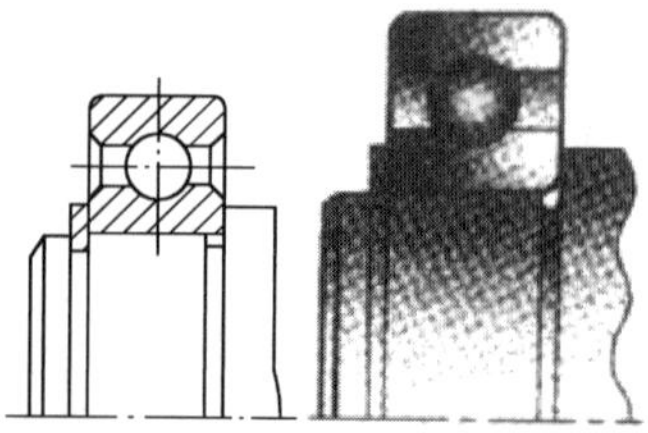
特 点	结构简单，装拆方便，占用空间小，可用于两端固定支承	结构简单，装拆方便，占用空间小，多用于深沟球轴承的固定
固定方式	内圈用螺母与止动垫圈紧固	在轴端用压板和螺钉紧固，用弹簧垫片和铁丝防松
简图	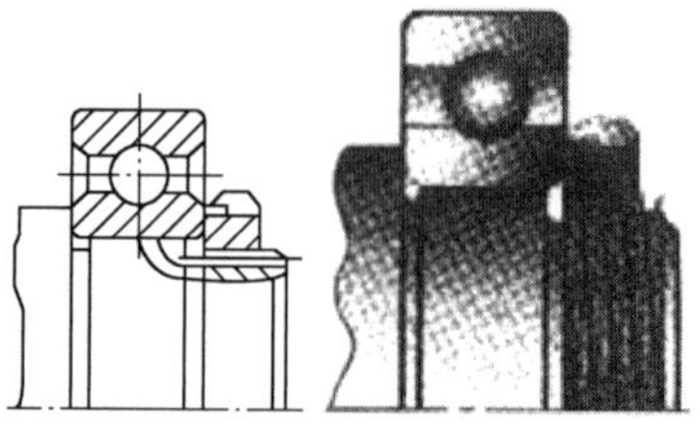	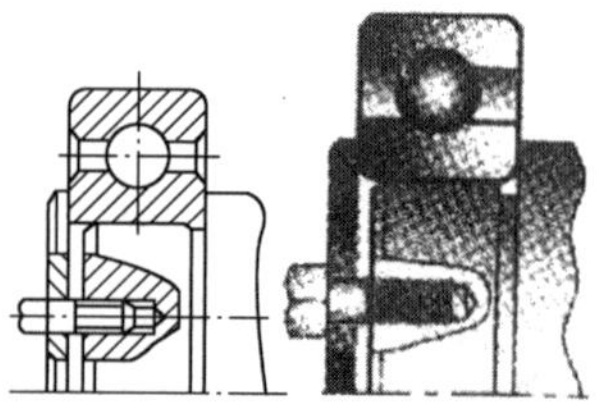
特 点	结构简单，装拆方便，紧固可靠	不能调整轴承游隙，多用于轴颈 $d>70$ mm 的场合，允许转速较高

表 6-15　常用的外圈轴向固定方式及其特点

固定方式	外圈用端盖紧固	外圈用弹性挡圈紧固	外圈由轴肩定位	外圈由套筒上的轴肩定位，再用端盖紧固	外圈用螺钉调节紧固
简图	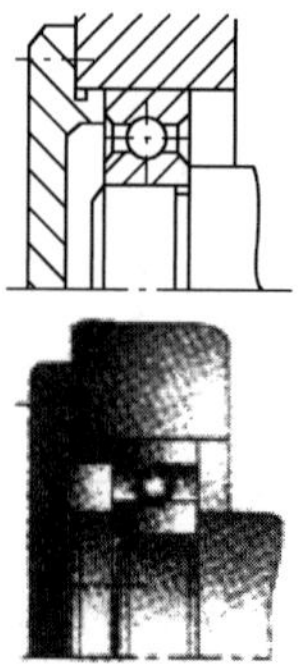	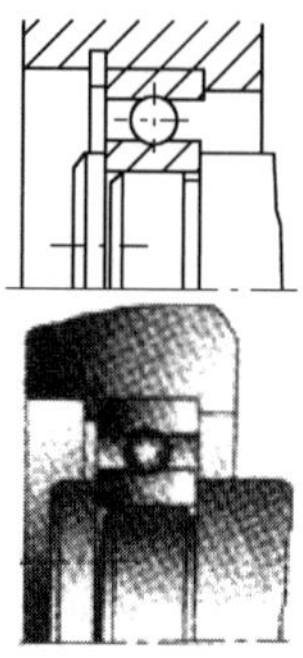	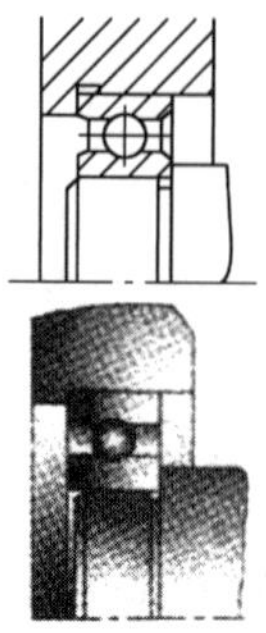	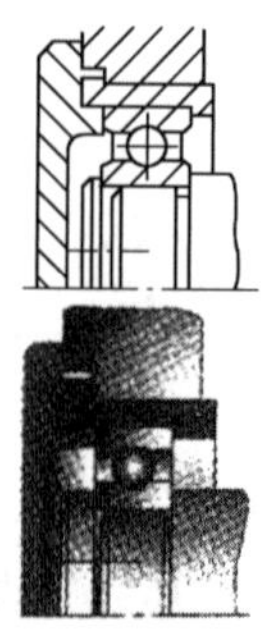	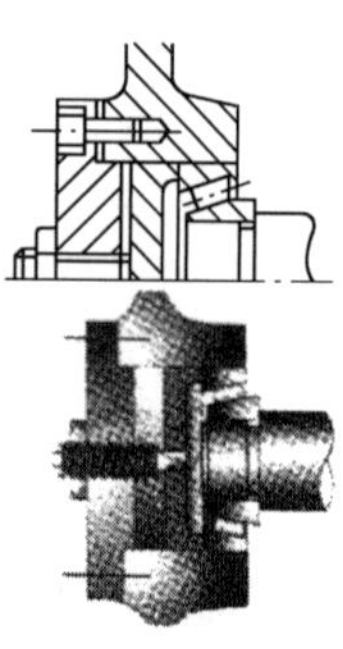

表 6-15(续)

特点	结构简单,紧固可靠,调整方便	结构简单,装拆方便,占用空间小,多用于向心类轴承	结构简单,工作可靠	结构简单,外壳孔可为通孔,利用垫片可调整轴系的轴向位置	便于调整轴承游隙,用于角接触轴承的紧固

(2) 轴承组合的调整及预紧

① 轴承间隙的调整

轴承间隙的调整方法有:a. 靠加减轴承盖与机座间垫片厚度进行调整[图 6-12(a)];b. 利用螺钉通过轴承外圈压盖移动外圈位置进行调整[图 6-12(b)],调整之后,用螺母锁紧防松。

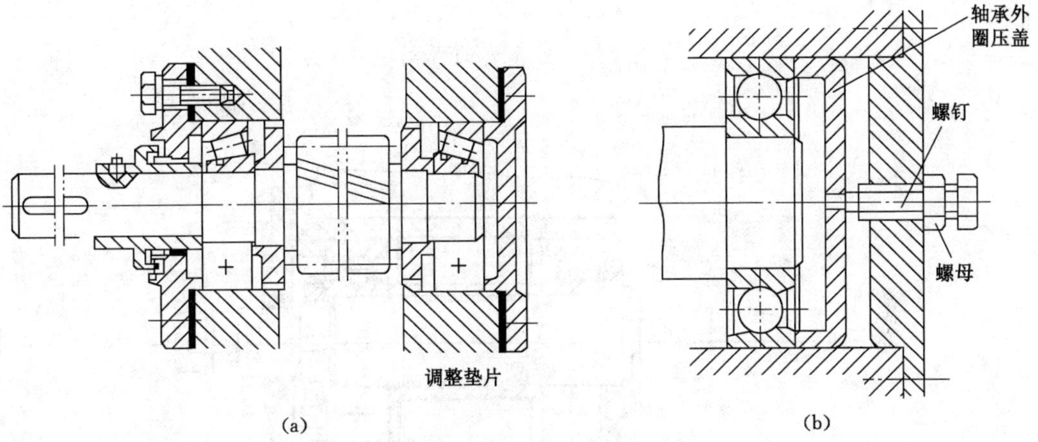

图 6-12 轴承间隙的调整

② 轴承的预紧

对某些可调游隙式轴承,在安装时应给予一定的轴向压紧力(预紧力),使内、外圈产生相对位移而消除游隙,并在套圈和滚动体接触处产生弹性预变形,借此提高轴的旋转精度和刚度,这种方法称为轴承的预紧。预紧力可以利用安装金属垫片[图 6-13(a)]或磨窄套圈[图 6-13(b)]等方法获得。

③ 轴承组合位置的调整

轴承组合位置调整的目的是使轴上的零件(如齿轮、带轮等)具有准确的工作位置。如锥齿轮传动,要求两个节锥顶点相重合,方能保证正确啮合;又如蜗杆传动,则要求蜗轮中间平面通过蜗杆的轴线等。图 6-14 为锥齿轮轴承组合位置的调整,套杯 2 与机座间的垫片 1 用来调整锥齿轮轴的轴向位置,而垫片 3 则用来调整轴承游隙。

(3) 滚动轴承的配合

由于滚动轴承是标准件,为了便于互换及适应大量生产,滚动轴承的公差与配合应按《滚动轴承向心轴承产品几何技术规范(GPS)和公差值》(GB/T 307.1—2017)执行,即轴承内圈孔与轴的配合采用基孔制,轴承外圈与轴承座孔的配合则采用基轴制。

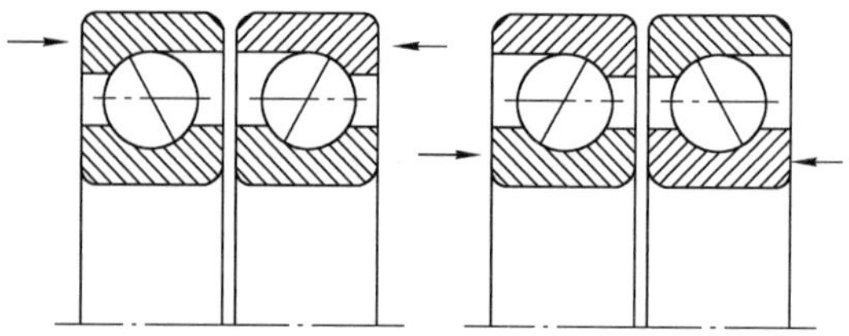

(a) 安装金属垫片

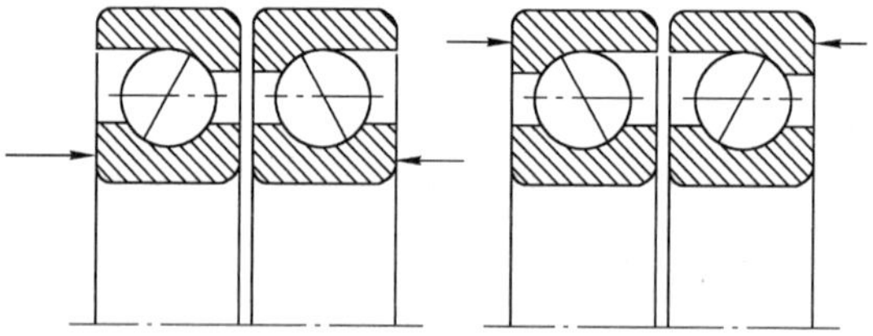

(b) 磨窄套圈

图 6-13　轴承的预紧

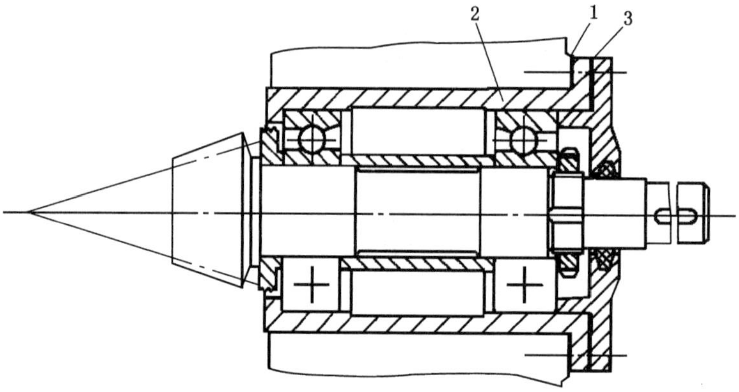

1,3—垫片;2—套杯。

图 6-14　轴承组合位置的调整

选择配合时,应考虑载荷的方向、大小和性质,以及轴承类型、转速和使用条件等因素。当外载荷方向不变时,转动套圈应比固定套圈的配合紧一些。一般情况下内圈随轴一起转动,外圈固定不动,因此内圈与轴常取具有过盈的过渡配合,如轴的公差采用 k6、m6、n6、js6 等。外圈与座孔常取较松的过渡配合,如座孔的公差采用 H7、J7 或 JS7 等。当轴承用作游动支承时,外圈与座孔应取保证有间隙的配合,如座孔公差采用 G7、G8、G9 等。

(4) 轴承的安装与拆卸

滚动轴承是精密组件,在进行轴承组合设计时,应考虑轴承的拆装,否则会导致轴承丧失精度和过早损坏。如图 6-15 所示,若轴肩高度大于轴承内圈外径,就难以放置拆卸工具的钩头。对外圈拆卸要求也是如此,应留出拆卸高度 h_1[图 6-16(a)、(b)]或在壳体上做出能放置拆卸螺钉的螺纹孔[图 6-16(c)]。

(5) 滚动轴承的润滑和密封

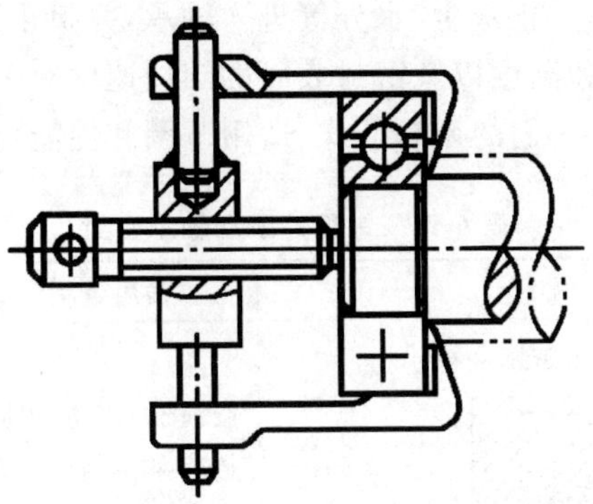

1,3—垫片;2—套杯。

图 6-15 用钩爪器拆卸轴承

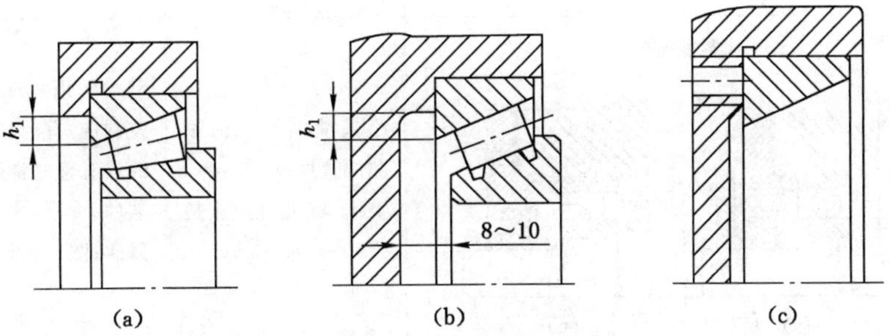

图 6-16 拆卸高度和拆卸螺孔

① 滚动轴承的润滑

轴承润滑的目的是减小摩擦、减少磨损,冷却轴承,吸收振动和防止生锈,从而提高轴承的使用效率和寿命。轴承的润滑剂可以是润滑脂、润滑油或固体润滑剂,具体选择可按速度因数 dn 值来定,d 代表轴承内径,单位为 mm;n 代表轴承套圈的转速,单位为 r/min,dn 值间接地反映了轴颈的圆周速度。

当 $dn<(2\sim3)\times10^5$ mm · r/min 时,常采用润滑脂润滑。润滑脂由润滑油和各种稠化剂(如钙、钠、铝、锂等金属皂)混合稠化而成。其稠度大,不易流失,便于密封和维护,一次充填可运转较长时间,但摩擦损耗大,机械效率较低。常用的润滑脂有钙基润滑脂、钠基润滑脂、锂基润滑脂等。

在高速高温的条件下,通常采用润滑油润滑,以矿物油应用最为广泛。其优点是比润滑脂润滑摩擦阻力小,而且具有散热、冷却的作用。润滑油的主要性能指标是黏度。低速、重载、高温时宜选用黏度大的润滑油;高速、轻载时宜选用黏度小的润滑油,其值可根据速度因数 dn 和工作温度 t 来确定。

在一些特殊条件下,当使用润滑脂和润滑油达不到可靠的润滑要求时,可采用固体润滑。固体润滑剂有石墨、二硫化钼(MOS_2)、聚氟乙烯树脂等。使用时可将固体润滑剂调和在润滑油中,也可以涂覆、烧结在摩擦表面形成覆盖膜,或用固结成形的固体润滑剂嵌装在轴承,或者混入金属或塑料粉末中烧结成形。

② 滚动轴承的密封

滚动轴承密封的目的是防止灰尘、水分等进入轴承，并阻止润滑剂流失。密封方法的选择与润滑的种类、工作环境和温度以及密封表面的圆周速度有关。密封方法可分两大类：接触式密封和非接触式密封。它们的密封形式、适用范围和性能可参阅表 6-16。

表 6-16　常用的滚动轴承密封

密封类型	图例	适用场合	说明
接触式密封	**毛毡圈密封** 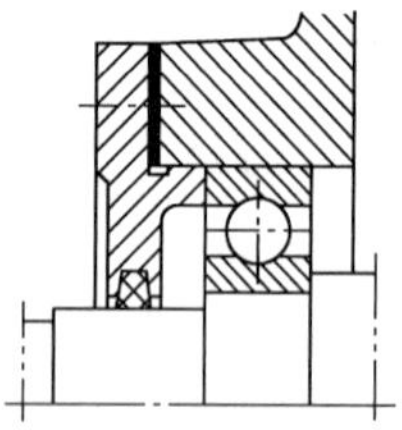	脂润滑。要求环境清洁，轴颈圆周速度 v 不大于 4～5 m/s，工作温度不超过 90 ℃	矩形断面的毛毡圈 1 被安装在梯形槽内，它对轴产生一定的压力而起到密封作用
	密封圈密封 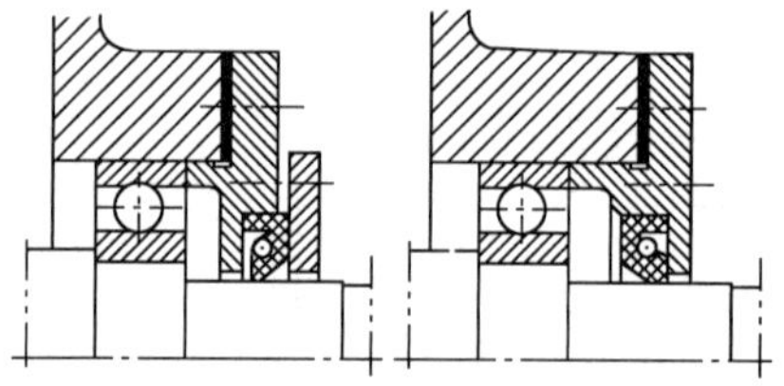 (a)　　(b)	脂或油润滑。轴颈圆周速度 $v<7$ m/s，工作温度范围是 −40～100 ℃	密封圈用皮革、塑料或耐油橡胶制成，有的具有金属骨架，有的没有金属骨架。密封圈是标准件。图 a 密封唇朝内，以防漏油；图 b 密封唇朝外，以防灰尘、杂质进入
非接触式密封	**间隙密封** 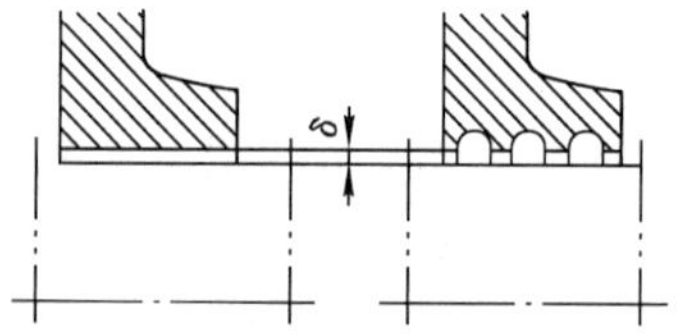	脂润滑。干燥、清洁的环境	靠轴与盖间的细小环形间隙密封。间隙愈小、愈长，密封效果愈好，间隙 δ 取 0.1～0.3 mm
非接触式密封	**迷宫式密封** 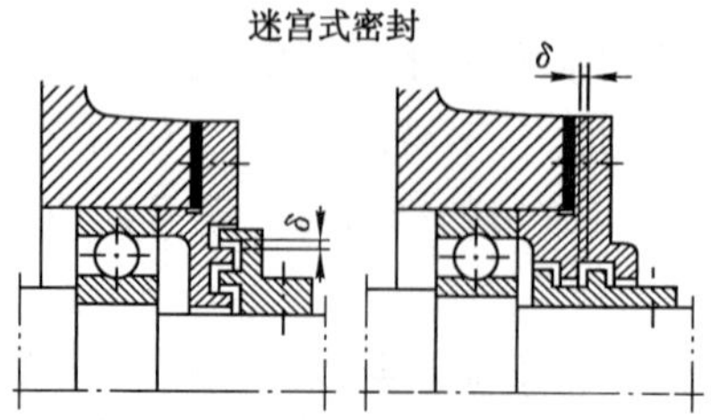 (a)　　(b)	脂润滑或油润滑。工作温度不高于密封用脂的滴点。这种密封效果较好	将旋转件与静止件之间的间隙做成迷宫（曲路）形式，并在间隙中充填润滑油或润滑脂以加强密封效果。分径向、轴向两种：图 a 为径向曲路，径向间隙 δ 不大于 0.1～0.2 mm；图 b 为轴向曲路，考虑轴受热后会伸长，间隙应取大些，δ=1.5～2.0 mm
组合密封	**毛毡加迷宫密封** 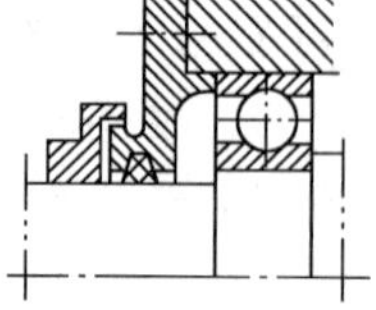	脂润滑或油润滑	这是组合密封的一种形式，毛毡加迷宫，可充分发挥各自优点，提高密封效果。组合方式很多，不一一列举

6.1.5 滑动轴承的类型和材料

(1) 滑动轴承的类型

按照其金属表面间摩擦状态的不同，滑动轴承分为液体摩擦滑动轴承和非液体摩擦滑动轴承两类。液体摩擦滑动轴承在工作的时候处于液体摩擦状态，而非液体摩擦滑动轴承在工作的时候处于边界摩擦状态或混合摩擦状态。液体摩擦状态的两摩擦表面间有充足的润滑油，在一定条件下形成了厚度达几十微米的压力油膜，将做相对运动的两金属表面完全隔开；而边界摩擦状态的两摩擦表面间的润滑油只形成了一层极薄的边界油膜，不足以将两金属表面完全隔开，相互运动时，两金属表面微观的高峰部分仍将互相搓削，故存在一定的摩擦和磨损。边界摩擦和液体摩擦的混合状态称为混合摩擦。如果两摩擦表面之间无任何润滑剂或保护膜，则两表面直接接触会使轴和轴瓦严重磨损和胶合，这种摩擦称为干摩擦。滑动轴承中不允许出现干摩擦。

按照承受载荷方向的不同，滑动轴承分为向心滑动轴承和止推滑动轴承两类。

① 向心滑动轴承

向心滑动轴承主要承受径向载荷。其结构上可分为整体式和剖分式两种。

a. 整体式向心滑动轴承

图 6-17 为常见的整体式向心滑动轴承。它由铸铁轴承座和由减磨材料制成的轴承套组成，轴承顶部有螺纹孔，以便安装润滑油杯或润滑脂杯。整体式向心滑动轴承结构简单，制造方便，成本低廉。但由于轴颈需沿轴向装入和取出轴承，因而拆装不方便。另外，轴承磨损后间隙无法调整。这种轴承多用于低速、轻载及间歇工作的简单机械中。

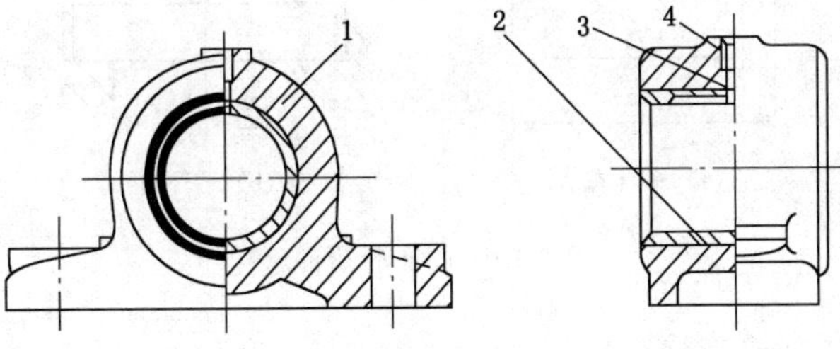

1—轴承座；2—整体轴套；3—油孔；4—螺纹孔。

图 6-17 整体式向心滑动轴承

b. 剖分式向心滑动轴承

如图 6-18 所示，剖分式向心滑动轴承由轴承盖 1、轴承座 2、剖分轴瓦 3 和连接螺栓 4 等零件所组成。为了安装时对心和防止工作时错动，轴承盖与轴承座的中分面要做成阶梯形。轴承盖应当适度压紧轴瓦，使轴瓦不能在轴承座孔中转动。轴承盖上制有螺纹孔，以便安装油杯或油管。

轴瓦宽度与轴颈直径之比 B/d 称为宽径比，它是向心滑动轴承的重要参数之一。对于液体摩擦的滑动轴承，常取 $B/d = 0.5 \sim 1.0$；对于非液体摩擦的滑动轴承，常取 $B/d = 0.8 \sim 1.5$，有时可以更大些。

② 止推滑动轴承

止推滑动轴承又称推力滑动轴承，用来承受轴向载荷，且能防止轴的轴向位移。其结构

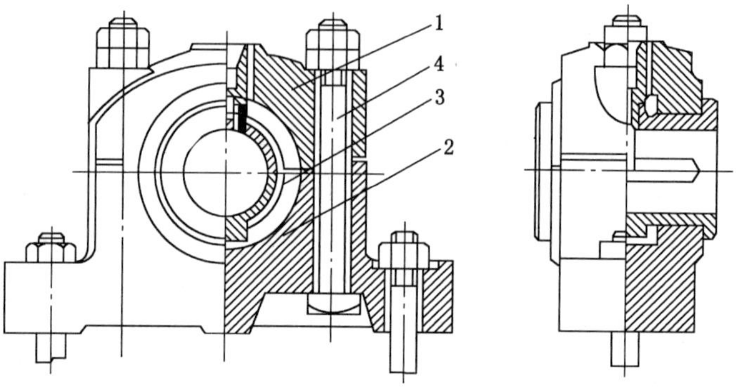

1—轴承盖；2—轴承座；3—轴瓦；4—连接螺栓。

图 6-18　剖分式向心滑动轴承

形式分为单环式和多环式，如图 6-19 所示。

单环式止推滑动轴承利用轴颈的环形端面止推，结构简单，广泛应用于低速、轻载的场合。多环式止推滑动轴承不仅能承受较大的轴向载荷，有时还可以承受双向轴向载荷。

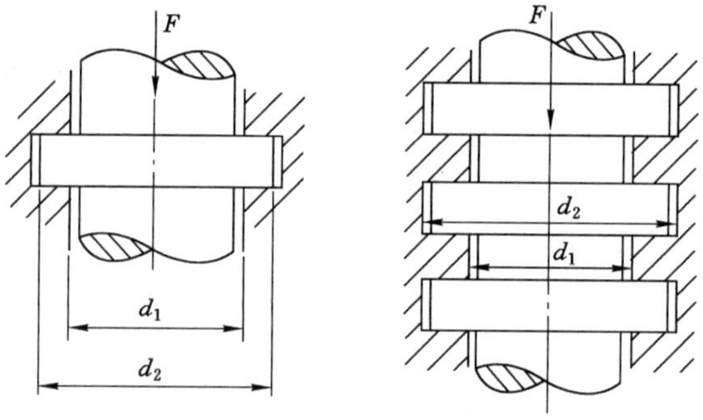

(a) 单环式　　(b) 多环式

图 6-19　止推滑动轴承

(2) 滑动轴承的材料

轴承材料指与轴颈直接接触的轴瓦或轴承衬的材料。轴瓦是轴承中直接与轴颈接触的部分，它的工作面既是承载表面又是摩擦表面，所以轴瓦是滑动轴承中最重要的零件。

轴瓦可以制成整体式和剖分式两种。图 6-20 为整体式轴瓦，其用于整体式轴承。剖分式轴瓦用于剖分式轴承，如图 6-18 所示。

为了让润滑油均匀分布在整个轴颈上，轴瓦上开设有进油孔和油沟。进油孔和油沟一般应开在轴瓦的非承载区（图 6-21），否则会破坏油膜的连续性，降低承载能力。油沟的形式很多，如图 6-22 所示。纵向油沟的长度，一般应稍微小于轴瓦的长度（约为轴瓦长度的 0.8 倍），以免润滑油流失过多。

根据轴承的工作情况，要求轴瓦材料具备的性能有：① 摩擦系数小；② 导热性好，热膨胀系数小；③ 耐磨、耐蚀、抗胶合能力强；④ 有足够的机械强度和可塑性。

能同时满足上述要求的材料是难找的，应根据具体情况满足主要使用要求。较常见的是用两层不同金属制成的轴瓦，两种金属在性能上可取长补短。在工艺上可以用浇注或压

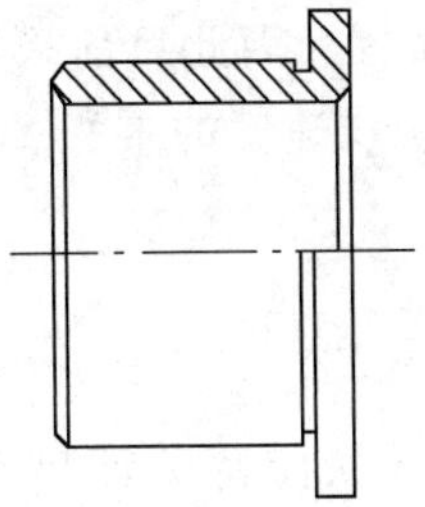

图 6-20 整体式轴瓦

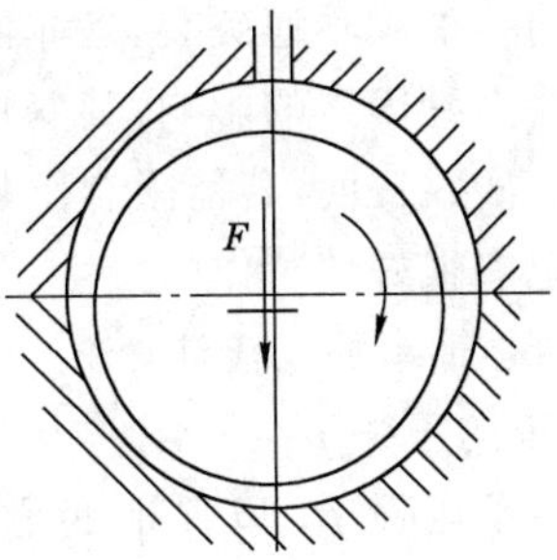

图 6-21 轴瓦的非承载区

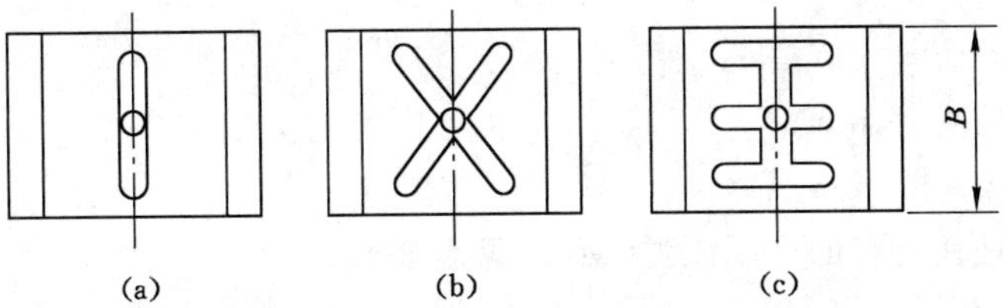

图 6-22 油沟形式

合的方法，将薄层材料黏附在轴瓦基体上。黏附上去的薄层材料通常称为轴承衬。常用轴瓦及轴承衬材料的性能见表 6-17。

表 6-17 常用轴瓦及轴承衬材料的性能

材料及其代号	[p]/MPa		[pv]/(MPa·m/s)	[v]/(m/s)	硬度/HBW		最高工作温度/℃	轴颈硬度
					金属型	砂型		
铸锡铸轴承合金、ZSnSb11Cu6	平稳	25	20	80	27		150	150HBW
	冲击	20	15	60				
铸铅铸轴承合金、ZPbSb16Sn16Cu2	15	15	10	12	30		150	150HBW
铸锡青铜、ZCuSn10P1	15	15	15	10	90	80	280	45HRC
铸锡青铜、ZCuSn5Pb5Zn5	8	8	15	3	65	60	280	45HRC
铸铝青铜、ZCuAl10Fe3	15	15	12	4	110	100	280	45HRC

注：[pv] 值为非液体摩擦下的许用值。

6.1.6 非液体摩擦滑动轴承的计算

非液体摩擦滑动轴承可用润滑油润滑，也可用润滑脂润滑。在润滑油、润滑脂中加入少量鳞片状石墨或二硫化铅粉末，有助于形成更坚韧的边界油膜，且可填平粗糙表面而减少磨损，其主要失效形式是磨粒磨损和黏着磨损。

维持边界油膜不遭破裂，是非液体摩擦滑动轴承的设计依据。由于边界油膜的强度和破裂温度受多种因素的影响，其变化规律尚未完全被人们掌握。因此目前采用的计算方法是间接的。实践证明，若能限制压强 $p \leqslant [p]$ 和压强与轴颈线速度的乘积 $pv \leqslant [pv]$，那么轴承是能够很好地工作的。

(1) 向心轴承的校核计算

① 轴承的压强 p

限制轴承压强 p，以保证润滑油不被过大的压力挤出，从而避免轴瓦产生过度的磨损，即

$$p = \frac{F}{Bd} \leqslant [p] \tag{6-10}$$

式中　F——轴承径向载荷，N；

B——轴瓦宽度，mm；

d——轴颈直径，mm；

$[p]$——轴瓦材料的许用压强，MPa，见表 6-17。

② 轴承的 pv 值

pv 值与摩擦功率损耗成正比，它简略地表征了轴承的发热状况。pv 值越大，轴承温升越大，越容易引起边界油膜的破裂。pv 值的验算式为：

$$pv = \frac{F}{Bd}\frac{\pi dn}{60 \times 1\ 000} \leqslant [pv] \tag{6-11}$$

式中　n——轴的转速，r/min；

$[pv]$——轴瓦材料的许用值，MPa · m/s，见表 6-17。

③ 轴承的速度 v

为防止轴承因 v 过大而出现早期磨损，有时需校核 v，使

$$v \leqslant [v] \tag{6-12}$$

式中　$[v]$——轴瓦材料的许用线速度，m/s，见表 6-17。

(2) 止推轴承

由图 6-18 可知，止推轴承应满足

$$p = \frac{F}{\frac{\pi}{4}(d_2^2 - d_1^2)z} \leqslant [p] \tag{6-13}$$

$$pv_m \leqslant [pv] \tag{6-14}$$

式中　z——轴环数；

v_m——轴环的平均速度，$v_m = \frac{\pi d_m n}{60 \times 1\ 000}$，其中 $d_m = \frac{d_1 + d_2}{2}$。

止推轴承的 $[p]$ 和 $[pv]$ 值由表 6-17 查取。对于多环止推轴承，制造和装配误差使各支承面上所受的载荷不相等，$[p]$ 和 $[pv]$ 值应减小 20%～40%。

习　题

6.1-1　说明下列型号轴承的类型、尺寸系列、结构特点、公差等级及其适用场合：6005，

N209/P6，7207C，30209/P5。

6.1-2 滚动轴承的常用类型有哪些？其选用原则是什么？

6.1-3 试分别说明滚动轴承和滑动轴承的主要失效形式有哪些？对应的设计准则是什么？

6.1-4 一深沟球轴承 6304 承受的径向力 $F_r = 4$ kN，载荷平稳，转速 $n = 960$ r/min，在室温下工作，试求该轴承的基本额定寿命，并说明能达到或超过此寿命的概率。若载荷改为 $F_r = 2$ kN，则轴承的基本额定寿命是多少？

6.1-5 一矿山机械的转轴，两端用 6313 深沟球轴承支承，每个轴承承受的径向载荷 $F_r = 5\ 400$ N，轴的轴向载荷 $F_a = 2\ 650$ N，有轻微冲击，轴的转速 $n = 1\ 250$ r/min，预期寿命 $L_h = 5\ 000$ h，问是否适用。

6.1-6 图 6-23 所示为某传动轴上安装的一对角接触球轴承。反装排列，已知两个轴承的载荷分别为 $F_{r1} = 1\ 470$ N，$F_{r2} = 2\ 650$ N，外加轴向力 $F_A = 1\ 000$ N，轴颈 $d = 40$ mm，转速 $n = 5\ 000$ r/min，在常温下运转，有中等冲击，预期寿命 $L_h = 2\ 000$ h，试选择轴承型号。

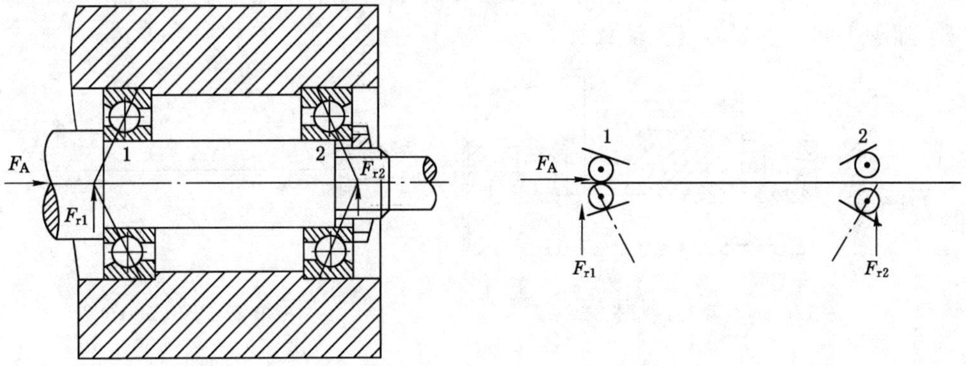

图 6-23 题 6.1-6 图

6.1-7 图 6-24 所示为某工程机械传动中的轴承配置形式。已知轴承型号为 30311，判别系数 $e = 0.35$，内部轴向力为 $F_s = F_r/2Y$，其中 $Y = 1.7$。当 $F_a/F_r \leqslant e$ 时，$X = 1, Y = 0$。当 $F_a/F_r > e$ 时，$X = 0.4, Y = 1.7$。两轴承的径向载荷 $F_{r1} = 4\ 000$ N，$F_{r2} = 5\ 000$ N，外加轴向载荷 $F_A = 2\ 000$ N，方向如图 6-24 所示，试画出内部轴向力 F_{s1}、F_{s2} 的方向，并计算轴承的当量动载荷 P_1、P_2。

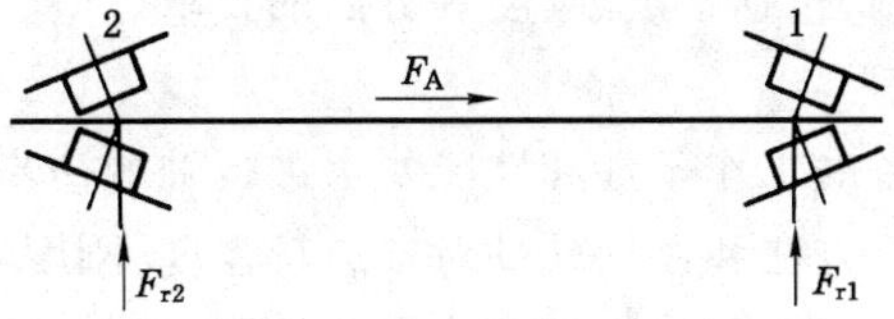

图 6-24 题 6.1-7 图

6.1-8 指出图 6-25 所示轴系结构上的主要错误并改正之（齿轮用油润滑，轴承用脂润滑）。

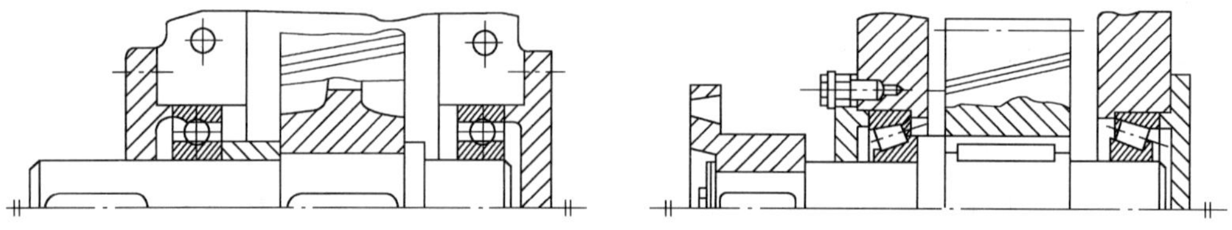

(a)　　　　(b)

图 6-25　题 6.1-8 图

6.1-9　图 6-26 所示为用一对窄边相对安装的圆锥滚子轴承支承的轴系，齿轮用油润滑，轴承用脂润滑，轴端装有联轴器，试指出图中的结构错误。(注:图中倒角和圆角不考虑)

6.1-10　某轴系部件用一对圆锥滚子轴承支承，轴承背靠背安装。已知轴承 1 和轴承 2 的径向载荷分别为 $F_{r1}=600\ \text{N}$，$F_{r2}=1\ 800\ \text{N}$；轴上作用的轴向载荷 $F_A=150\ \text{N}$，方向如图 6-27 所示；轴承的附加轴向力 $F_s=F_r/2Y$，$e=0.37$；当轴承的总轴向力 F_a 与径向力 F_r 之比 $F_a/F_r>e$ 时，$X=0.4$，$Y=1.6$，当 $F_a/F_r<e$ 时，$X=1$，$Y=0$。轴承有中等冲击，载荷系数 $f_p=1.5$，工作温度不大于 120 ℃。试求：① 轴承 1 和轴承 2 的轴向载荷 F_{a1} 和 F_{a2}；② 轴承 1 和轴承 2 的当量动载荷 P_1 和 P_2。

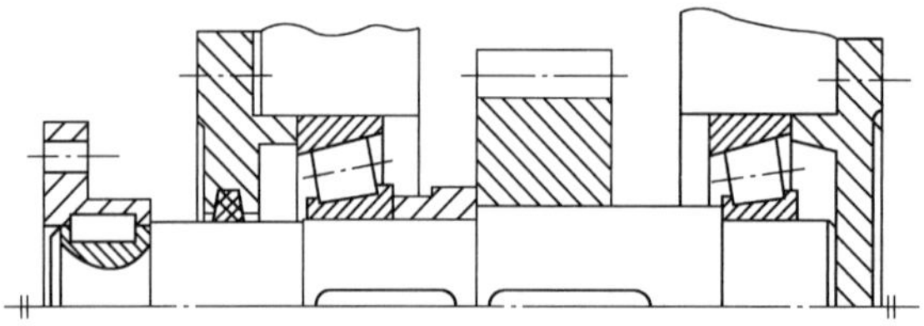

图 6-26　题 6.1-9 图

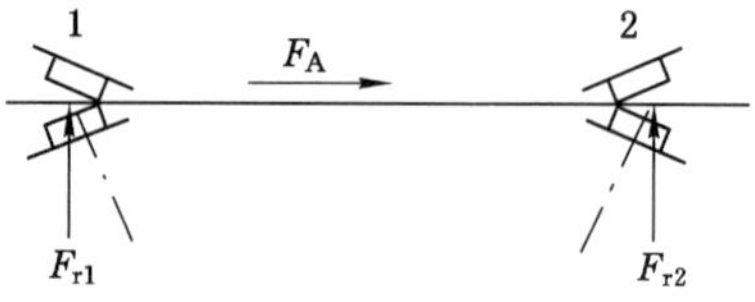

图 6-27　题 6.1-10 图

6.2　轴的设计

● 知识目标

(1) 掌握轴的基本概念、分类及在机械设备中的作用。

(2) 熟悉轴的材料选择原则，了解常用轴材料的性能及适用场景。

(3) 了解轴的加工工艺和装配要求，以及轴与其他零部件的配合关系。

(4) 理解轴的设计原则，包括强度、刚度等方面的要求。

● 能力目标

(1) 能够根据机械设备的工作条件和性能要求进行轴的初步设计。

(2) 能够运用力学计算方法和设计软件对轴进行强度、刚度等方面的校核。

(3) 能够根据轴的加工工艺和装配要求绘制轴的零件图和装配图。

● 素质目标

(1) 培养学生的工程实践能力和创新意识，注重理论与实践相结合。

(2) 培养学生的团队协作精神和沟通能力，能够在团队中协作完成轴的设计任务。

● 学习重点与难点

(1) 学习重点:轴的设计原则和材料选择原则。

(2) 学习难点:轴的强度、刚度校核计算。

【行业案例】

采煤机工作环境极其恶劣,受煤质条件及采煤工艺的影响,截割部机构受力较为复杂,为保护采煤机截割部电机与传动系统,提高采煤机可靠性与使用寿命,在截割电机和传动系统之间安装扭矩轴,它除起到截割电动机与机械传动系统之间传递动力作用外,还起到弹性缓冲和过载保护的作用。

提升机作为矿井的“咽喉”,它的作用是缠绕钢丝绳带动矿物、人员和重要设备,是联系矿井井下和地面的重要机械装置。主轴作为提升机传动系统的核心部件,其作用是传递动力和转动力矩,同时兼顾承受来自工作负载的轴向和径向负荷。这些负荷可能包括提升物料的重力、提升速度的变化以及设备启动和制动时产生的冲击等。因此,主轴必须具备足够的强度和刚度,以确保其能够稳定可靠地工作。

6.2.1 轴的功用和类型

轴是机器中的重要零件之一,用来支持旋转的机械零件和传递转矩。根据承受载荷的不同,轴可分为转轴、传动轴和心轴 3 种。转轴既传递转矩又承受弯矩,如齿轮减速器的转轴(图 6-28)等;传动轴只传递转矩而不承受弯矩或弯矩很小,如汽车的传动轴(图 6-29)等;心轴则只承受弯矩而不传递转矩,如铁路车辆的轴(图 6-30)为转动的心轴,自行车的前轴(图 6-31)则为不转动的心轴。

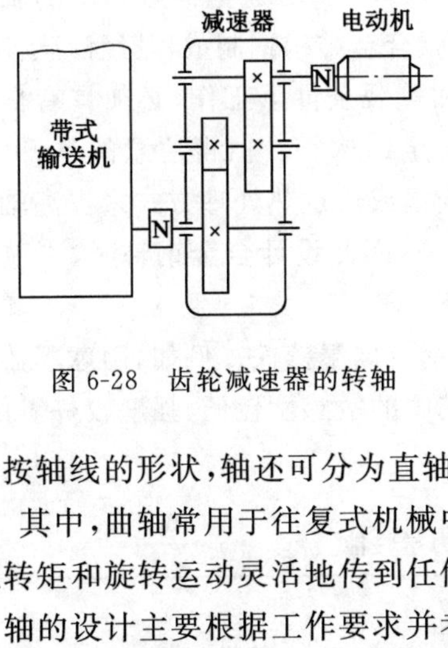

图 6-28 齿轮减速器的转轴

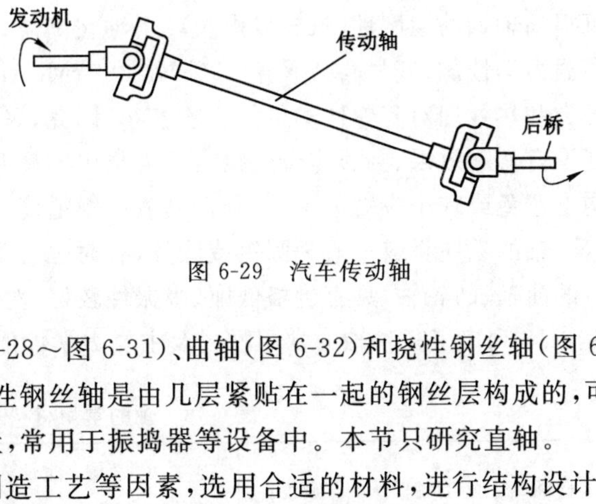

图 6-29 汽车传动轴

按轴线的形状,轴还可分为直轴(图 6-28~图 6-31)、曲轴(图 6-32)和挠性钢丝轴(图 6-33)。其中,曲轴常用于往复式机械中;挠性钢丝轴是由几层紧贴在一起的钢丝层构成的,可以把转矩和旋转运动灵活地传到任何位置,常用于振捣器等设备中。本节只研究直轴。

轴的设计主要根据工作要求并考虑制造工艺等因素,选用合适的材料,进行结构设计,然后经过强度和刚度计算,定出轴的结构形状和尺寸,必要时还要考虑振动稳定性。

6.2.2 轴的材料选择

轴的材料常采用碳钢和合金钢。

(1) 碳钢

35 钢、45 钢、50 钢等优质碳素结构钢因具有较高的综合力学性能,应用较多,其中以 45 钢应用最为广泛。为了提高碳钢的力学性能,应进行正火或调质处理。不重要或受力较小

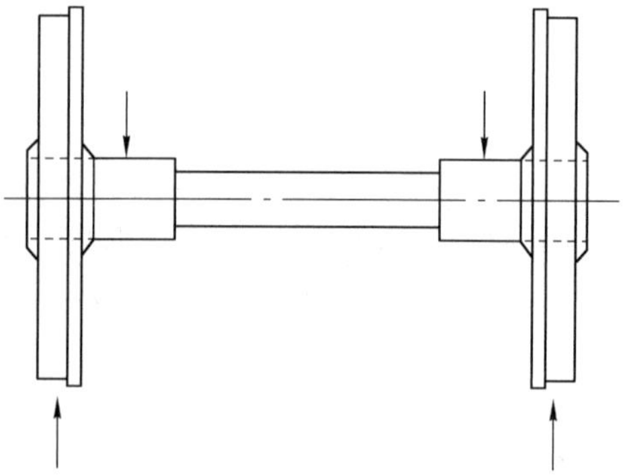

图 6-30　铁路车辆的轴

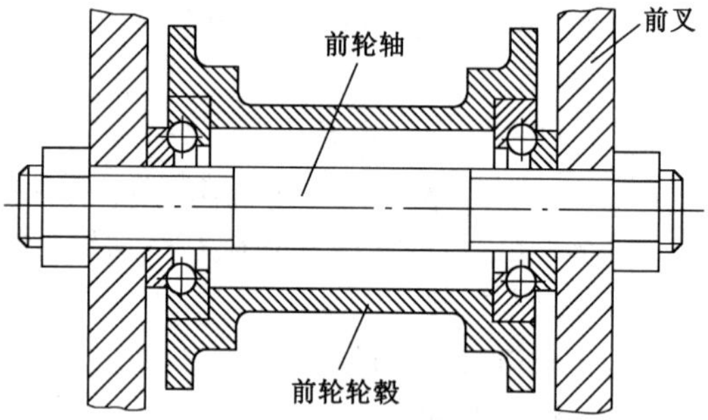

图 6-31　自行车的前轴

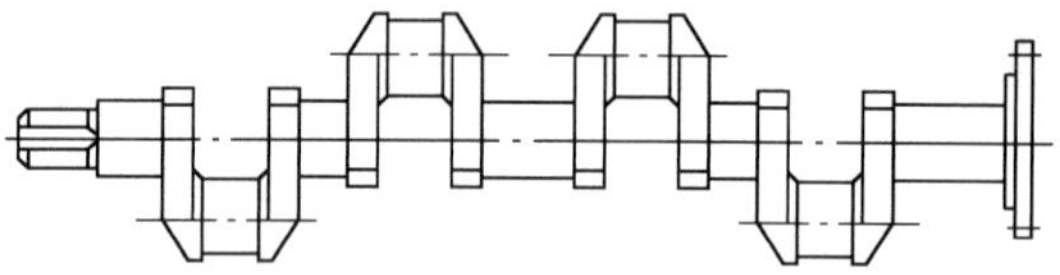

图 6-32　曲轴

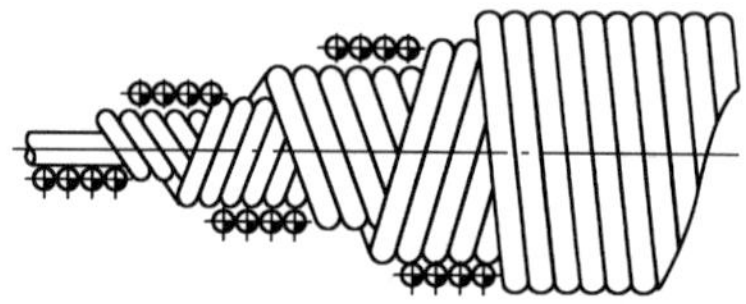

图 6-33　挠性钢丝轴

的轴，则可采用 Q235、Q275 等碳素结构钢。

(2) 合金钢

合金钢具有较高的力学性能和热处理性能，但价格较高，多用于有特殊要求的轴。例如，采用滑动轴承的高速轴，常用 20Cr、20CrMnTi 等低碳合金结构钢制成，其经渗碳淬火后可提高轴颈的耐磨性；汽轮发电机转子轴在高温、高速和重载条件下工作，必须具有良好的高温力学性能，其材料常采用 40CrNi、38CrMoAlA 等合金结构钢。值得注意的是，钢材的种类和热处理对其弹性模量的影响甚小，因此，采用合金钢或通过热处理方式来提高轴的刚度没有实际效果。此外，合金钢对应力集中的敏感性较高，因此设计合金钢轴时，更应从结构上避免或减小应力集中，并降低其表面粗糙度。

轴的毛坯材料一般为圆钢或锻件，有时也可采用铸钢或球墨铸铁。例如，用球墨铸铁制造的曲轴、凸轮轴，具有价格低廉、吸振性较好、对应力集中的敏感性较低、强度较好等优点。表 6-18 列出了几种轴的常用材料及主要力学性能。

表 6-18　轴的常用材料及主要力学性能

材料及热处理	毛坯直径/mm	硬度/HBW	强度极限/MPa	屈服极限/MPa	弯曲疲劳极限/MPa	应用说明
Q235			400	240	170	用于不重要或载荷不大的轴
35 钢正火	≤100	149～187	520	270	250	有较好的塑性和适当的强度，用于一般曲轴、转轴等
45 钢正火	≤100	170～217	600	300	275	用于较重要的轴，应用最为广泛
45 钢调质	≤200	217～255	650	360	300	

表 6-18(续)

材料及热处理	毛坯直径/mm	硬度/HBW	强度极限/MPa	屈服极限/MPa	弯曲疲劳极限/MPa	应用说明
40Cr 调质	25		1 000	800	500	用于载荷较大且无很大冲击的重要轴
	≤100	241～286	750	550	350	
	>100～300	241～266	700	550	340	
40MnB 调质	25		1 000	800	485	性能接近 40Cr,用于重要的轴
	≤200	241～286	750	500	335	
35CrMo 调质	≤100	207～269	750	550	390	用于重载荷的轴
20Cr 渗碳	15	56～62 HRC	850	550	375	用于要求强度、韧性及耐磨性均较高的轴
淬火回火	≤60		650	400	280	

6.2.3 轴的结构设计

为了合理地确定轴的结构,需要综合考虑各方面的因素,如轴上零件的布置及固定方式、轴的加工和装拆方法、作用在轴上的载荷大小及分布情况等。

轴的形状要从满足强度和节省材料考虑,最好是等强度的抛物线回转体。但这种形状的轴既不便于加工,也不便于轴上零件的固定,从加工考虑,最好是直径不变的光轴,但光轴不利于零件的安装和定位。只有一些简单的心轴、传动轴才有时制成光轴,而一般的轴其结构形状多为阶梯形。现以图 6-34 所示减速器的输出轴来讨论轴的结构。

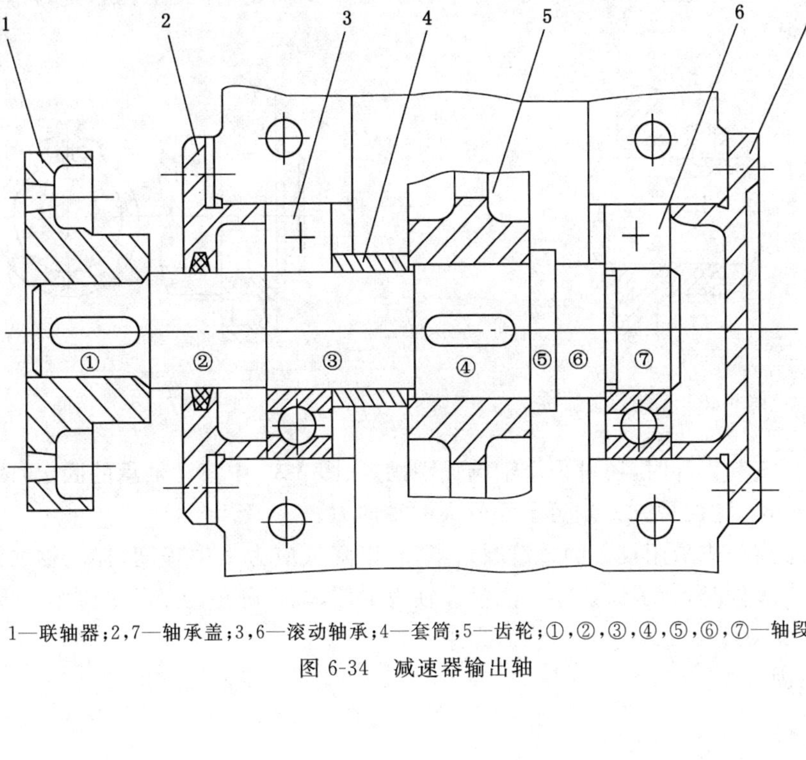

1—联轴器;2,7—轴承盖;3,6—滚动轴承;4—套筒;5—齿轮;①,②,③,④,⑤,⑥,⑦—轴段。

图 6-34 减速器输出轴

(1) 轴上零件的固定

为了保证轴上零件能正常工作,其轴向和周向都必须固定。

① 轴向固定

零件的轴向固定方法很多,常用的有轴肩、套筒、螺母、挡圈、圆锥面和弹性挡圈等。

如图 6-34 所示,齿轮 5 的右端靠轴肩、左端靠套筒 4 定位,从而实现轴向定位。当齿轮受轴向力时,向右的轴向力由轴肩承受并传给滚动轴承 6 的内圈,再通过轴承、轴承盖 7 及连接螺栓传给箱体;轴向力向左由套筒 4 传给滚动轴承 3 的内圈,再经轴承、轴承盖 2 和螺栓传给箱体。轴肩及套筒的结构简单,可传递较大的轴向力。套筒可避免因轴肩引起的轴径增大,又可简化轴的结构,减少应力集中。但因一般套筒与轴的配合较松,不宜用于高速轴。

圆螺母固定可承受大的轴向力。当轴上两零件间距离较大,不宜采用套筒时,可采用圆螺母固定,如图 6-35 所示。采用圆螺母固定时,轴上切制螺纹处有较大的应力集中,故常用于轴端零件的固定。

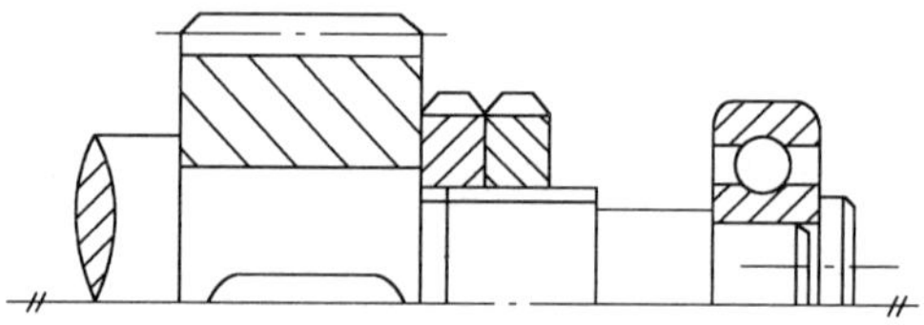

图 6-35 圆螺母和轴端挡圈

紧定螺钉(图 6-36)、弹性挡圈(图 6-37)等适用于受轴向力不大的零件。弹性挡圈可与轴肩联合使用,也可在零件两侧各用一个。用弹性挡圈固定时,其结构紧凑,常用于滚动轴承的轴向固定。

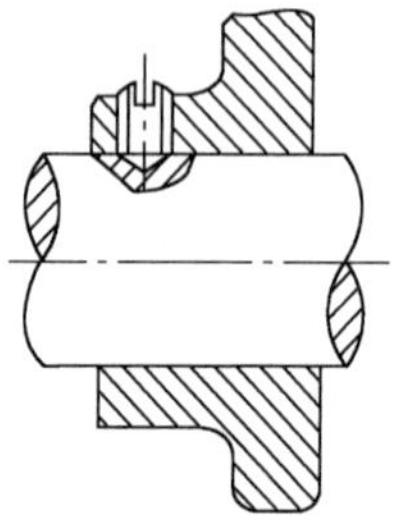

图 6-36 紧定螺钉

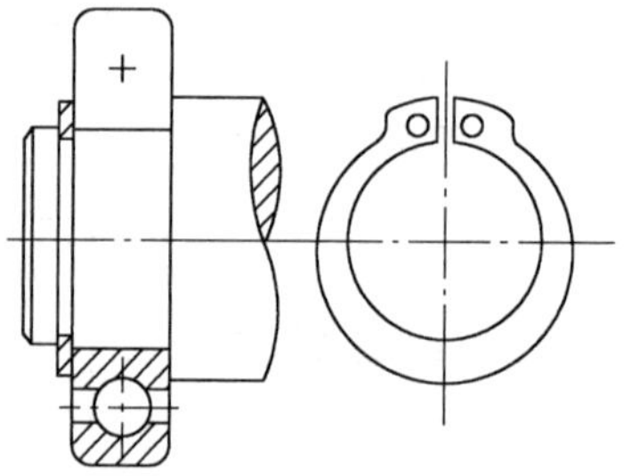

图 6-37 弹性挡圈

在轴端部安装零件时,还可采用轴端挡圈固定(图 6-35 中滚动轴承的固定)或圆锥面定位固定(图 6-38),这两种方式均可承受较大的轴向力。

阶梯轴轴肩处应采用较大的过渡圆角半径,以降低应力集中程度,提高轴的疲劳强度。当轴肩处装有零件时,为了保证零件能紧靠轴肩定位,轴上圆角的半径 r 应小于零件孔的倒角半径 c(图 6-39)。

② 周向固定

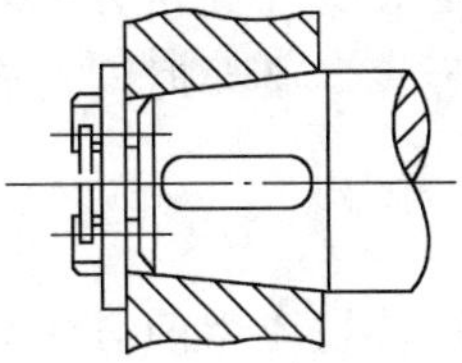

图 6-38 圆锥面定位

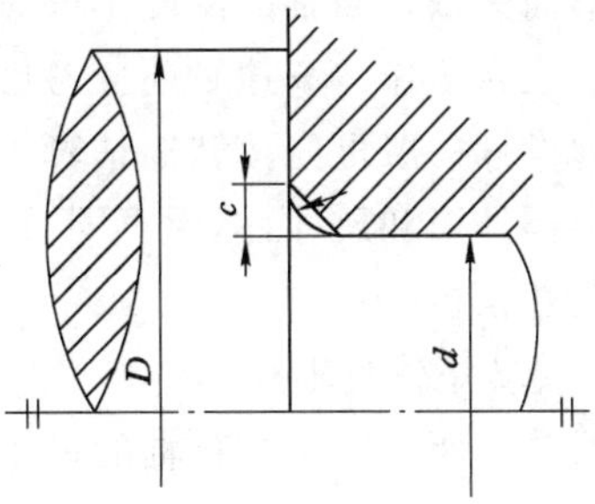

图 6-39 轴上圆角

零件在轴上的周向固定是为了使零件与轴一起转动并传递转矩。周向固定常用键、花键、销、过盈配合等连接。

(2) 加工和装配要求

如图 6-34 所示，齿轮 5、套筒 4、滚动轴承 3、轴承盖 2 及联轴器 1 均从左端进行装拆，滚动轴承 6 从右端装拆。因而轴的各段直径从两端向中间逐渐增大。

有配合要求的部位，如装滚动轴承、齿轮的位置，为了装拆方便和减少配合表面擦伤，配合轴段前的轴径应减小。将安装轴承 3 和齿轮 5 之前的轴段②、③的直径缩小。为了保证零件轴向定位可靠，安装齿轮、联轴器的轴段长度应比零件轮毂的长度减小 2～3 mm，图中轴段④的长度应小于相应轮毂长度。安装滚动轴承处的轴肩高度应小于轴承内圈高度，以便拆卸轴承。

确定轴的各段直径时，有配合要求的轴段应注意采用标准直径。安装滚动轴承、密封圈部位的轴径，应与这类标准件的内径一致。

为了加工方便，轴上的过渡圆角半径应尽量相同；各轴段键槽的槽宽应尽量一致，并布置在轴上同一加工直线上，如图 6-34 中轴段①、④的键槽。为便于装配和除掉锐边，轴端及各轴段端部应加工出 45°倒角。

轴上需要磨削加工的表面，一般应制出砂轮越程槽，以利于磨削加工，如图 6-40(a)和图 6-34 中轴段⑦的砂轮越程槽。轴上加工螺纹处应有螺纹退刀槽，如图 6-40(b)所示。

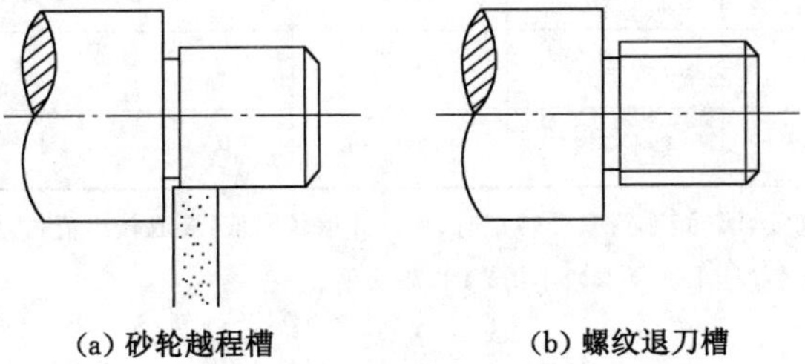

(a) 砂轮越程槽　　(b) 螺纹退刀槽

图 6-40 砂轮越程槽和螺纹退刀槽

6.2.4 轴的强度和刚度计算

轴的工作能力主要取决于其强度和刚度。当轴的强度不够时，会出现断裂或因过大的塑性变形而失效。当轴的刚度不够时，会产生过大的弯曲变形（挠度）和扭转变形（扭角），影响机器的正常工作。高速轴还应考虑其振动稳定性。

轴的设计一般可先按转矩估算轴径，再根据轴上零件的布置和固定方式等多种因素定出轴的结构外形和尺寸，然后再同时考虑弯矩和转矩进行计算。必要时应对轴进行刚度或振动稳定性校核。

(1) 按转矩估算轴径

根据轴上所受转矩估算轴的最小直径，并用降低许用扭转切应力的方法来考虑弯矩的影响。

由力学知识可知，轴受转矩时的强度条件为：

$$\tau_T=\frac{T}{W_T}=\frac{10^3\times 9\,550P}{0.2\,d^3 n}\leqslant[\tau_T] \tag{6-15}$$

式中　τ_T，$[\tau_T]$——轴的扭转切应力和许用扭转切应力，MPa；

T——转矩，N·mm；

P——轴所传递的功率，kW；

W_T——轴的抗扭剖面系数，$W_T=\frac{\pi d^3}{16}\approx 0.2\,d^3$，$mm^3$；

d——轴的直径，mm；

n——轴的转速，r/min。

故得：

$$d\geqslant\sqrt[3]{\frac{9\,550\times 10^3}{0.2[\tau_T]}}\sqrt[3]{\frac{P}{n}} \tag{6-16}$$

当轴的材料选定后，$[\tau_T]$是已知的，故上式可简化为：

$$d\geqslant A\sqrt[3]{\frac{P}{n}} \tag{6-17}$$

式中　A——与材料许用扭转切应力相关的系数，见表 6-19。

表 6-19　常用材料的 $[\tau_T]$ 和 A 值

轴的材料	Q235 钢、20 钢	35 钢	45 钢	40Cr、35SiMn、38SiMnMo、20CrMnTi
$[\tau_T]$/MPa	12～20	20～30	30～40	40～52
A	158～134	134～117	117～106	106～97

注：1. 当作用在轴上的弯矩比转矩小或只受转矩时，$[\tau_T]$取较大值，A 取较小值，否则取较大值。

2. 当用 Q235 及 35SiMn 钢时，$[\tau_T]$取较小值，A 取较大值。

按式(6-17)计算的轴直径，一般作为承受转矩轴段的最小直径。轴上若开有键槽，将降低轴的强度，因此应适当增大轴的直径。一般当有一个键槽时，轴径增大 4%～5%；有两个键槽时，增大 7%～10%。

例 6-4　某一级直齿圆柱齿轮减速器，由电动机驱动，其输入转速 $n_1=960$ r/min，传动比 $i=4$，传递的功率 $P=10$ kW，直齿圆柱齿轮传动的两转轴材料均采用 45 钢，试按转矩估算该两轴的最小直径。

解 已知这对齿轮传动的高速轴转速为 $n_1=960\ \mathrm{r/min}$，低速轴转速 $n_2=\frac{960}{4}\ \mathrm{r/min}=240\ \mathrm{r/min}$。

根据两转轴的材料均为 45 钢，由表 6-19 查得 $A=117\sim106$，取 $A=110$，则由式(6-17)可得，高速轴和低速轴的最小轴径 d_1 和 d_2 分别为：

$$d_1 \geqslant A\sqrt[3]{\frac{P}{n_1}}=110\sqrt[3]{\frac{10}{960}}=24.02\ (\mathrm{mm})$$

$$d_2 \geqslant A\sqrt[3]{\frac{P}{n_2}}=110\sqrt[3]{\frac{10}{240}}=38.14\ (\mathrm{mm})$$

圆整后得：$d_1=25\ \mathrm{mm}$，$d_2=40\ \mathrm{mm}$。

(2) 按当量弯矩校核轴径

轴的各部分尺寸和结构确定后，必要时可按力学中第三强度理论进行校核，现以图 6-41(a)所示装有斜齿圆柱齿轮的转轴为例，介绍其校核计算步骤。

① 绘出轴的计算简图，即受力图，如图 6-41(b)所示。将轴上作用力分解到水平面和垂直面内，求出水平面支承反力和垂直面支承反力。滑动轴承或滚动轴承的反力作用点均可近似地取在轴承宽度的中间。

② 绘制水平面的弯矩 M_H 图[图 6-41(c)]。

③ 绘制垂直面的弯矩 M_V 图[图 6-41(d)]。

④ 计算合成弯矩，即 $M=\sqrt{M_H^2+M_V^2}$，绘制合成弯矩 M 图[图 6-41(e)]。

⑤ 绘制转矩 T 图[图 6-41(f)]。

⑥ 计算当量弯矩 M_c，绘制当量弯矩图[图 6-41(g)]，M_c 按下式计算：

$$M_c=\sqrt{M^2+(\alpha T)^2} \tag{6-18}$$

式中，α 是根据转矩性质而定的应力折算系数。

因为通常由弯矩所产生的弯曲应力是对称循环变应力，而由转矩所产生的扭转切应力则不一定是对称循环变应力。因此，为考虑不同性质的弯曲应力和扭应力的影响，在计算当量弯矩时将转矩 T 乘以系数 α。

系数 α 的取值如下：对于对称变化的转矩，$\alpha=1$；对于脉动变化的转矩，$\alpha\approx0.6$；对于不变的转矩，$\alpha\approx0.3$。

⑦ 计算轴的直径。在当量弯矩 M_c 的作用下，轴的强度条件为：

$$\sigma=\frac{M_c}{W}=\frac{M_c}{0.1d^3}\leqslant[\sigma_{-1b}] \tag{6-19}$$

式中 M_c——当量弯矩，N·mm；

W——轴的抗弯剖面系数，mm^3；

d——轴的计算剖面直径，mm；

$[\sigma_{-1b}]$——对称循环的许用弯曲应力，MPa，见表 6-20。

由式(6-19)可得：

$$d\geqslant\sqrt[3]{\frac{M_c}{0.1[\sigma_{-1b}]}} \tag{6-20}$$

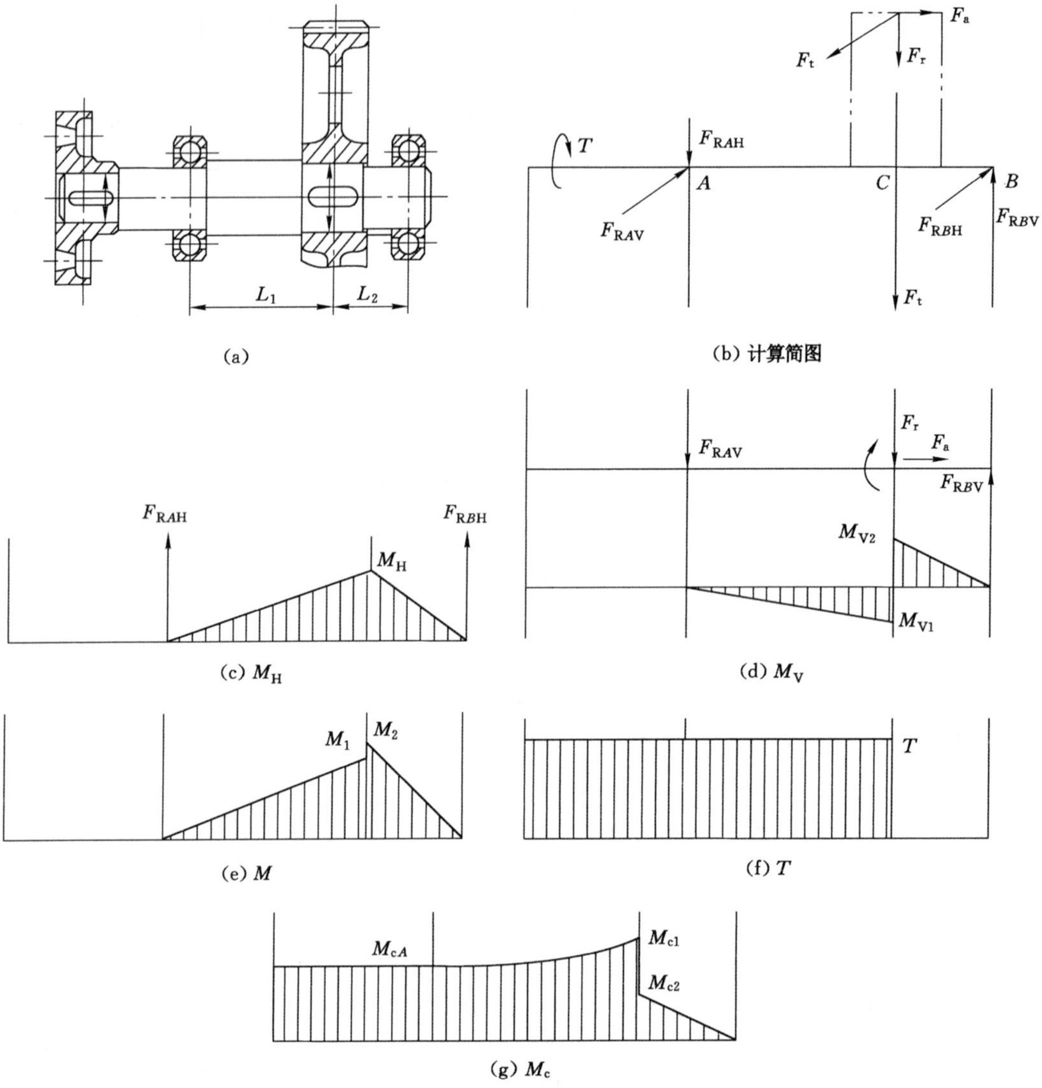

图 6-41　轴的受力分析

表 6-20　轴的许用弯曲应力　　单位：MPa

材料	碳素钢				合金钢	
σ_b	400	500	600	700	800	1 000
$[\sigma_{-1b}]$	40	45	55	65	75	90

若轴的计算剖面处有键槽，则会降低轴的强度，因此应按前文所述适当增大该处直径。

若校核计算的轴径比初步估算并经过轴结构设计所得的轴径稍小，则表明原定轴径是合适的，否则可对按校核计算所得的轴径作适当修改。

(3) 轴的刚度校核

轴在载荷作用下产生的挠度 y 和扭角 φ 应小于相应的许用值，即

$$y \leqslant [y], \varphi \leqslant [\varphi] \tag{6-21}$$

式中 $[y]$——许用挠度；

$[\varphi]$——许用扭角。

许用挠度和许用扭角的具体数值可以从有关机械设计手册中查得。轴的挠度 y 和扭角 φ 可根据力学中有关方法进行计算。

习 题

6.2-1 列举传动轴、心轴、转轴的应用实例各两个。

6.2-2 何为转轴、心轴和传动轴？自行车的前轴、中轴、后轴及脚踏板轴分别是什么轴？

6.2-3 轴的强度计算方法有哪几种？各适用于何种情况？

6.2-4 经校核发现轴的疲劳强度不符合要求时，在不增大轴径的条件下，可采取哪些措施来提高轴的疲劳强度？

6.2-5 轴的结构设计的主要内容有哪些？

6.2-6 轴上零件的轴向固定方法有哪些？各有什么特点？

6.2-7 轴上零件的周向固定方法有哪些？各有什么特点？

6.2-8 为什么转轴常设计成阶梯形结构？

6.3 联轴器、离合器和制动器的设计

【教学要求】

● 知识目标

(1) 联轴器的组成与分类；几种常用联轴器的结构、工作原理、特点及选型。

(2) 离合器的组成和分类；几种常用离合器的结构、工作原理、特点及选型。

(3) 制动器的组成与分类；几种常用制动器的工作原理。

● 能力目标

(1) 了解联轴器、离合器和制动器的功用。

(2) 掌握联轴器连接两轴间位置的补偿原理及联轴器与离合器在功能上的异同点。

(3) 掌握常用联轴器、离合器和制动器的主要类型结构特点、工作原理、性能及选型。

● 素质目标

培养学生发现问题、分析问题、解决问题的能力。

● 学习重点与难点

(1) 学习重点：几种常用联轴器、离合器和制动器的种类、工作原理、结构、特点。

(2) 学习难点：各种联轴器、离合器的选型。

● 行业案例

在煤矿开采作业中，采煤系统保障着人员、设备以及资源的安全，是采煤作业得以安全、顺利、快速进行的重要条件。在进行采煤系统的设计、建设时，需根据矿区地形地势以及煤层厚度、倾角等实际情况进行。

根据煤矿机械的实际情况和不同油门下的发动机扭矩以及扭矩与转速的变化关系，选

取一定油门开度之下的最大扭矩作为发动机的目标扭矩，据此确定煤矿机械接合量以及接合速度的控制量。

分析煤矿下运带式输送机制动装置在运行过程中的安全问题，研制下运带式输送机液压制动装置，并将其安装在传动滚筒的低速轴上，和传动机构形成一个整体，提高了制动器的稳固性。此外，利用矿井防尘压力水为液压制动推杆提供制动力。该装置结构紧凑，又具有节能效果。消除了下运带式输送机运输过程中可能出现的飞车、埋机头等安全隐患，保证了下运带式输送机的运行安全。

6.3.1 联轴器

联轴器的作用是连接两轴(有时也可连接轴和其他回转零件)，并传递运动和动力，有时也可用作安全装置。用联轴器连接两根轴时只有当机器停止运转后，经过拆卸才能使两轴分离。

联轴器的类型很多，根据内部是否包含弹性元件，可以分为刚性联轴器与弹性联轴器两大类。弹性联轴器因有弹性元件，故可缓冲减振，亦可不同程度地补偿两轴间的偏移；刚性联轴器又根据其结构特点而分为固定式与可移动式两类，下面分别予以介绍。

(1) 固定式刚性联轴器

常用的固定式刚性联轴器有套筒联轴器和凸缘联轴器等。

① 套筒联轴器

如图 6-42 所示，套筒联轴器由套筒、连接件(如圆锥销、键等)等组成。套筒联轴器制造容易，零件数量较少，结构紧凑，径向外形尺寸较小，但装拆时需沿轴向移动较大的距离。套筒联轴器适用于两轴能严格对中，载荷不大且较为平稳并要求联轴器径向尺寸较小的场合。此种联轴器目前未进行标准化，需要自行设计。

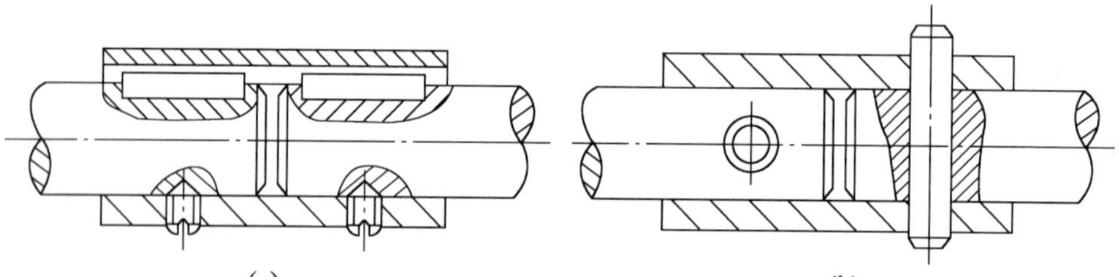

(a)　　(b)

图 6-42　套筒联轴器

② 凸缘联轴器

如图 6-43 所示，凸缘联轴器由两个半联轴器(凸缘盘)、连接螺栓等部件组成。它的结构简单，工作可靠，传递转矩大，装拆方便，可以连接不同直径的两轴，也可连接圆锥形轴。凸缘联轴器把两个带凸缘的半联轴器用键分别与两轴连接，然后用螺栓把两个半联轴器连成一体，以传递运动和转矩。

凸缘联轴器适用于相连两轴的刚性大、对中性好、安装精确且转速较低、载荷平衡的场合。凸缘联轴器已标准化，其尺寸可按有关机械设计手册来选用。

(2) 可移动式刚性联轴器

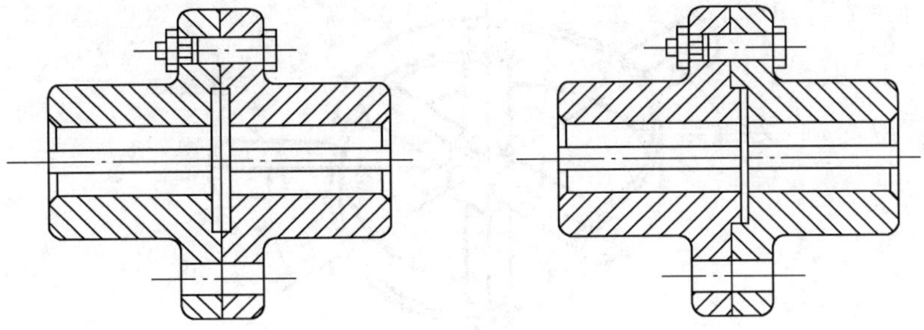

图 6-43 凸缘联轴器

可移动式刚性联轴器利用自身具有相对可动的元件或间隙，允许相连接两轴间存在一定的相对位移，所以它具有一定的位移补偿能力。这类联轴器适用于调整和运转时很难达到两轴完全对中或要达到精确对中所花代价较高的场合。

常用的可移动式刚性联轴器有十字滑块联轴器、万向联轴器和齿式联轴器等。

① 十字滑块联轴器

如图 6-44 所示，十字滑块联轴器利用中间滑块在其两侧半联轴器端面的相应径向槽内的滑动来实现两半联轴器的连接，并获得补偿两相连轴相对位移的能力。十字滑块联轴器的主要特点是允许两轴有较大的径向位移，并允许产生较小的角位移和轴向位移。滑块偏心运动产生的离心力，使这种联轴器不适用于双向运转、起动频繁、转速较高和转矩较大的场合。

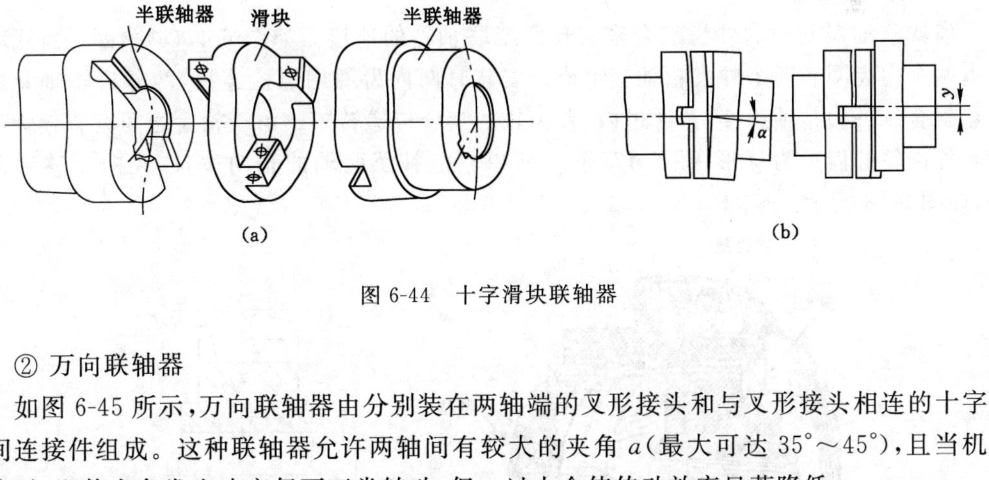

图 6-44 十字滑块联轴器

② 万向联轴器

如图 6-45 所示，万向联轴器由分别装在两轴端的叉形接头和与叉形接头相连的十字形中间连接件组成。这种联轴器允许两轴间有较大的夹角 a（最大可达 35°～45°），且当机器工作时，即使夹角发生改变仍可正常转动，但 a 过大会使传动效率显著降低。

这种联轴器的缺点是当主动轴角速度 ω_1 为常数时，从动轴的角速度 ω_2 并不是常数，而是在一定范围内变化，这在传动中会引起附加动载荷。所以万向联轴器常成对使用，如图 6-46 所示。安装万向联轴器时，如果要使主、从动轴的角速度相等，则必须满足以下两个条件：

a. 主动轴 1、从动轴 2 与中间件 C 的夹角相等，即 $\alpha_1 = \alpha_2$。

b. 中间轴上两端的叉形接头在同一个平面内。

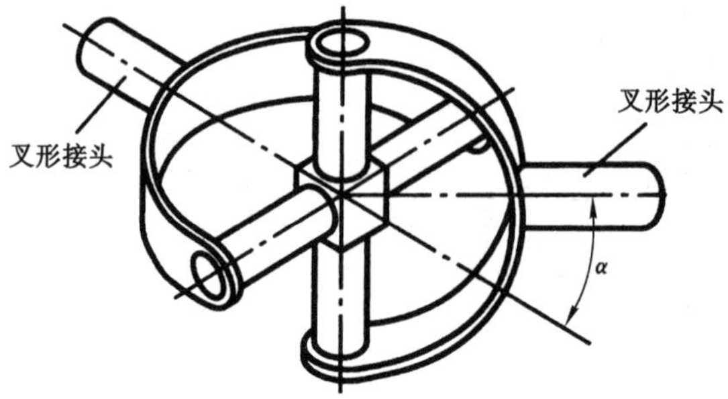

图 6-45　万向联轴器

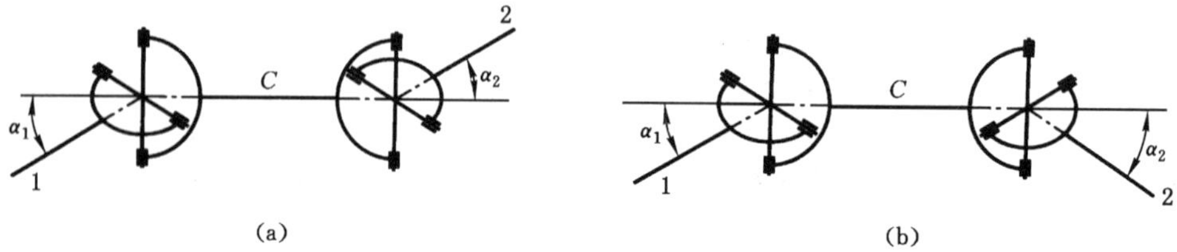

1—主动轴；2—从动轴；C—中间件。

图 6-46　万向联轴器的成对安装

显然，中间轴本身的转速是不均匀的，但它的惯性小，由其产生的动载荷、振动等一般不会引起显著危害。

③ 齿式联轴器。

齿式联轴器利用内外齿啮合来实现两半联轴器的连接。如图 6-47(a)所示，齿式联轴器由两个内齿圈和两个外齿轮轴套组成。安装时两内齿圈用螺栓连接，两外齿轮轴套通过过盈配合(或键)与轴连接，并通过内、外齿轮的啮合传递转矩。由于轮齿之间留有较大的间隙和外齿轮的齿顶为球形[图 6-47(b)]，所以它能补偿两轴的轴向位移、径向位移和角位移，如图 6-48 所示。

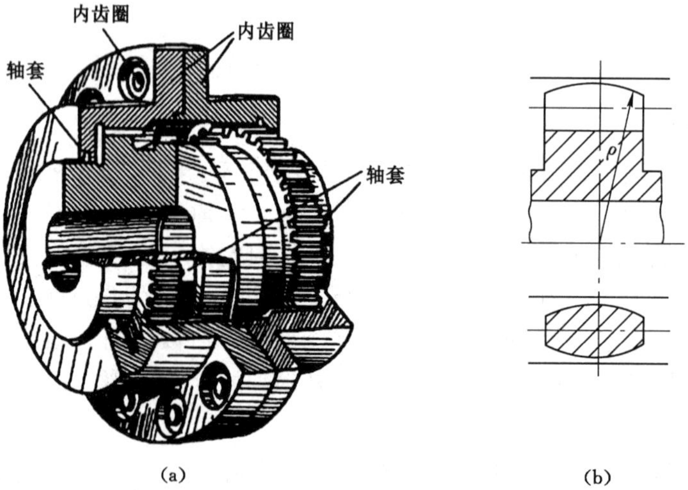

图 6-47　齿式联轴器

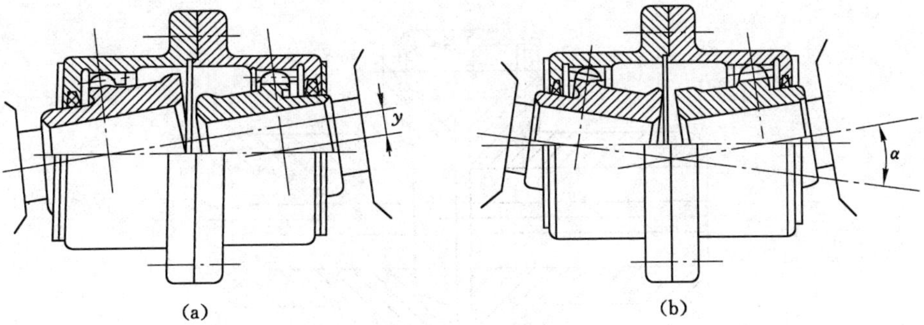

图 6-48 齿式联轴器的相对位移补偿

齿式联轴器的优点是能传递很大的转矩和补偿适量的相对位移，因此常用于重型机械中。但是，当传递的转矩特别大时，齿间的压力随之增大，导致联轴器的灵活性降低。

(3) 弹性联轴器

常用的弹性联轴器有弹性套柱销联轴器、弹性柱销联轴器和轮胎式联轴器等。

① 弹性套柱销联轴器

如图 6-49 所示，弹性套柱销联轴器的构造与凸缘联轴器相似，只是利用带有弹性套的柱销代替了连接螺栓，利用弹性套的弹性变形来补偿两轴的相对位移。这种联轴器质量小、结构简单，但弹性套易磨损、寿命较短，适用于冲击载荷小、启动频繁的中小功率传动中。

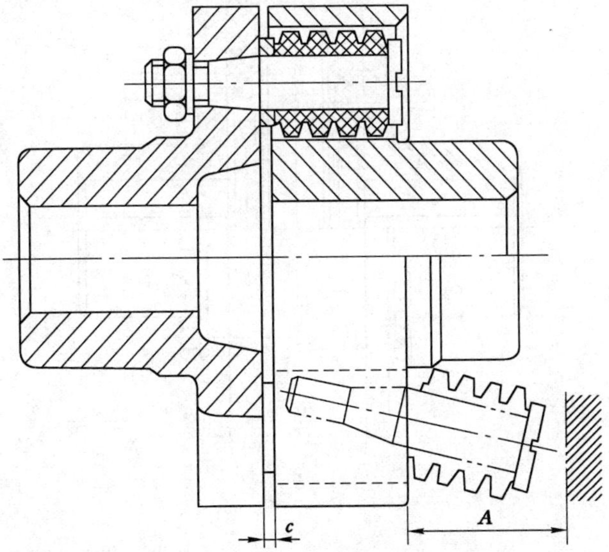

图 6-49 弹性套柱销联轴器

② 弹性柱销联轴器

如图 6-50 所示，这种联轴器与弹性套柱销联轴器很相似，仅用弹性柱销(通常用尼龙制成)作为中间连接件，将两半联轴器连接。这种联轴器传递转矩的能力更强、结构更简单，而且耐用，适用于轴向窜动大、正反转或启动频繁的场合。

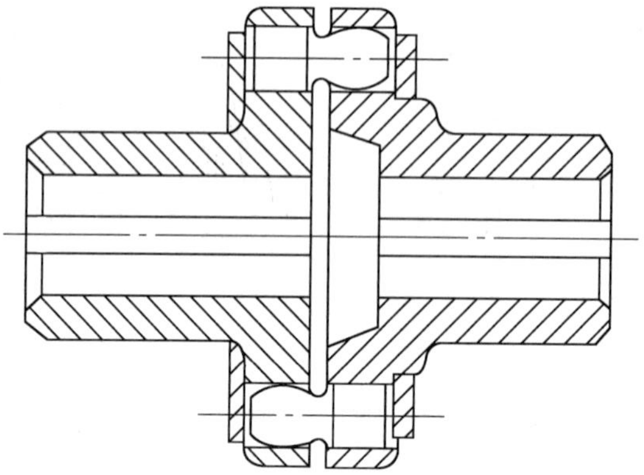

图 6-50 弹性柱销联轴器

③ 轮胎式联轴器

轮胎式联轴器的结构如图 6-51 所示，其中间为由橡胶制成的轮胎环，用止退垫板与半联轴器连接。轮胎式联轴器结构简单、可靠，易于变形，因此它允许的相对位移较大，角位移可达 5°～12°，轴向位移可达 0.02D，径向位移可达 0.01D，其中 D 为联轴器外径。

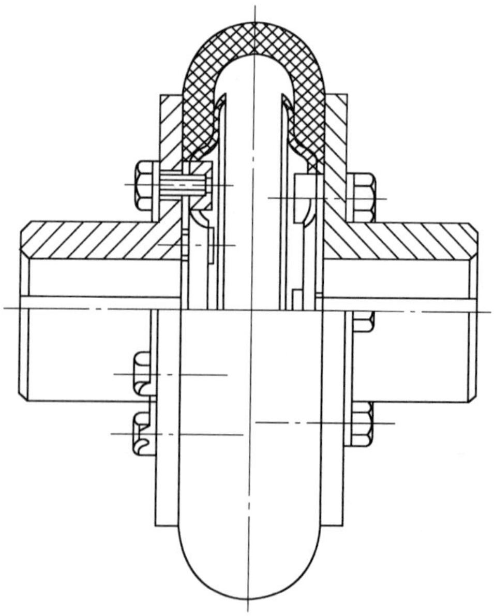

图 6-51 轮胎式联轴器

轮胎式联轴器适用于起动频繁、正反向运转、有冲击振动、两轴间有较大的相对位移以及潮湿多尘的场合。它的径向尺寸较大，但轴向尺寸较小，这样有利于减小串接机组的总长度，最大转速可达 5 000 r/min。

(4) 联轴器的选择

对于标准联轴器，一般其选择步骤为：根据机器的工作条件与使用要求选择合适的类型；按轴径、计算转矩及转速从标准中选定型号；必要时对易损件进行校核计算。

① 联轴器类型选择

联轴器的类型选择应着重考虑以下几个方面：载荷的大小及性质；轴转速的高低；两轴相对位移的大小及性质；工作环境及允许空间等。例如，对载荷平稳的低速轴，如果轴的刚度大且对中严格，可选用固定式刚性联轴器；如果轴的刚度小且有相对位移，可选用可移动式刚性联轴器；对于冲击、振动较大，又有相对位移的高速轴，可选用可移动式弹性联轴器；对角位移较大的两轴，宜选用万向联轴器；对动载荷较大、转速很高的轴，宜选用质量小、转动惯量小的联轴器。

② 联轴器型号选择

联轴器类型选定后，可根据联轴器的轴径、转矩和转速从标准中选择合适的联轴器型号。应注意的是，所选联轴器的孔径、孔长及结构形式应与被连接轴匹配。此外，联轴器的许用转矩和许用转速应分别大于被连接轴的计算转矩和实际转速。

联轴器的计算转矩 T_c 为：

$$T_c = KT \tag{6-22}$$

式中 T——名义转矩，N·m；

K——工作情况系数，K 值列于表 6-21。

表 6-21 工作情况系数 *K*

工作机	原动机为电动机时的 K 值
转矩变化很小的机械，如发电机、小型通风机、小型离心泵等	1.3
转矩变化较小的机械，如透平压缩机、木工机械、输送机等	1.5
转矩变化中等的机械，如搅拌机、增压机、有飞轮的压缩机等	1.7
转矩变化和冲击载荷中等的机械，如织布机、水泥搅拌机、拖拉机等	1.9
转矩变化和冲击载荷较大的机械，如挖掘机、起重机、碎石机、造纸机械等	2.3

例 6-5 如何选择混砂机中电动机与减速器之间的联轴器？已知电动机额定功率 $P=15$ kW，满载转速 $n=1\,460$ r/min，电动机直径 $d_1=42$ mm，减速器输入轴直径 $d_3=40$ mm。

解 (1) 选择联轴器类型

考虑到轴的转速较高，转矩不太大，启动频繁，电动机与减速器两轴间一般都有一定的相对位移，故选用弹性套柱销联轴器。

(2) 选定型号

混砂机转矩变化中等，查表 6-21，取 $K=1.7$。故由式(6-22)可知，计算转矩为：

$$T_c = KT = 1.7 \times 9\,550 \times \frac{P}{n} = 1.7 \times 9\,550 \times \frac{15}{1\,460} = 166.8\ (\text{N}\cdot\text{m})$$

查机械设计手册，选定的联轴器型号为 TL6(半联轴器材料为钢)，公称转矩为 250 N·m，许用转速为 3 800 r/min。因公称转矩大于计算转矩，许用转速大于电动机满载转速，所以此型号联轴器较合适。

另外，电动机轴端半联轴器用 Y 型轴孔，轴孔直径 $d_1=42$ mm，轴孔长 $L=112$ mm；减速器轴端半联轴器用 J_1 型轴孔，轴孔直径 $d_2=40$ mm，轴孔长 $L_1=84$mm。联轴器的标记为：TL6 联轴器$\frac{Y42\times112}{J_1 40\times84}$GB/T 4323—2017

6.3.2 离合器

用离合器接合的两轴可在机器运转的过程中随时分离或接合，如汽车临时停车而不熄火等。离合器的基本性能要求是：离合平稳迅速，操纵省力方便，质量和外廓尺寸小，维护和调节方便，耐磨性好，散热能力好。离合器种类较多，分为操纵离合器和自动离合器。常用的操纵离合器又可分为牙嵌离合器与摩擦离合器两大类，常用的自动离合器为定向离合器。

（1）牙嵌离合器

牙嵌离合器由两个端面带牙的半离合器组成，如图 6-52 所示。其中，半离合器 1 固联在主动轴上，半离合器 2 用导键（或花键）与从动轴连接。通过操纵机构 4 可使半离合器 2 沿导键做轴向运动，两轴靠两个半离合器端面上的牙相互嵌合连接。为了使两轴对中，在半离合器 1 上固定有对中环 3，而从动轴可以在对中环中自由地转动。

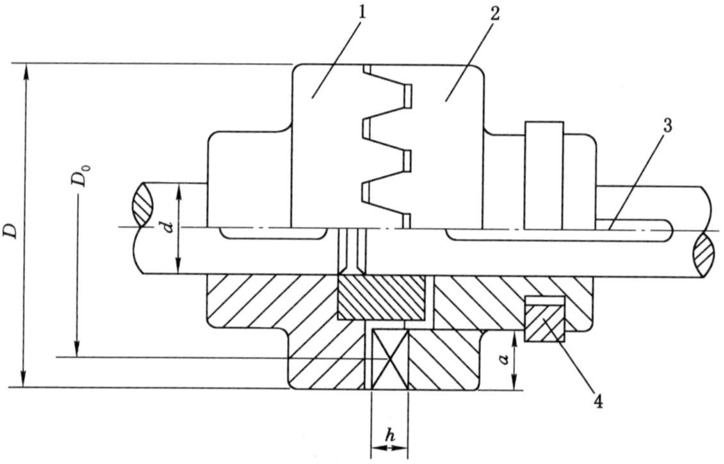

1，2—半离合器；3—对中环；4—操纵机构。

图 6-52 牙嵌离合器

牙嵌离合器常用的牙形有三角形、矩形、梯形、锯齿形等。三角形牙便于接合与分离，但强度较低，只适用于传递小转矩的低速离合器；矩形牙不便于接合，分离也困难，仅用于静止时手动接合；梯形牙的侧面制成 2°～8°的斜角，梯形牙强度较高，能传递较大转矩，且又能自行补偿牙磨损后出现的牙侧间隙，从而避免由于间隙产生的冲击，故应用较广；锯齿形牙比梯形牙的强度还高，传递的转矩也更大，但它只能单向工作，且反转时齿面间会产生很大轴向分力，迫使离合器自动分离，因此仅在特定的工作条件下采用。三角形、矩形、梯形牙都可以双向工作，而锯齿形牙只能单向工作。

牙嵌离合器结构简单，外廓尺寸小，接合后所连接的两轴不会发生相对转动，宜用于主、从动轴要求完全同步的轴系。但接合应在两轴不转动或转速差很小时进行，以免因受冲击载荷而使凸牙断裂。

牙嵌离合器的尺寸已经系列化，通常根据轴的直径及传递的转矩选定尺寸，并校核牙面的压强和牙根的弯曲强度。

(2) 摩擦离合器

摩擦离合器是靠工作面上的摩擦力矩来传递力矩的，在接合过程中由于接合面的压力是逐渐增大的，故能在主、从动轴有较大转速差的情况下平稳地进行接合。过载时，摩擦面之间发生打滑，从而避免其他零件的损坏。

① 单片式摩擦离合器。单片式摩擦离合器如图 6-53 所示，主动盘 1 固定在主动轴上，从动盘 2 通过导键与从动轴连接，可以沿轴向滑动。为了增大摩擦系数，在一个盘的表面上装有摩擦片 3，摩擦片常用淬火钢片或压制石棉片材料制成。工作时利用操纵机构 4 在可移动的从动盘上施加轴向压力 F_A（可由弹簧、液压缸或电磁吸力等产生），使两盘压紧，圆盘间便产生圆周方向的摩擦力，从而实现转矩的传递。单片式摩擦离合器结构简单，散热性好，但传递的转矩小，多用于轻型机械。

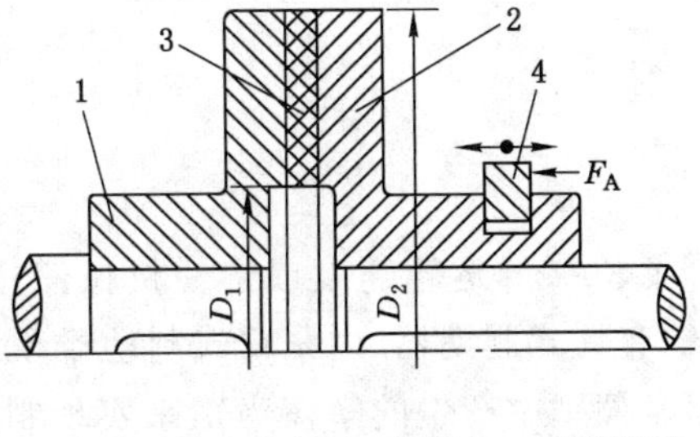

1—主动盘；2—从动盘；3—摩擦片；4—操纵机构。

图 6-53　单片式摩擦离合器

② 多片式摩擦离合器。在传递大转矩的情况下，因受摩擦盘尺寸的限制，不宜采用单片式摩擦离合器，应采用多片式摩擦离合器，用增加结合面对数的方法来提高传动能力。

图 6-54 为多片式摩擦离合器。由图可知，主动轴 1 与外壳 3 相连接，从动轴 2 与套筒 9 相连接，外壳 3 又通过花键与一组外摩擦片 5 连接在一起；套筒 9 也通过花键与另一组内摩擦片 6 连接在一起。工作时，向左移动滑环 8，通过杠杆 7、压板 4 使两组摩擦片 5、6 压紧，离合器处于接合状态。若向右移动滑环 8，则摩擦片 5、6 被松开，离合器实现分离。这种离合器常用于车床主轴箱内。

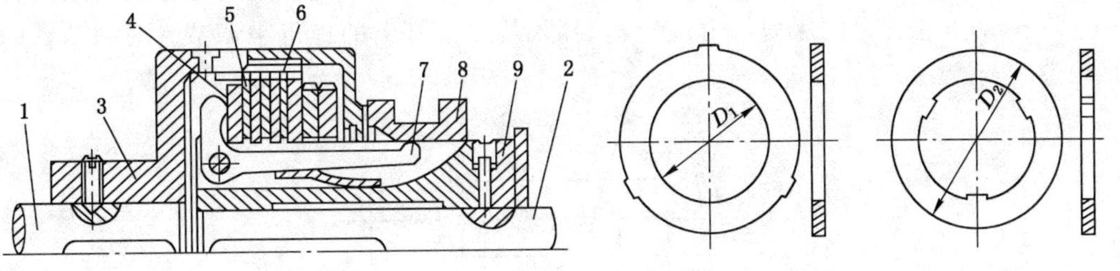

1—主动轴；2—从动轴；3—外壳；4—压板；5—外摩擦片；

6—内摩擦片；7—杠杆；8—滑环；9—套筒。

图 6-54　多片式摩擦离合器

摩擦离合器传递的转矩随摩擦片数目 z 的增大而增大，但摩擦片数目 z 过大，将影响离合器分离的灵活性，所以限制 $z\leqslant25\sim30$。对于湿式摩擦离合器，取 $z=5\sim15$；对于干式摩擦离合器，取 $z=1\sim6$。和单片式摩擦离合器相比，多片式摩擦离合器可以在不增大轴向压力和径向尺寸的情况下，通过增大摩擦片的数目来增大所传递的转矩，所以有利于减小离合器的转动惯量，常用于高速传动中。和牙嵌离合器相比，摩擦离合器应用较广。它具有的优点为：被连接的两轴能在任何转速下进行接合，且接合平稳；改变摩擦面间的压力能调节从动轴的加速时间和所传递的最大转矩；过载时将产生打滑现象，可避免其他零件受到损坏。

多片式离合器的缺点是：结构复杂，外廓尺寸大；在正常的接合过程中，从动轴转速从零加速到主动轴的转速时，摩擦面间会不可避免地产生相对滑动。当产生滑动时不能保证被连接两轴间的精确同步转动；在接合与分离过程中产生滑动摩擦，从而产生热量，当温度过高时会引起摩擦。

6.3.3 制动器

(1) 制动器的功用

制动器的主要作用是降低机械的运转速度或迫使机械停止运转。制动器多数已标准化，可根据需要选用。常用的有块式制动器、内张蹄式制动器和带式制动器。

制动器工作原理是利用摩擦副中产生的摩擦力矩来实现制动作用，或者利用制动力与重力的平衡，使机器运转速度保持恒定。为减小制动力矩和制动器的尺寸，通常将制动器配置在机器的高速轴上。

(2) 常用制动器的结构和特点

① 短行程电磁铁双瓦块式制动器

短行程电磁铁双瓦块式制动器的工作原理如图 6-55 所示，在图示状态中，电磁铁线圈断电，主弹簧将左、右两制动臂收拢，两个瓦块同时闸紧制动轮，此时为制动状态。当电磁铁线圈通电时，电磁铁绕 O 点逆时针转动，迫使推杆向右移动，于是主弹簧被压缩，左、右两制动臂的上端距离增大，两瓦块离开制动轮，制动器处于开启状态。将两个制动臂对称布置在制动轮两侧，并将两个瓦块铰接在制动臂上，这样可使两瓦块上的正压力相等及两制动臂上的合闸力相等，从而消除制动轮上的横向力。将电磁铁装在制动臂上，可使制动距离较小(小于 5 mm)。主弹簧的压力可由位于其端部、装在推杆上的螺母来调节。两制动臂的张开程度由限位螺钉调节限定。

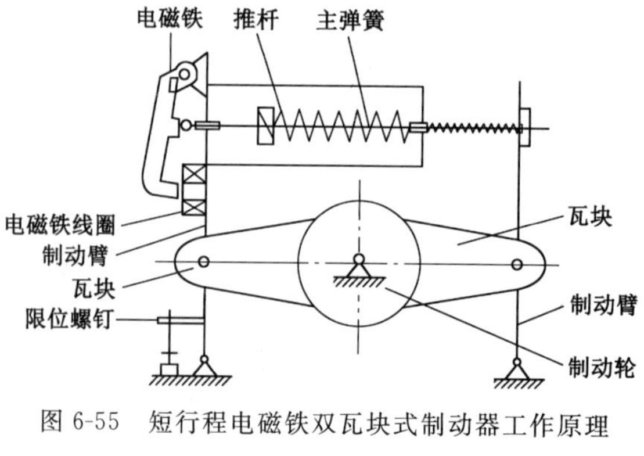

图 6-55 短行程电磁铁双瓦块式制动器工作原理

② 内张蹄式制动器

图 6-56 为内张蹄式制动器的工作原理。两个制动蹄分别与机架的制动底板铰接，制动轮与被制动轴连接。制动轮内圆柱表面装有由耐磨材料制作的摩擦瓦。当压力油进入液压缸后，推动左、右两活塞转动，两制动蹄在活塞的推动力 F 作用下，压紧制动轮内圆柱面，从而实现制动。松闸时，将油路卸压，弹簧收缩，使制动蹄离开制动轮，实现松闸。

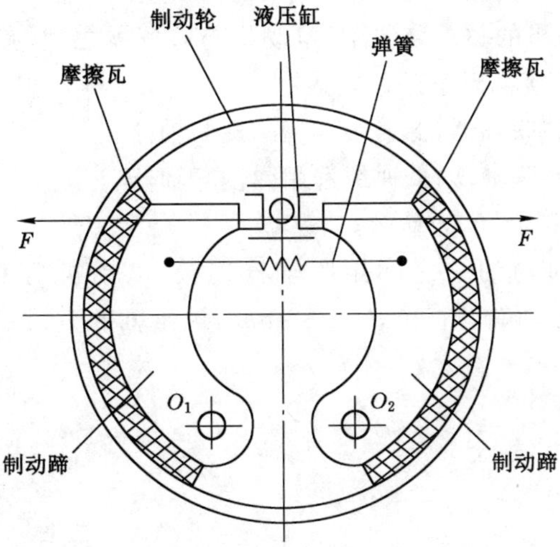

图 6-56　内张蹄式制动器工作原理

③ 带式制动器

带式制动器是由包在制动轮上的制动带与制动轮之间产生的摩擦力矩来制动的。图 6-57 为带式制动器的工作原理。在重锤的作用下，制动带紧包在制动轮上，从而实现制动。松闸时，则由电磁铁或人力提升重锤来实现。带式制动器结构简单，但由于包角大，其制动力矩较大，且制动带磨损不均匀，易断裂，对轴的横向作用力较大。

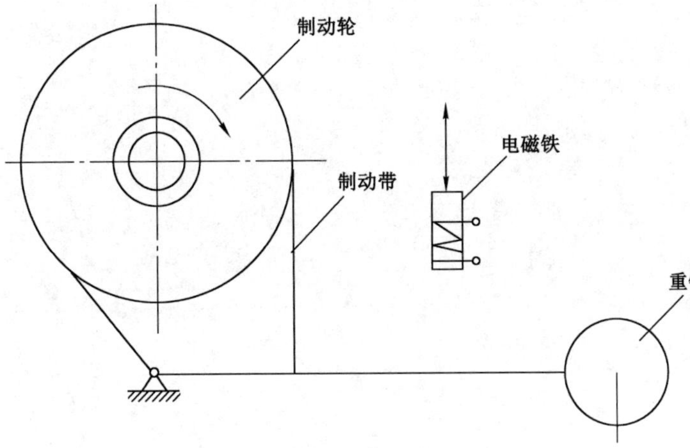

图 6-57　带式制动器工作原理

习　题

6.3-1　联轴器和离合器的主要区别是什么？

6.3-2　联轴器有哪些类型？说明其工作原理及应用。

6.3-3　离合器有哪些类型？说明其工作原理及应用。

6.3-4　在带式输送机的驱动装置中，电动机与减速器之间、减速器与带式输送机之间分别用联轴器连接，该连接有以下两种方案：

（1）高速级选用弹性联轴器，低速级选用刚性联轴器。

（2）高速级选用刚性联轴器，低速级选用弹性联轴器。

试问上述两种方案哪个好，为什么？

6.3-5　已知电动机与油泵之间用联轴器连接，电动机功率 $P=10$ kW，转速 $n=1\,460$ r/min，电动机伸出轴端的直径 d_1 为 32 mm，油泵轴的直径 d_2 为 38 mm，怎么选择联轴器的型号？

参考文献

[1] 郑文纬,吴克坚.机械原理[M].7版.北京:高等教育出版社,1997.
[2] 孙桓,葛文杰.机械原理[M].9版.北京:高等教育出版社,2021.
[3] 于红英,王知行.机械原理[M].3版.北京:高等教育出版社,2015.
[4] 杨可桢,程光蕴,李仲生,等.机械设计基础[M].7版.北京:高等教育出版社,2020.
[5] 奚鹰,李兴华.机械设计基础[M].5版.北京:高等教育出版社,2017.
[6] 濮良贵,陈国定,吴立言.机械设计[M].10版.北京:高等教育出版社,2019.
[7] 吴克坚,于晓红,钱瑞明.机械设计[M].北京:高等教育出版社,2003.
[8] 吴宗泽,高志.机械设计[M].2版.北京:高等教育出版社,2009.
[9] 吴宗泽,罗圣国,高志,等.机械设计课程设计手册[M].5版.北京:高等教育出版社,2018.
[10] 邱宣怀.机械设计[M].4版.北京:高等教育出版社,1997.
[11] 闻邦椿.机械设计手册[M].6版.北京:机械工业出版社,2018.
[12] 成大先.机械设计手册[M].6版.北京:化学工业出版社,2017.
[13] 徐灏.机械设计手册[M].2版.北京:机械工业出版社,2004.
[14] 机械设计手册编委会.机械设计手册.3版.北京:机械工业出版社,2004.